생태하천

우리 풍토에 맞는 **생태하천**

치수안정성, 수질환경, 생태복원, 친수경관을 고려한
생태하천 복원을 위하여

초판 1쇄 펴낸날_ 2010년 6월 17일
초판 2쇄 펴낸날_ 2011년 10월 5일
지은이_ 변찬우
펴낸이_ 신현주 ‖ 펴낸곳_ 나무도시 ‖ 신고일_ 2006년 1월 24일 ‖ 신고번호_ 제396-2010-000140호
주소_ 경기도 고양시 일산동구 장항동 733 한강세이프빌 201-4호
전화_ 031.915.3803 ‖ 팩스_ 031.916.3803 ‖ 전자우편_ namudosi@chol.com
편집_ 남기준 ‖ 디자인_ 임경자
필름출력_ 한결그래픽스 ‖ 인쇄_ 백산하이테크

* 지은이와 협의하여 인지는 생략합니다.
  파본은 교환하여 드립니다.

정가 20,000원

우리
풍토에
맞는

생 태 하 천

치수안정성, 수질환경, 생태복원, 친수경관을 고려한
생태하천 복원을 위하여

변찬우 지음

나무도시

추천사

한국건설기술연구원 연구위원 **우효섭**
국토해양부 국가연구개발사업 에코리버21 연구단장
토목(수자원)공학 박사

| 수자원(토목공학) 분야 |

최근 들어 '생태하천' 조성이 국가적으로, 또 전국적으로 크게 확산되고 있다. 전국 곳곳의 크고 작은 하천에서 중앙정부, 지자체 등이 '자연형 하천', 또는 '생태하천' 사업을 경쟁적으로 벌이고 있는 것이다. 문제는 이렇게 유행처럼 벌어지고 있는 생태하천 조성의 열기나 투자에 비해 생태하천에 관한 학술적·기술적·경험적 지식과 자료, 전문가가 부족하여 일부이긴 하지만 시행착오가 거듭되고 있다는 점이다. 이번에 출간되는 변찬우 교수의 『우리 풍토에 맞는 생태하천』은 이같은 현실적 문제를 극복할 수 있는 좋은 지침서가 될 것이다.

생태하천이라는 용어는 학술적으로 정립된 것은 아니지만 생물 서식처, 수질 자정 등 하천의 자연적 기능이 복원·보전된, 생태적으로 건전하고 지속가능한 하천이라 할 수 있다. 도시하천의 경우 생태하천은 특히 시민들에게 어메니티를 제공한다는 점에서 그 의의를 찾을 수 있을 것이다.

이 책은 저자가 미국, 일본에서 석박사 과정을 이수하며 공부한 생태·환경·경관 관련 분야의 연구 성과가 그 바탕을 이루고 있지만, 선진국의 이론이나 사례 소개가 아니라, 저자가 다양한 실무 경험을 통해 체득한 내용들을 정제하여 소개한 것이다. 즉, 이 책은 현장 중심의 경험서이다. 책 속의 사진 자료들도 대부분 저자가 현장에서 직접 촬영한 것들이고, 설계 자료 역시 그동안 저자가 직접 작업한 것들이다. 다른 유사한 생태하천 관련 서적에 비해 이 책이 가지는 장점은 바로 현장중심의 실무 사례를 소개하면서 각각의 여건에 대한 이론적 밑바탕을 같이 다룬다는 점이다. 즉 실무와 이론이 비교적 잘 겸비된 책이다.

『우리 풍토에 맞는 생태하천』은 크게 6장으로 구성되어 있다. 제1장 '생태하천 복원의 개요'는 생태하천의 기본 틀을 설명하는 것으로서, 생태학과 하천공학이 접목된 생태공학적 접근을 강조하고 있다. 특히, 하천 수질의 개선 없는 생태하천 조성은 그야말로 물은 그대로 놔두고 물그릇만 깨끗이 하는 우를 범한다는 입장에서, 무엇보다 유역 내 수질자정 능력을 높여야 함을 강조하고 있다. 제2장 '생태하천 복원설계' 에서는 저자가 그동안 직접 참여하였던 경기도 경안천 상류 생태하천 복원 설계 사례와 굴포천 방수로에서 창출한 생태하천설계 사례, 그리고 광교신도시 생 태하천 조성 사례 등 실제 사례를 중심으로 소개하고 있다. 제3장 '생태하천 유역의 재해방지 기능' 에서는 특히 도시지역의 홍수 저감과 평상시 유지유량 확보 등 이치 수 기능을 겸비한 생태 저류지 개념을 다양한 측면에서 소개하고 있다. 제4장 '하천 의 생태적 자정능력 강화' 는 저자의 전문성이 가장 돋보이는 장으로서, 하천에서 물 오염 문제를 생태공학 측면에서 접근하는 기법을 소개한다. 이를 위해 생태적 수 질정화 비오톱, 농경지 비점오염원 처리, 수질정화 인공습지 등의 기능, 구조와 설 계 과정을 상세히 소개한다. 제5장 '하천댐 주변과 상류하천 및 저수지 보전·복 원' 에서는 대형 댐이나 보의 축조로 변화되는 생태계 조사, 분석 내용부터 시작하 여, 대형 댐 상하류에 적합한 친환경 수변공원의 설계에 대해 한탄강 댐 사례와 안 동, 임하 댐 사례를 중심으로 소개하고 있다. 마지막으로 제6장 '생태하천 복원시공 및 유지관리·모니터링' 에서는 경안천, 금어천 등 저자가 직접 수행한 세 가지 사 례에 대해 시공, 모니터링, 복원 효과 등을 상세히 소개하고 있다.

이 책은 그 특성상 중소하천에 적합한 내용이 중심이 되고 있으며, 또한 홍수위 변화, 하천 내 세굴과 퇴적 등과 같은 하천공학적 검토는 상대적으로 크게 다루지 않고 있다. 이에 따라 대하천 생태복원에서 대두되고 있는 'room for the river' 개 념보다는 중소하천 유역의 어메니티 향상, 생태·수환경 복원 및 조성 등이 강조되 고 있다.

이 책의 독자층은 생태하천의 기획, 설계, 시공, 유지관리에 종사하는 하천관리 부서, 설계회사, 시공회사 사람들은 물론 대학에서 이 분야를 연구하는 전문가들 모 두가 될 수 있으며, 이 책을 통해 생태하천의 이론과 실무를 어느 정도 겸비할 수 있 는 기회가 될 것이다. 생태하천의 조성은 그 특성상 추천자와 같은 하천기술자는 물 론 환경기술자, 조경기술자, 생태학자 등이 함께 참여해야 하는 다학제적 접근방법 이 기본임을 감안하면, 이 책의 의의는 문제에 대한 다학제적 접근이라는 점에서도 찾을 수 있지 않을까 한다.

끝으로 대학 강의와 실무에 바쁜 저자가 의욕적으로 출간한 이 책이 널리 쓰여 우 리나라 생태하천 조성이 한 단계 성숙하는 계기가 되었으면 한다.

추천사

| 생태환경계획 분야 |

상명대학교 환경조경학과 교수 구본학

21세기는 생태환경의 시대로서 특히 물 환경의 중요성이 강조되고 있다. 현재 우리 나라는 4대강 살리기 사업을 비롯하여 새만금, 아라뱃길(경인운하) 등 국가적 차원의 물 관련 사업과, 전국적으로 지자체에서 수공간을 보전, 복원하거나 적극 활용하기 위해 많은 노력을 벌이고 있다. 이러한 국가적 물 정책을 바라보는 전문가와 국민들의 기대와 우려가 교차하고 있는 가운데, 생태적인 접근을 통한 효율적이고 합리적인 물 관리 여부가 사업의 성패를 결정하는 가장 중요한 지표가 되고 있다.

추천인은 자연 생태계가 '생태적 형성과정ecological process'을 통해 스스로 만들어 가는 '생태복원' 모델에 대한 갈증이 있었고, 한국의 물 환경에 최적화된 학술적 이론과 실천적 사례의 필요성을 절실하게 느껴왔다. 이러한 상황에서 변찬우 교수가 발간한 『우리 풍토에 맞는 생태하천』은, 그간 그가 찾고자 했던 한국적 생태관과 환경관을 토대로 우리시대의 하천풍경이 나아가야 할 바를 적시하고 있기에 매우 반가운 마음이 든다.

추천인은 대학 재학시절부터, 때로는 인생 선배로서의 조언을 통해, 때로는 연구 동료로서의 협력을 통해, 변교수와 개인적으로나 공적으로 함께 같은 길을 걸어오면서 가까운 곳에서 지켜 볼 수 있었고, 작은 격려와 고민으로 큰 고통을 함께 느끼곤 한 바 있으며, 그럴 때마다 그의 학문적 열정, 선구자적 정신과 사명감에 늘 감탄하곤 했었다.

변 교수는 서울대학교에서 조경학을 전공하면서 생태환경과 관련된 다학제적인 기초이론을 익혔으며, 석사과정에서는 미국 유학을 통해 생태적 접근의 세계적 권위자인 이안 맥하그Ian McHarg 교수와 같은 세계적 석학들의 학문적 전통을 이어 생태계획 및 설계에 관한 원리를 공부했으며, 한·일 정부의 우수과학자 지원에 선정되어 박사학위를 이수한 일본에서는 양국의 원형경관 비교연구를 통해 지역성 및 장소성을 토대로 한 생태 환경관을 연구한 바 있다.

그럼에도 불구하고, 본 책은 저자가 선진외국에서 석학들에게 배운 것이나 최근의 선진이론을 전달하는 여타의 "생태하천" 관련 내용과는 사뭇 다른 시각과 접근을 취하고 있으며, 국내에서 아직은 인식이 부족하고 연구 토양이 척박한 생태환경 복원 분야를 직접 연구 개발 적용하고, 정부 등 의사결정자를 설득시키면서 얻은 경험에서 우러나온 지혜를 풀어놓은 것이어서 더욱 신선하게 다가온다.

이 책에는 변교수가 생태환경 복원 전문가로서 현 시대에 한국적인 생태하천을 조성하고자 계획, 설계, 복원시공, 유지관리, 그리고 모니터링에 이르는 일련의 과정을 통해 현장에서 직접 몸으로 부대끼며 저자가 흘린 노력의 땀방울들이 그대로 녹아져 있고, 그가 직접 통합 설계한 징표를 담은 도면들과 현장사진, 그리고 그가 기록한 생각들이 곳곳에 표상되어 있는 작품집이라고도 할 수 있다.

아직 생태환경복원 관련 법·제도가 미비하여 검증된 생태하천 기술이나 전문가 그룹이 부족한 현실에서, 또 설계 의도를 실제 복원으로 실현하기에 매우 어려운 국내 풍토에서, 저자는 단순히 선진기술의 모방에서 벗어나 우리나라의 하천에 맞는 생태하천을 조성하기 위해 각종 원천기술이 되는 특허 시스템을 직접 발명하였고, 환경부 신기술인 '생태적 수질정화 비오톱'이라는 습지 기술까지 연구개발하였으며, 아직 제도화 되어있지 않은 모니터링 부문까지도 시행할 수 있는 실천적 기반을 마련하여 왔다.

국내 하천 특성에 맞는 생태하천을 복원하기 위해서는 대상지의 특성에 기초하여 다학제적 접근을 시도해야 한다. 이러한 측면에서 저자는 전과정을 통해 토목(수자원), 조경, 동·식물, 생태, 환경, 도시 등 여러 분야의 전문가와 함께 참여하고 이를 코디네이팅하면서, 협력하여 모니터링 하는 작업의 중요함을 강조하고 있다. 훼손된 하천생태계를 복원하고자 '생태하천' 조성에 대한 관심과 시도가 증대되고 있는 현 시점에서, 다학제적인 연구와 이론을 지닌 전문가가 실제 우리나라 건설 현장에서 겪었던 경험과 그에 따른 소중한 작품을 담아낸 본 저서의 출간은, 생태하천을 연구하거나 공부하는 학생들, 그리고 관련 공무원 등에 이르기까지 매우 유용하리라 여겨지며, 토목, 조경, 도시, 건축 등 건설업 분야의 엔지니어로부터 생태, 환경, 생물 과학 분야는 물론, 관련 디자인과 환경예술 분야에 이르기까지 생태하천 복원을 이해하는데 매우 큰 도움이 되는 자료가 될 것으로 생각된다.

지금껏 생태환경복원분야의 발전을 위해 연구와 실무에 매진해온 변찬우 교수에게 다시 한 번 격려의 박수와 아낌없는 찬사를 보내며, 저자가 자신만의 생태하천 기술과 노하우들을 아낌없이 쏟아 놓은 책인 만큼 생태하천 지식과 기술에 목말라 있는 여러 분야의 독자들께도 매우 유익하게 활용되리라 생각된다. 아울러 이 책이 널리 애독되어 국내 생태하천의 지속가능한 발전과 현명한 이용에 밑거름이 되길 기대한다.

상명대학교 환경공학과 교수 이상호

우리나라는 수자원 이용과 치수를 위한 개념으로 수량관리 및 홍수방재에 중점을 두고 하천을 오래도록 관리해 왔다. 산업발달에 따른 수도권 인구의 집중으로 그 필요성은 더욱 강조되어 왔다. 국민의 생명과 재산을 보호하기 위한 결과의 첫 시도가 한강종합개발계획으로 현실화되었다. 그 결과 해마다 겪는 홍수를 방지하고 수량 확보를 위한 여러 개의 댐을 건설함으로써 기대한 목적은 달성되었다고 할 수 있다. 그렇지만, 반대급부적으로 한강종합개발계획의 성공 사례를 본보기로 각 지방자치단체들은 서둘러 정부의 지원 하에 한결같은 방법으로 하천을 콘크리트로 에워싸기 시작하였다. 이후 점차 국민들의 소득수준이 향상됨에 따라 국가의 하천관리 방향은 하천 주변까지 시민들이 이용할 수 있는 공간 조성으로 조금씩 바뀌기 시작하였다.

그런 시대를 지나 1990년대 초부터 국책연구기관과 학계를 중심으로 정책 제안과 정부연구 과제 수행을 통해 하천에 생명체가 존재할 수 있는 방안을 모색하기에 이르렀다. 그러나, 여러 지방자치단체에서는 콘크리트 호안을 걷어내고 방재의 효과를 유지하는 선에서 값비싼 거석으로 치장하여 생명체가 생존할 수 있는 공간으로서의 기능을 기대할 수 없는 상태로 여러 하천 조성 사업들을 진행하였다.

2000년대에 들어서는 하수처리율 향상, 하수처리 기술 발달과 하수관거 정비를 바탕으로 하천수질이 괄목할 만한 개선 효과를 이룩하였다. 일부에 국한될지 모르지만 수질 개선에 따른 생명체들의 긍정적인 복원이 그 결과로 나타나게 되었다. 하지만, 소위 선진국들의 하천들이 우리나라의 하천환경과 사뭇 다를지언정 하천을 관리하는 시각의 차이로 아직 가야할 길이 먼 듯하다.

이제 새로운 한 세기가 시작된 지 10년의 세월이 흘러서 정부에서 하천 수질개선에 투자한 만큼 생명체 회복속도가 느린 사유를 파악한 결과, 하천유역으로부터 유입되는 비점오염원의 관리의 필요성을 인식하게 되었다. 비점오염원 관리를 별개의 사안으로 인식한다면, 오염총량관리의 결과를 기대하기 어려운 상황이라는 것은 식견을 가진 다수의 의견이다.

따라서, 이번에 발간되는 책은 생태복원을 근간으로 하는 다양한 방안을 학문적으로 이해할 수 있고, 사례를 중심으로 증명할 수 있는 하천생태계복원 뿐만 아니라 유역관리를 위한 근간이 되는 시금석이 될 것으로 확신하며 적극 추천하고자 한다. 다만, 하천환경 관리에 필요한 학문에는 여러 분야가 함께 어우러져서 그야말로 융·복합적 사고를 바탕으로 이론과 실행이 추진되어야 하는만큼 시행착오의 시련이 앞서서 기다리고 있겠지만, 현재까지 발간된 책들이 각론을 지향했다고 하면 이 책은 생태적으로 건전한 미래를 지향하기에 충분한 교재로 판단되어 다시 한 번 추천하고 싶은 훌륭한 결과물의 집대성이라 하고 싶다. 부디 이번 발간으로 그치지 않고 새로운 시각으로 더욱 발전된 우리나라의 생태적으로 건전한 하천복원의 큰 맥으로 성장하기를 기대하며, 대학 그리고 대학원 교재로서 하천관리에 관련된 학문 분야에 관심을 갖고 있는 많은 분들께 적극 추천하고 싶다.

국립수산과학원 중앙내수면 연구소 이완옥

환경친화적 생태하천 복원이 청계천 복원을 전후하여 하천 개발의 새로운 패러다임이 되었고, 4대강 살리기로 우리나라를 변화시키는 근본개념으로 자리 잡기 시작한 시기에 출간된 『우리 풍토에 맞는 생태하천』은 본질적인 생태하천 복원의 방향을 제시하였고, 생태하천 복원 설계에 대하여 직접 시공한 사례를 근거로 설명하였으며, 이전 하천의 개수의 이유가 되던 유역의 재해방지 기능에 대한 고려 뿐 아니라 현재에 가장 중요한 가치로 평가되는 자정능력 강화 방향, 수생태계의 구성요소와 하천의 디자인에 대하여 어떠한 고려가 필요한지 까지를 보여주고 있는 적절한 참고서이다.

특히 하천생태계의 가장 중요한 구성요소인 민물고기에 대하여 어류학자뿐 아니라 일반인들이 보기에도 쉽게 이해할 수 있도록 종별 미소서식처까지 고려하였고, 지금까지의 하천 복원에서 가장 아쉬웠던 공사 후 수생태계 구성요소의 변화에 대한 모니터링과 유지관리에 대한 중요성을 강조한 부분은, 그동안 단순히 하천구조의 변화를 생태하천 조성이라고 생각하는 수준에 머물러 있던 우리나라의 생태하천에 대한 인식을 선진국 수준으로 도약 할 수 있게 하는 매우 시의적절한 연구결과이다.

최근 각 지자체별로 크고 작은 하천들을 살리기 위한 생태하천 복원사업들이 봇물처럼 추진되고 있다. 기후변화로 인한 가뭄은 물론, 급증하는 홍수재해 발생에 대한 불안감이 커지고 있고 무분별한 도시개발과 훼손된 수체계 및 수질 환경과 이로 인해 나타나는 수생태계 문제로 인해 생태하천 복원은 이제 온 국민의 관심사가 되어가고 있다. 이러한 상황에서 '생태하천生態河川' 조성이란, 하천조성사업의 새로운 패러다임으로 부각되고 있다.

그러나 아직까지 국내 생태하천 및 생태복원사업이 성공할 수 있는 제도적 · 정책적 뒷받침은 열악하다. 게다가 우리나라 하천 특성과 지역성을 제대로 반영한 생태하천 조성사례나 복원기술연구는 초보 단계라고 볼 수 있다. 동일한 하천을 가지고서도 각기 다른 전공별, 행정부서별로 제각기 다른 목소리를 내면서 추진하고 있거나, 국내 여건에 맞지 않는 선진 외국의 이론 적용이나 국외의 하천공법 및 기술 등을 그대로 도입하여 시행착오를 겪고 있는 하천정비사업이 적지 않았다. 따라서 정부에서 추진하고 있는 '맑은 물에서 생태계가 복원되고 아이들이 멱감는 생태하천' 이 조성되기보다 오히려 인공하천, 혐오하천, 또는 공원하천으로 변질되기 십상이었다.

생태하천 조성이야말로 분야별, 전공별—예를 들어 수자원 관련 토목, 조경, 도시, 환경, 생태학, 디자인, 예술분야 등에 이르기까지— 이기심을 버리고 다학제적 inter-disciplinary 접근이 필요한 분야이다. 게다가 다양한 전공분야와 더불어 생태 · 환경공학적 계획, 설계, 시공, 유지관리 하는 이론과 실무과정을 통해 이들 전반에 관한 모니터링을 아우르는 첨단의 융 · 복합적인 접근이 요구된다. 또한 우리나라 풍토에 맞고 대상지역의 생태, 환경, 경관, 역사 등을 바탕으로 각 대상 하천의 특성에 맞는site-specific 생태하천을 조성해야 한다.

이와 같은 관점에서 필자가 직접 수행한 사례내용을 중심으로 본 저서는 다음과 같이 집필되었다.

"제1장 생태하천 복원의 개요"에서는 치수 · 이수, 수질, 생태복원, 친수 · 경관에 대한 내용을 보다 이해하기 쉽게 인체를 둘러싼 환경, 혈액, 뼈와 살, 그리고 오감과 비교하면서 실제 수행사례를 통해 설명하고자 했으며, 크게 4가지 관점을 필자가 통합적으로 실천한 사례중심으로 소개하면서 강조하였다. "우선, 생태공학적(생태학+치수공학)ecological engineering 접근을 통해 홍수빈도나 안정성 위주의 획일적인 하천정비수준을 뛰어넘는 생태하천을 조성해야 한다. 둘째, 현재 우리나라 도시 주변이나 농경지 등에서 유입되는 비점오염원이나, 갈수기에 하천수량의 대부분을 차지하는 하수처리 방류수를 정화할 수 있는 생태적인 수질자정ecological water purification 능력을 생태하천 및 그 유역차원에서 반드시 강화해야 한다. 셋째, 맑은 물이 흐름과 동시에 생물서식처의 연결통로network를 종적·횡적으로 연결시켜 주어야 한다. 넷째, 생태 환경학습 및 오감을 통해 지역민들에게 자연형성과정을 체감할 수 있도록 격조 높고 쾌적성amenity 높은 친수경관을 제공해야 한다"는 것이, 이 장에서 강조하고자 했던 주요 내용이다. 그리고 우리나라의 생태하천 복원은 우리 땅의 본질과 잠재력을 파악하여 대상지역에 맞는 생태하천 복원디자인이 되어야 하며 시공 및 유지관리·모니터링이 되어야 함을 강조하였다.

"제2장 생태하천 복원설계"에서는 필자가 최근까지 약 10여년 동안 직접 수행한 생태하천 복원설계 중에서 생태하천으로서 가장 시사성 있는 세 가지 주요 사례를 중심으로 기술하였다. 먼저, 국내 최초의 오염총량제 시행 등으로 오염하천의 대명사였던 경안천 상류 구간(2002년 '오염하천 정화사업'이라는 타이틀로 총 16km의 타당성 분석 수행, 2004～2006년 '자연형하천'이라는 타이틀로 총 8.9km 하천구간의 설계 수행)의 생태하천 복원 설계를 예시하고자 했다. 이는 생태하천 복원 중 도시 내 인간이 수환경에 미쳐왔던 오염 영향을 저감mitigation하는 내용 및 생태계 향상enhancement에 해당되는 내용이라고 할 수 있다. 둘째, 현재 아라뱃길로 조성되어 경인운하 구간이 되는 굴포천 방수로 구간에 설계한 사례를 소개하였다. 설계 당시에는 운하가 만들어지지 않을 것도 예상하였기에 인위적으로 조성된 방수로를 서해안의 해수와 연결되는 기수역의 생태하천으로 조성(2004년 설계 턴키 당선작)하고자 하였다. 생태하천 복원 설계 중에서도 기존에 없던 하천을 방수로에 만들고자 하였으므로 창출creation형 생태하천복원이라고 할 수 있다. 셋째, 최근 가장 이슈가 되고 있는 신도시 생태하천의 대표적 사례 중에서 광교신도시 생태하천 복원 사례(2009년 설계 대안입찰 턴키 당선작, 현재 시공중)를 소개하고자 하였다. 이는 현재 시공이 진행중이므로 설계 당시 홍보물을 중심으로 소개하는 한계는 있으나, 위에 언급된 생태하천 복원 개념을 종합적으로 포괄한다고 볼 수 있다.

"제3장 생태하천 유역의 재해방지 기능"에서는 도시생태하천의 수량과 수질에 직접적인 영향을 주는 하천 상류 또는 하천 주변 유역의 저류지 생태환경 복원에 대한 사례와 설계 모형을 예시하였다. 그간의 일반적인 저류지는 치수적인 측면만 강조한 단일목적의 방재 기능 저류지와 친수적인 기능만 할 수 있는 공원저류지 형태로 조성되었다. 특히, 도시 지역에서는 택지가 들어서 지가가 높은 공간에, 홍수기에만 물을 일시저류de-tention하는 기존의 저류지 개념에서 평상시나 건기에도 상시저류re-tention하도록 저류 기능을 전환하여 비점오염원 처리 및 수생태계복원 기능을 도모할 수 있는 방안을 실제 설계 모형을 통해 제시하였다. 홍수시에는 재해를 방지할 수 있도록 충분한 저류량을 확보하면서도 보다 생태적이면서도 안정적인 생태공학적 시스템을 달성할 수 있는 공법을 제안한 것이다. 또한 이 공법은 평상시에는 저류된 빗물을 순환시켜 지역민들의 환경학습 및 친수 활동을 높일 수 있다. 더불어 최근 국가적으로 주요 이슈가 되고 있는 새만금의 저류지 환경용지에 대한 구상 연구 사례를 토대로 해양생태계와 동진강 및 만경강으로 연계되는 육상생태계를 잇는 유역의 거대한 재해방지기능 관련 저류지의 복원방향을 제시하였다.

저류지 생태·환경 복원 방안은 도시의 택지지역 유역의 재해방지 기능뿐만 아니라 생태적 수질정화, 생태계 복원, 친수 및 경관 향상을 고려한 계획으로 발전시키는 것이 바람직하다. 이를 위해 저류지 각각의 대상지 유역특성을 반영하여 유기적 형태의 토지이용계획과 그에 따른 생태보전·복원계획이 이루어져야 궁극적으로 생태적인 공간이 조성될 수 있음을 제시하였다.

"제4장 하천의 생태적 자정능력 강화"에서는 우리나라의 생태하천 조성에서 가장 주요한 요소가 되는 하천의 수질오염문제를 생태·환경적 측면에서 다루었다. 생태적 자정능력 및 비점오염원 처리, 생물서식처 복원 등에서 기존 선진사례보다 뛰어난 기능과 효율이 도출된 생태적 수질정화습지 및 이를 적용한 생태하천 복원에 관한 기능과 특성, 효과, 성공사례를 소개하였다. 이를 위해 필자가 국내 특성에 맞게 연구개발한 원천기술인 생태적 수질정화 비오톱SSB: Sustainable structured wetland biotop을 중심으로 성공적인 수질처리효율과 생태적인 지속가능성을 보장받고 점·비점오염원의 생태적 수질정화시스템 조성 방안을 제시하고자 하였다. 특히, 이 장에선 여러 사례지 중 국내 최초로 환경부에서 추진된 농경지 비점오염원 처리 습지인 주암호 바이오파크 등을 중심으로 수질을 개선하고 생물서식처를 복원하여 지역

주민의 친수공간 및 환경교육장으로 활용된 사례를 소개하면서, 생태 및 환경과학적 접근을 통한 자유수면형 수질정화 인공습지의 기능, 구조 등에 관한 설계과정을 제시하였다. 또한, 생태하천 조성은 상류유역의 수질오염과 수량 확보가 중요하므로 도시 및 택지 지역 개발에 있어 생태·환경적으로 좋은 영향을 주는 복원을 바탕으로 한 개발EEID방안이 제시되어야 함을 강조하였다.

"제5장 하천댐 주변과 상류하천 및 저수지 보전·복원"에서는 최근의 정책 사업 중 이슈가 되었던, 대형 보나 댐, 그리고 운하 등이 만들어지면서 변화되는 하천 생태계의 조사·분석 내용을 제시하였다. 특히 신규댐과 기존 댐 상류 저수지(호수)와 하천의 훼손된 생태계 복원방안 및 친환경적 지역 활성화 방안을 예시하였다. 대상지의 지역성과 장소성을 고려하여 주변 생태·환경을 복원할 수 있는 거대한 유역적 스케일의 생태·환경계획에서 소규모 대상지역, 특히 댐 조성으로 발생되는 홍수터 설계에 이르기까지 여러 경우를 보여주고자, 댐 상류하천 및 저수지 설계 프로세스를 직접 수행한 두 가지 사례를 통해 소개하였다. 먼저, 2002년 당시 거대규모의 토목사업으로서 신규로 조성될 한탄강댐의 직하류에 친환경공원을 조성하고 댐 상류 하천 주변의 대규모 홍수터를 대상지로 한 생태공원설계(2002년 턴키 당선작) 사례에서는 댐 조성 후 변화될 생태계를 예측하고 지역성을 살린 하천 주변 홍수터 복원의 생태디자인ecological design 과정을 예시하였다. 둘째, 안동·임하댐 상류저수지 및 상류 자연생태하천 보전·복원사례에서는 기존에 조성된 댐으로 인한 훼손된 하천 생태계와 낙후된 지역을 대상으로, 생태환경조사 및 보전가치평가를 통해 선정된 보전 및 복원 목표종을 친환경적으로 부활시키고자 대규모 상류하천의 유역차원에서 진행된 생태보전·복원계획방안을 소개하였다.

"제6장 생태하천 복원시공 및 유지관리·모니터링"에서는 모니터링 과정이 인정되지 않는 현행 건설산업기본법상의 설계와 시공 과정만으로는 성공적인 생태하천이 조성될 수 없음을 지적하고, 생태·환경복원과정에 따른 모니터링 과정의 중요성과 필요성을 강조하였다. 이를 위해 필자가 국내 원천기술로 개발한 생태하천 복원관련 특허 및 환경부 신기술을 적용하면서 모니터링 및 시운전을 통해 복원시공을 진행, 생태환경공학적 유지관리·모니터링이 어렵게나마 시행되고 있거나 시행할 수 있었던 3가지 사례 및 그 복원효과를 상세히 소개하였다. 이를 통해 생태하천의 수생태계를 복원하기 위한 복원시공 및 유지관리 관련 모니터링 방향을 제시하였다. 소개된 사례들을 유형별로 구분해 보면, 우리나라 오염 하천의 대명사였던 경안천 지천 중 가장 오염된 지천을 생태적으로 수질정화하고 생태계를 복원하기 위해 경안천 고수부지에 조성된 금어천 생태적 수질정화 비오톱을 예시하였다. 목표종으로 멸종위기종인 금개구리를 복원한 환경부 생태계보전협력금 사업인 안터저수지생태공원 생태적 수질정화 비오톱은 하천 내의 목표종 복원에 관한 모델이 될 수 있는 사례라 할 수 있다. 하천 유지용수 확보 및 환경부의 하수종말처리수 재이용사업으로 공주시 제민천 상류하천 및 주변 농경지에 조성된 생태적 수질정화 비오톱은 갈수기 하천수의 대부분을 차지하는 하수처리방류수의 재처리를 검증된 생태습지로 하였다는데 그 의의가 크다. 이들 대상지를 중심으로 가능한한 지속적인 생태·환경공학적 모니터링을 통해 복원시공하고, 유지관리 모니터링 과정을 통해 분석된 생태적 수질정화 효과, 생태복원 효과, 친수경관 효과, 치수적 안정성 효과는 국내에서 성공사례가 거의 없는 생태하천 조성사업에서 향후 나침반 역할을 하리라고 믿는다.

지금까지 간략히 소개한 6개 장에 담겨 있는 내용은 필자가 그동안 미국과 일본에서 석사학위와 박사학위를 취득하면서 수학한 생태·환경·경관 관련 분야의 연구가 바탕이 되었지만, 다루고 있는 주요 내용은 선진외국의 이론이나 사례 소개와는 거리가 멀다. 이 책에 수록한 내용들은 대부분 필자가 직접 관련 정책심의, 연구개발 및 교육 등을 통해 얻은 이론적 측면과 계획, 설계, 시공, 유지관리, 모니터링과 같은 실무를 통해 체득한 결과물임을 밝힌다. 또한 필자의 실무사례 중에는 이미 설계가 되었다할지라도 제도적 뒷받침이 부족하여 아직 복원시공되지 못한 부분이나, 유지관리 모니터링까지 되지 못한 부분들도 일부 포함되어 있다. 하지만, 국내 여건에 맞는 생태환경복원을 위한 법 제도조차도 마련되어 있지 않은 상황에서, 수많은 국책사업들이 '생태하천'이라는 모토로 조성되고 있는 실정이어서, 부족한 내용이 많이 있음에도, 관련 전문가와 후학들에게 미력이나마 도움을 주고자 이렇게 조급하게 발간의 용기를 내어 보았다.

덕망으로 후학들을 이끄시는 오휘영 교수님과, 사랑하는 상명대학교 식구들, 이재근 부총장님을 비롯한 동료 교수님들과 대학(원) 제자들, 졸업생 모임인 상경회는

우리 풍토에 맞는 생태하천

항상 나의 큰 울타리가 되었다. 그리고 나의 이론을 실무적으로 연계하여 생태환경 복원 분야를 개척하면서 그 실천적 모델을 만들고 있는 리드 소사이어티LEED Society 멤버들에게도 감사드린다. 본 책을 발간하기까지 모든 출간 과정을 적극 도와주고 성실하게 편집을 맡아준 남기준 편집장에게도 감사드린다. 사랑하는 아내와 세 딸과 아직도 부족한 아들을 위해서라면 팔순이 넘도록 항상 기도해 주시는 어머니와 하늘에서 기뻐하실 아버지께 이 책을 바친다.

이매동에서 탄천을 바라보며

2010년 6월

지은이 변찬우

차례

1장
생태하천 복원의 개요

본 장에서는 치수·이수, 수질, 생태복원, 친수·경관에 대한 내용을 보다 이해하기 쉽게 인체를 둘러싼 환경, 혈액, 뼈와 살, 그리고 오감과 비교하면서 실제 수행사례를 통해 설명하고자 했으며, 크게 4가지 관점을 필자가 통합적으로 실천한 사례 중심으로 소개하면서 강조하였다. "우선, 생태공학적(생태학+치수공학, ecological engineering) 접근을 통해 홍수빈도나 안정성 위주의 획일적인 하천정비 수준을 뛰어넘는 생태하천을 조성해야 한다. 둘째, 현재 우리나라 도시 주변이나 농경지 등에서 유입되는 비점오염원이나, 갈수기에 하천수량의 대부분을 차지하는 하수처리 방류수를 정화할 수 있는 생태적인 수질자정(ecological water purification) 능력을 생태하천 및 그 유역차원에서 반드시 강화해야 한다. 셋째, 맑은 물이 흐름과 동시에 생물서식처의 연결통로 (network)를 종적·횡적으로 연결시켜 주어야 한다. 넷째, 생태 환경학습 및 오감을 통해 지역민들에게 자연형 성과정을 체감할 수 있도록 격조 높고 쾌적성(amenity) 높은 친수경관을 제공해야 한다"는 것이, 이 장에서 강조하고자 했던 주요 내용이다. 그리고 우리나라의 생태하천 복원은 우리 땅의 본질과 잠재력을 파악하여 대상지역에 맞는 생태하천 복원디자인이 되어야 하며 시공 및 유지관리·모니터링이 되어야 함을 강조하였다.

1. 생태하천 복원의 방향

최근 생태하천 복원의 경향

국내에서 자연형하천 조성사업의 역사는 오래되지 않았다. 1990년대 중반 양재천 등을 중심으로 자연형하천 조성사업이 시범적으로 시작되었고, 1999년 하천법이 개정되면서 하천을 정비할 때 친환경적인 접근을 하게 되었다.

최근 청계천이 복원되면서 서울시민들에게 도심 속 쾌적한 친수공간이 조성되었다는 평가와 함께 지방자치단체에서는 이를 참고삼아 각 지방의 하천을 자연형하천으로 조성하려는 사업이 촉발되고 있다. 그러나 이 때 유의해야 할 점이 있다. 우리나라 각 지역의 하천은 대부분 그 역사적 의미가 청계천과는 다르며 각각 그 유역, 지형, 하상구배, 유속, 유량, 유황, 생태적 특성, 수질 등이 상이하기 때문에 특정 사례를 모방하는 수준으로는 각 지역의 하천을 생태적이고 건강하며 주민이 쾌적하게

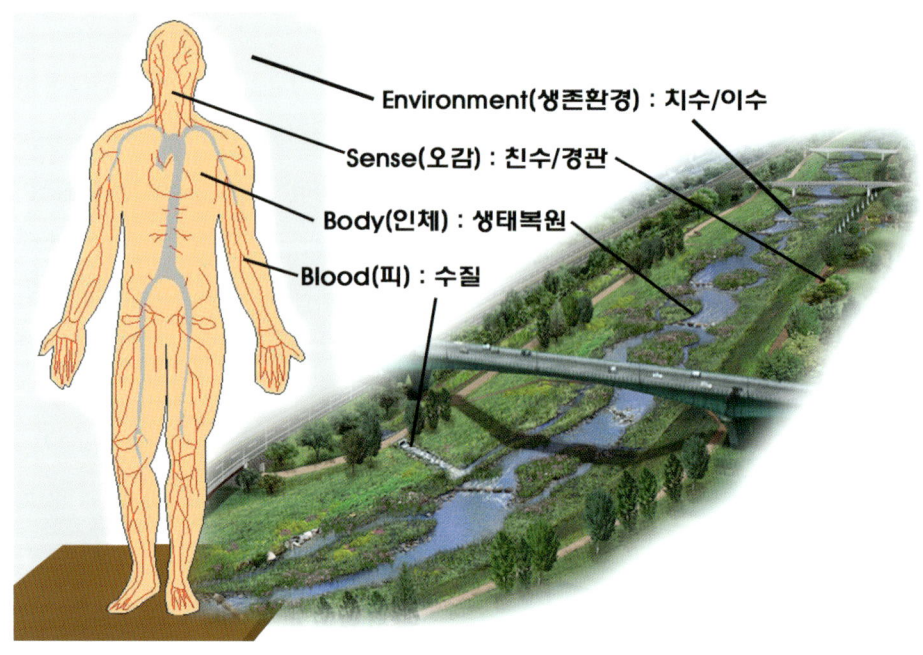

그림1-1
인체와 비교한 생태하천 복원방향
(변찬우, 2005)

우리 풍토에 맞는 생태하천

이용할 수 있는 하천으로 조성하기 어렵다. 우리나라 대부분의 하천을 친수공간 위주로 장식하고 도시화urbanize시키는 것은 사람으로 비유하면 썩은 피와 병든 몸을 방치한 채 겉모습만 화장하여 일시적 쾌락을 즐기고자 하는 위험이 따른다.

생태하천 조성은 도시 내에서는 자연의 일부로서 다양성, 순환성, 자립성, 안정성의 특성을 가지는 것이므로 자연과 유사한 (자연형)하천보다 더욱 적극적인 자연을 조성하는 일이다. 필자는 최근까지 생태하천 복원(자연형하천) 설계를 총괄수행하면서 생태하천 복원 내용을 우리 인체의 건강성과 비교해 보았다.

〈그림1-1〉은 사람의 몸과 생태하천을 비교하여 도식화한 것이다. 사람을 둘러싼 환경環境, environment과 혈액血, blood, 인체體, body, 오감五感, sense 등은 인체에 있어 매우 중요한 인자로서 생태하천의 특성인 치수 · 이수, 수질, 생태복원, 친수경관과 관계지을 수 있다. 본문에서는 인간의 건강성과 관련하여 생태하천 조성을 위한 유기적인 복원방향을 요소별로 전개해보고자 한다.

인간을 둘러싼 기반환경環境, environment으로서 하천의 치수 · 이수 기능

사람을 둘러싼 공기, 땅, 기후 등과 같이 수환경water environment은 사람이 살아가면서 없어서는 안 되는 중요한 생존기반infrastructure이다. 생태하천 조성에 있어서도 하천 기능의 가장 근간은 치수治水, 이수利水에 관한 이해이다. 한의학에서는 사람의 몸이 아프게 되면, 몸속의 부분적인 원인뿐만 아니라 몸 전체와 주변 환경을 살핀다. 인체 외부의 생존환경을 살피듯이 생태하천을 복원할 때에도 인간의 생존 기반이 되는 치수 · 이수기능을 무시해서는 안 된다. 공기, 땅, 물 등과 같은 기반환경이 없으면 인간이 살 수 없는 것처럼 치수 · 이수 기능이 없다면 하천은 사람들에게 큰 재앙거리로 변할 것이다. 그러나 그간의 하천은 단순히 치수 · 이수 기능 위주로 만들어졌기 때문에 하천 생태계가 파괴되었고 도시 오염원의 배출구 역할을 해왔다. 그러므로 생물과 사람들에게 친근한 하천이 되기 위해서는 치수 · 이수와 동시에 훼손된 자연생태계를 복원해야하므로 이를 포괄하는 의미인 생태공학적ecological engineering으로 접근해야 한다.

필자는 다양한 하천을 환경공학적 측면에서 수질정화하고 생태하천으로 복원설계하는 과정에 있어 홍수위 분석과 소류력 분석 및 하천유수의 흐름 검토 등을 통해 수직적 · 수평적 구조와 기능을 치수적 입장에서 검토해왔다. 예를 들어, 〈그림1-2〉는 생태하천 설계를 위한 여러 차례에 걸친 3차원 치수모델링의 홍수위 및 소류

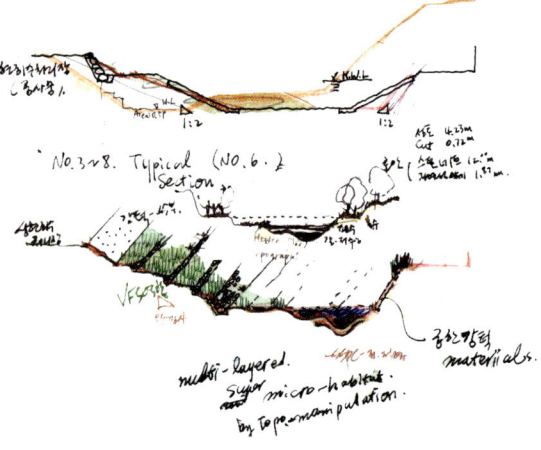

그림1-2
치수 · 이수 기능을 고려한 생태하천의 Schematic Design
(변찬우, 2009)

그림1-3
일본의 자연형하천 조성 사례(ⓒ변찬우, 1999)

력 분석과 단면구조 변화과정을 고려하여 도시하천이 치수적으로 안정화된 개념을 내포하도록 생태복원 개념을 발전시킨 schematic design이다. 생태하천 복원에 있어 치수 · 이수를 고려한 생태하천 설계는 기존의 전통적인 토목공학civil engineering적 접근 보다는 토목공학적인 안정성과 생태학을 접목시킨 생태공학적 접근이 되어야 한다. 하지만 생태공학적 측면에서 하천에 맞게 소류력을 고려하고, 국내 하천 특성에 맞게 생태복원을 할 수 있는 호안 소재나 공법이 매우 부족한 실정이다. 그러므로 생태공학적 접근을 위해서는, 외국 소재나 공법의 무분별한 차용借用에서 벗어나 우리하천 생태계에 적합한 소재와 지속적인 공법 개발이 이루어져야 한다.[1]

혈액血, blood VS 수질

인간의 몸에서 혈액은 전신의 모든 세포에 영양소와 산소를 공급하고 탄산가스와 노폐물을 배설하도록 운반하는 기능을 하고 있다. 즉, 인간의 건강은 혈액의 순환과 그 상태에 큰 영향을 받는다. 하천 역시 지형을 따라 흐르면서 생태계의 유지와 변화의 원동력 역할을 함으로써, 하천 생태계의 건강도 수질 상태에 달려있다고 할 수 있다. 최근 하천을 생태적으로 복원하면서 이슈가 되고 있는 것이 바로 수질이다. 수질이 보장되지 않는 자연형하천은 생태계가 복원되었다고 할 수 없다. 국내 하천에 맞는 환경공학 · 생태공학적 수질정화 공법의 개발이 더욱 절실하다. 그리고 공법이 개발되었다고 하더라도, 환경공학적으로 수질정화되기 이전에 매번 하천의

1) 최근 필자가 참여하여 건설교통부와 (사)한국조경학회를 통해 개정하고 있는 조경공사 표준시방서의 수환경 복원시방서 관련 기초조사를 위해 국내 생태하천 공법과 소재 등을 검토한 결과, 우리 하천의 에코시스템(ecosystem)에 맞게 모니터링되고 연구 개발된 경우는 드물었다. 몇몇 특허제품들은 비싼 가격에 비해 우리 하천의 생태적 기능이 보장되기 어려워 생태복원업의 건전한 육성을 위한 기준이나 방안 마련이 시급한 것으로 보였다.

우리 풍토에 맞는 생태하천

특성에 따라 각기 다른 수환경 특성에 맞게 생태공학적으로 많은 설계 연구와 시공
및 모니터링 과정을 거쳐야 한다.

이에 대한 방안으로 필자가 5년 전에 생태공학적으로 개발하여,[2] 환경공학적 접
근을 동시에 수행할 수 있는 생태적 수질정화 비오톱 시스템SSB: Sustainable Structured
wetland Biotop system 공법을 예시하고자 한다. 개발 초기에 북미나 일본 등의 선진사례
를 벤치마킹하여 국내 여건에 맞게 개발된 본 공법은 지금까지 설계하고 조성된 결
과 환경공학적·생태공학적으로 성공적인 결과를 얻고 있다. 각기 다른 하천의 유
량, 홍수위 등 수리수문학적 요소를 고려하고 수생식물을 통해 생태적으로 수질정
화하는 시스템으로서 '저류지-습지-연못-습지-침전지'의 다단계 셀을 거치면서 식

2) 사실, 환경공학적 수질정화 연구
의 바탕이 되는 생태공학적 공법 연
구를 단순히 5년전에 개발하였다고
보기는 어려울 것이다. 필자가 약 20
년 전에 펜실베니아 대학(University
of Pennsylvania)의 설계대학원과정
에서 이안 맥하그(Ian McHarg) 교수
로부터 배운 생태공학적 기초와 그
이후 일본의 동경농업대학의 박사학
위과정에서 연구한 우리나라와 일본
의 전통 생태관 및 풍토연구가 바탕
이 된 것이라 할 수 있다.

◁그림1-4

주암호 인공습지 생태공원의
Schematic Design(변찬우, 2001)

▽그림1-5

주암호 인공습지 생태공원 조성
직후의 전경(LEED, 2003)

표1-1
주암호 인공습지 유입유출농도 및
처리효율

	BOD	TN	TP	SS
유입농도(mg/l)	3.3~21.1	6.8~12.4	0.40~0.8	6~40
유출농도(mg/l)	1.7~11.1	1.1~6.7	0.08~0.28	1.6~14.8
평균 처리효율	55.9%	59.9%	76.4%	68.1%

*출처: 2003년 2~6월 모니터링 실측결과, 환경부(환경관리공단)

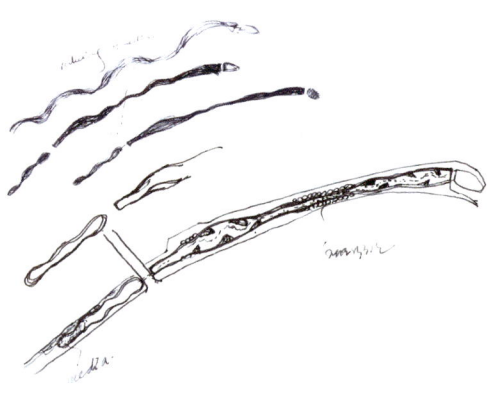

△ 그림1-6
금어천 SSB Schematic Design
(변찬우, 2005)

▷ 그림1-7
금어천 생태적 수질정화 비오톱(SSB)
시스템 전경(LEED, 2007)

3) 변찬우, 2005a, 자유수면형 인공
습지 생태공원 설계에 관한 구조적
연구-생태적 수질정화 비오톱(SSB)
공법 적용을 중심으로, 한국환경복원
녹화기술학회 춘계학술논문

물의 생태적 기작에 의해 수질정화되도록 하며, 친수공간, 생물서식처 기능을 하도
록 설계되었다.

본 공법이 도입된 환경부 최초의 점·비점오염원 수질정화 인공습지인 주암호
인공습지 Bio-park[3]의 경우, 2002년 설계가 완료되고 2003년 완공되어 모니터링
된 수질 처리효율은 〈표1-1〉과 같으며, 뛰어난 수질정화 효과는 물론 생물서식처
biotop 역할을 수행하고 있다(그림1-4, 1-5 참고).

또한 국내 최초로 경안천 수계 중 수질이 가장 나쁜 금어천의 지천수량 전체의
수질정화를 위해 SSB공법을 고수부지에 도입하여, 하천 수질 향상에 큰 역할을 하
였을 뿐만 아니라 생태복원, 친수공간 조성, 경관 향상 기능을 복합수행하고 있다
(그림1-6, 1-7). 그러나 이처럼 성공적으로 하천 생태공법 개발이 이루어졌다고 하더라
도 적용시에 재현성이 높지 않다. 자칫 유사 하천이라고 방심하고 이전처럼 재현하
다가는 수위 문제로 재난이 오거나 하천 홍수위를 높여 치수에 문제를 일으키거나
시공 과정에서 방수 문제를 일으켜 습지 생육이 불가능할 수 있다. 그러므로 생태
공학적 접근을 위해서는, 특정 공법 개발이 이루어졌다고 하더라도 매번 대상지마
다 다른 하천 생태계의 특성에 따라 다른 설계와 시공 방안이 요구된다.

우리 풍토에 맞는 생태하천

이외에도 최근 경기도 최우선 역점사업으로 팔당수질개선사업의 일환이면서 국내 최대 규모의 경안천 하류 수질정화, 인공습지 조성사업, 환경부 생태계보전협력금 지원사업인 멸종위기종 서식처 복원, 환경부 차세대핵심지원사업인 택지개발지역 내 수생태계 복원사업, 택지 내 저류지 생태환경공원을 조성하여 홍수저류 비점오염원 저감 및 수생태계 복원, 하수처리장 방류수 재활용 및 유지용수 확보, 경인운하 연결 방수로 수생태계 복원 및 비점오염원 정화, 광교신도시 내 생태하천 복원 등에 SSB공법이 도입되어 생태적으로 수질정화와 수생태계 복원, 친수·경관 개선을 통해 지역민의 사랑을 받고 있다.

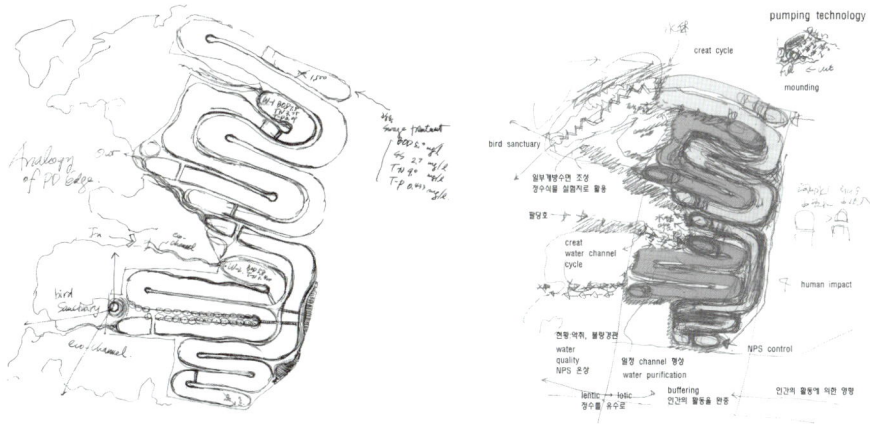

그림1-8

팔당수질개선사업 경안천 수질정화 인공습지 6지역의 Schematic Design 과정(변찬우, 2008)

그림1-9

팔당수질개선사업 경안천 수질정화 인공습지 6지역 공사 직후 전경 (2010)

몸체體, body VS 생태복원

맑은 혈액이 흐르는 몸은 건강하며, 인간의 정신력도 강하게 해준다. 마찬가지로 맑은 물이 흐르는 하천은 다양한 식물들이 들어와 꽃을 피우고 곤충과 물고기, 새, 소동물이 찾아와 생태적 건강성을 가지게 된다. 인간의 몸이 그렇듯 건강함을 유지하는 치료법은 외형만을 복원하는 것뿐만 아니라, 기능도 함께 회복하는 것이다. 따라서 하천의 생태복원은 각기 지닌 하천에 맞는 생태계의 구조와 기능을 건강하게 회복하는 것이다.

　생태복원을 위해서는 대상지의 생태조사가 필요하며, 이를 토대로 한 중추종 선정이 이루어져 생물서식처 기법이 도입되어야 한다. 이뿐만 아니라, 어류와 조류의 서식환경 특성에 맞춘 중도 조성기법, 어소 조성기법이 하천의 규모에 맞게 개발되

그림1-10
경안천 상류하천의
생태복원 Schematic Design
(변찬우, 2006)

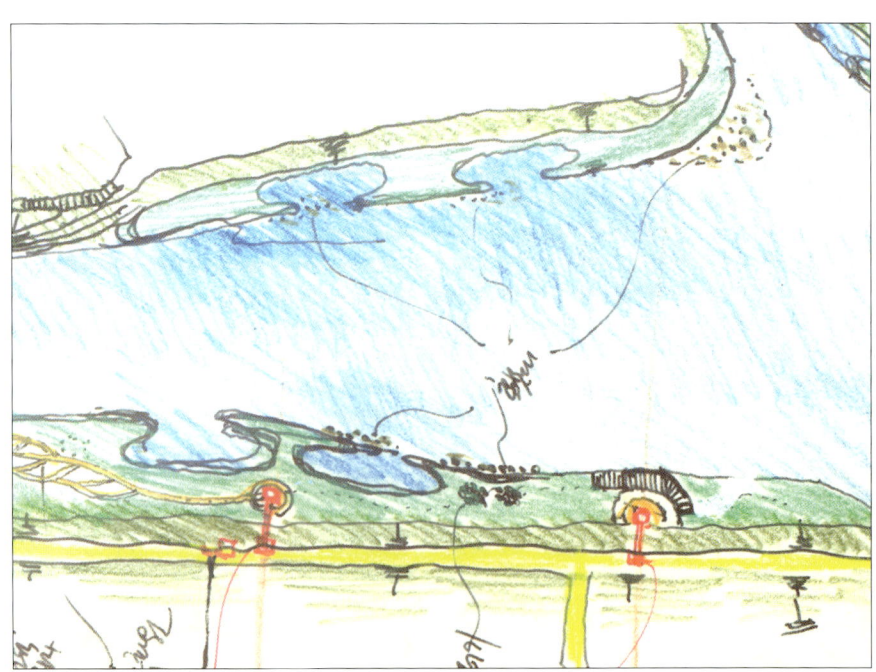

그림1-11
경안천 상류하천의 생태복원 실시설계
예시도(LEED, 2006)

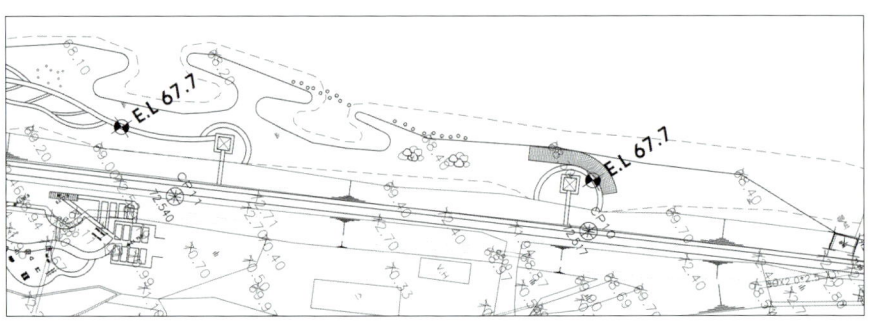

우리 풍토에 맞는 생태하천

고 설계되어 생태환경이 복원되도록 해야 한다. 하천은 조류, 소동물, 곤충류의 산란처가 되므로 그 중요성은 더욱 커지고 있다. 이에 생태복원을 위한 다양한 생물의 서식처에 대한 연구가 이루어져 생태복원에 이용할 수 있도록 해야 한다(그림1-10, 1-11 참조). 하천의 생태복원을 위한 생태계 조사를 위한 습지 조사는 유용한 자료를 제공할 것이다.[4]

　　최근에 필자는 신도시 생태하천의 생물서식처 복원을 수행하면서 생태조사의 한계와 보완방향을 다음과 같이 생각하게 되었다. 생태조사는 단순히 그 지역에 어떤 생물이 서식하고 있는지를 조사하는 것 이상으로 생태보전·복원의 적지를 찾아내고 생태보전가치를 평가하여 복원과 보존적지를 찾도록 하는 토대가 되어야 한다. 이를 위해 공간(특히 생물서식처habitat) 개념을 지닌 생태조사가 되도록 하여 생태하천 복원에 응용할 수 있는 정보로 쓸 수 있어야 한다(그림1-12, 1-13 참조).

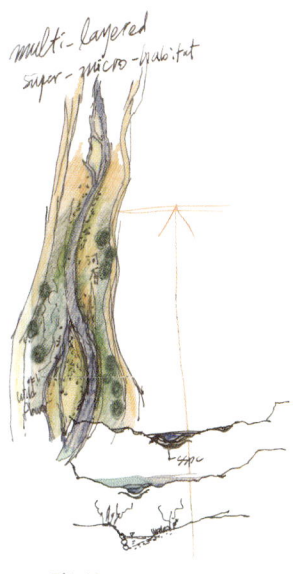

4) 구본학·김귀곤, 2001, RAM을 이용한 내륙습지 기능평가, 한국환경복원녹화기술학회지4(3)

△ 그림1-12
신도시 생태하천 내 서식처 복원
Schematic Design(변찬우, 2009)

◁ 그림1-13
신도시 생태하천 생물서식처 계획
조감도(LEED, 2009)

오감五感, sense VS 친수경관

인간의 몸은 건강을 가지고서야 오감이 제대로 발휘되고 오감에 따른 감정을 느낄 수 있고, 감상할 수 있는 여유를 찾는다. 하천도 생존을 위한 환경(치수, 이수)이 좋고 건강한 피(수질)가 흐르고 건강한 육체(생태복원)를 지녀야 좋은 경관을 이룰 수 있고, 도시민에게 쾌적한 친수공간을 제공할 수 있다. 실제로 몇몇 신규 공업단지 주변의 인공하천의 경우, 조경시설은 설치되었으나 극도로 오염된 하천의 악취와 불결한 환경으로 인해 아무도 접근하지 않는 경우를 종종 목격하게 되곤 한다. 도시의 대부분의 하천이 극도로 오염되고 건천화되고 있는 지금, 우리나라 하천을 다루는 환경설계가가 반드시 유념해야 할 부분이 아닐 수 없다.

또한 하천의 친수공간은 도시민에게 자연을 느끼도록 하는 요소이나, 이것이 너무 지나쳐 하천의 수용력 범위를 넘어서는 안 된다. 하천의 수용력 범위를 넘어선 곳에서는 생태적 완충지대buffer zone를 조성하여 생태적 건강성을 해치지 않는 범위 내에서 생태복원을 전제로 한 친수공간을 만들어야 한다. 따라서 우리 도시하천에서 친수 수변공간은 단순하게 인간의 이용만을 위한 공간이 되어서는 안 되며, 생태복원과 생태적 수질정화, 치수·이수를 동시에 고려한 공간으로 창출되는 것이 바람직하다.

필자는 하천의 생태복원 계획을 수행하면서 친수공간에 대해 각각 하천의 특성, 규모, 지역성 등에 따라 다르게 계획해왔다. 왜냐하면 하천마다 생태환경적 특성이 다르고 지역의 역사나 풍토가 다르기 때문이다. 지금까지 하천의 친수공간은 공식화되어 모든 하천에 같은 시설물, 같은 관찰로, 같은 관찰데크가 기성품처럼 도입되어 왔다. 그러나 하천의 특성이 모두 다르듯 친수공간의 이용성과 특성도 다르게 명소화되어 지역주민의 사랑을 받도록 해야 할 것이다.

하천의 친수공간 설계란

환경설계의 핵심이라고 할 수 있는 과학(생태학 등)이 어떻게 예술적 특성으로 녹아들

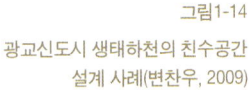

그림1-14
광교신도시 생태하천의 친수공간
설계 사례(변찬우, 2009)

어 가는지를 볼 수 있는 것이 바로 하천 설계이다. 특히 하천의 친수공간은 회화적 표현이나 표피적인 그림만으로는 구현하기 어려울 정도로 생태공학적이고 과학기술적인 이해가 요구된다. 그야말로 과학기술과 예술이 설계로 함께 일체화되어야만 하는 종합과학예술인 것이다.

먼저 친수하천 사례에서 선진국의 대표적 사례를 간단히 예시하겠다. 이 과정에서 우리는 생태와 예술이 만나는 하천친수공간 설계에 관해 이야기하게 될 것이다.

우리나라 현실에 맞는 하천의 친수공간 설계를 위하여

우리 하천에 맞는 친수공간 설계를 논하기에 앞서, 우리가 자주 참고하는 선진국의 수변 친수공간을 다루는 대표 작가들의 작품을 먼저 살펴보자. 일찍이 미국 조경계의 대표적인 원로작가 로렌스 핼프린Lawrence Halprin은 물을 주요 소재로 다루었고, 현재 미국의 대표작가인 조지 하그리브스George Hargreaves 역시 대규모 하천이나 해안, 그리고 쓰레기 매립지 등 환경시설을 주요 대상지로 다루었다. 특히, 장소성을 강조하는 하그리브스는 비, 그림자, 물, 하늘 등 장소에서 일어나는 자연현상을 디자인 계획과정에서 중요한 요소로 활용하였다. 그는 많은 작품에서 자연의 지속적인 형성과정ongoing process에 중점을 두어 대상지의 자연에 대해 열린 태도로 자연적인 것─새, 식물 등─들의 무대setting를 만들어 주기도 하였다. 또한, 친수공간 설계에 있어 대상지의 자연의 특성을 중요시하면서 모티브나 의미를 중요시하는 예술성을 가미해 현대 기술이 간과한 경관의 본질적 측면을 열어보고자 하였다(그림1-15, 1-16 참고).

물을 주로 다뤄온 필자는 미국의 설계대학원에서 공부한 직후 한국에서 실무를 할 경우에는 〈그림1-15〉나 〈그림1-16〉, 〈그림1-17〉과 같이 하천의 친수적 측면을 중심으로 접근하려 하였다. 그러나 우리 하천은 뭔가 다른 상황이 있다는 것을 간과

◁ 그림1-15
빅스비 파크(Byxbee Park)의 수변 친수공간 조성사례
(Process: Architecture 128, Hargreaves, 1992년 作)

▽ 그림1-16
루이빌 워터프론트(Louisville Waterfront) 조성 모형(Process: Architecture 128, Hargreaves,1991년 作)

할 수 없었다. 국내에서 하천의 친수공간을 계획할 경우, 대개는 도심 내에 오염하천으로서 생태적 훼손이 심각한 상황이었다. 따라서 우리나라 실정에 맞는 친수공간 계획을 위해서는 수질정화와 생태복원 계획을 선행한 이후, 각각 하천의 특성, 규모, 지역성 등에 따라 다르게 접근해야 한다는 것을 깨닫게 되었다. 왜냐하면 하천마다 오염 정도나 생태환경적 특성이 다르고 지역의 역사나 풍토가 다르고, 각 하천의 유역, 지형, 하상구배, 유속, 유량, 유황, 생태적 특성, 수질 등이 다르기 때문이다. 그러나 지금까지 하천의 친수공간은, 앞서 언급한 바가 있지만 조경시설이라는 명칭을 통해 모든 하천에 획일화된 시설물이 기성품처럼 도입되어 왔다. 이마저도 치수 문제나 환경 문제가 심각하게 제기되면 삭제되고 다시 그려야만 하는 것이 우리나라에서 현재 조성되는 하천 조경시설의 현실이다.

이런 측면에서 하천의 수변친수공간을 설계하는 환경설계가는 하천의 생태적 구조 및 기능을 기반으로 그 위에 생태적 수용력의 영향을 완충하면서 지역주민의 삶의 질을 향상시킬 수 있는 절차를 통해 친수공간을 설계하여야 한다. 우리나라 실정에 맞게 하천에 친수공간을 제공하려면, 하천이 스스로 생명력을 갖게 하면서 동시에 도시민에게 좋은 경관을 제공해야 한다. 그리하여 각 하천마다 각기 다른 고유의 지역성이나 장소적 특성site-specific을 구현하는 것이 바람직하다. 각기 다른 하천 생태계가 무엇인지, 어떻게 변화하고 있는지에 대한 깊은 이해가 먼저 이루어져야 한다.

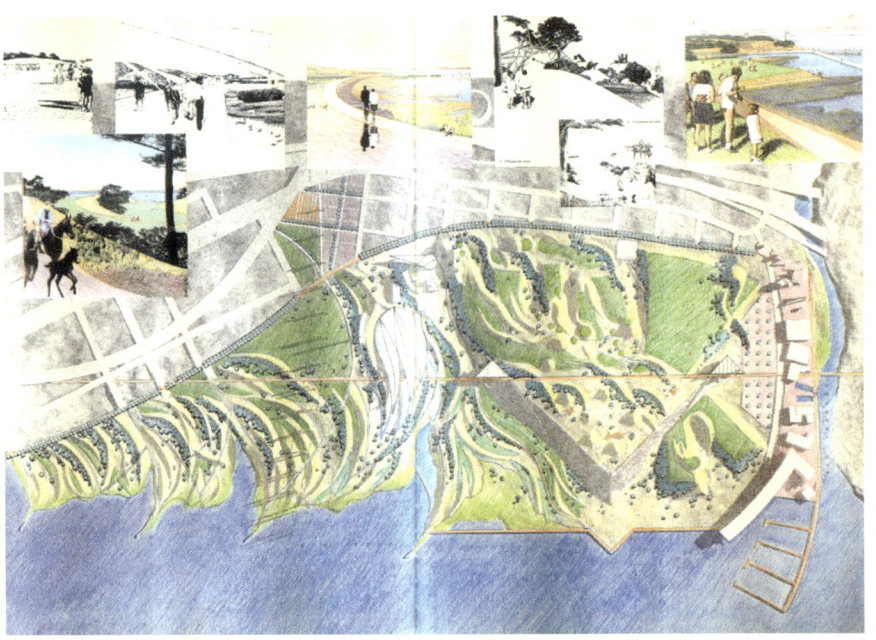

따라서 우리나라 하천에 맞는 친수환경 조성을 구현하려는 환경설계가는 어느 한 분야의 전문지식만으로 접근해서는 결코 안 된다. 친수경관을 설계하기 이전에 매우 정량적이면서도 합리적rational인 접근을 요하는 하천의 치수·이수, 수질, 생태복원 등과 지역성 및 장소적 특성을 직감적perceptional으로 해석하는 능력을 가지고 종합적인 관점에서 코디네이팅coordinating하는 것이 바람직하다.

그림1-18
생태공학적·환경공학적 인프라 위에 조성된 굴포천 방수로의 친수공간 예시도(위) 및 굴포천 소단 생태적 수질정화 비오톱 복원시공과정
(LEED, 2009~2010)(아래)

하천의 구조와 기능의 유기적 결합

사람이 건강을 유지하기 위해서는 환경, 육체, 혈액, 오감 등의 각각의 요소가 건강해야 하는 것처럼, 우리 땅의 하천이 건강하게 복원되기 위해서는 치수·이수, 생태복원, 수질, 친수경관이 유기적으로 연관되어 설계되어야 한다. 필자는 〈그림1-1〉에서 보는 바와 같이, 앞에서는 생태하천 복원을 위한 4가지 이슈를 실천방안으로 요약해 보았었다.

〈그림1-19〉는 필자가 팔당상수원 보호구역 상류하천 8.9km 구간 중 5개 권역으로 구분하고, 앞에서 설명한 치수·이수, 수질, 생태복원, 친수경관을 복합적으로 고려한 생태하천 복원 설계의 총괄수행 과정을 예시한 것이다. 치수·이수를 위해 3차원 모델링 분석, 소류력 검토를 수행하여 안정적인 하상구조를 도출하였고, 하천수질정화를 위해 생태적 수질정화 비오톱SSB 공법을 적용하였다. 생태복원을 위해 중추종 선정, 어소, 횃대, 어류미소서식처 등을 조성하였으며 친수경관을 위해 고수부지 친수공원, 관찰데크, 마운딩, 산책로 등을 도입하였다. 이렇게 도입된 시설들은 치수·이수와 환경공학·생태공학적 관점과 친수기능을 동시에 만족시키는 복합적 기능을 띠고 있다. 이를 총괄 코디네이팅coordinating하는 것이 총괄적general이면서도 전문적special인 한 분야로서의 생태하천 복원과정인 것이다.

그림1-19
경안천 상류하천의 생태하천 조성에 관한 5개 권역별 전체(8.9km) 설계 예시
(변찬우, 2005~2006)

ZONE 1   ZONE 2   ZONE 3   ZONE 4   ZONE 5

RE-VIVING   DIS-CLOSING   RE-STORING   WELL-BEING   RE-TURNING

Water purification
Restoration
Fishway

Parking lot → Square
Restoration
Environmental education

Water purification
Sports facility
Ecological park

Water purification
Eco park
Restoration

Control subriver
Great grassland
Bird habitat

우리 땅에 맞는 생태하천 설계의 기조

필자가 환경설계학을 전공하고 국내 여러 사례의 생태하천 설계를 총괄수행하면서 깨닫게 된 우리 땅에 맞는 생태하천 설계의 기조는 다음의 여섯 가지를 들 수 있다.

첫째, 생태하천 복원은 종합과학기술과 예술total science & art이 만나야 가능하다. 논리적이고 이성적인 생태환경과학과 하천을 조성하는 생태공학기술을 아우르는 감성적인 예술이 절묘하게 만나, 건강한 자연 생태계와 어우러져야 지역민들이 감동을 받을 수 있는 공간을 창출할 수 있다.

둘째, 기존의 토목에서 수행하였던 '치수공학적 접근'을 뛰어넘어, 치수적 안정성을 공학적으로 고려하면서도 생태적으로 복원할 수 있는 '생태공학적 접근ecological engineering approach'으로 전환되어야 한다. 하천에서 안정성은 그 무엇보다 중요한 요소이지만, 이 뿐만 아니라 생태적 지속가능성도 동시에 달성되어야 하기 때문이다.

셋째, 생태환경공학ecological environmental engineering적 공법 및 기술이 도입되어야 한다. 생태공학·환경공학적 공법을 사용하여 생태복원과 자연이 지닌 수질 개선효과 등을 달성할 수 있어야 한다.

넷째, 설계자가 주인이 되는 복원설계design restoration가 아니라, 하천의 자연생태계가 스스로 설계해 나갈 수 있는 자기복원설계self-design restoration가 되어야 한다.

다섯째, 자연형성과정에 따른 동적 평형dynamic equilibrium을 이루어야 한다. 하천은

그림1-20
생태하천 조성을 위한 생태복원은 생태·환경, 토목, 조경, 도시 등 각 분야를 융·복합하는 총괄적인 전문가가 되어야 한다. 이들 분야의 통합환경설계에 대한 공통분모(주요 매체)는 Landscape(경관), Environment, Ecology로 볼 수 있다(변찬우, 2006).

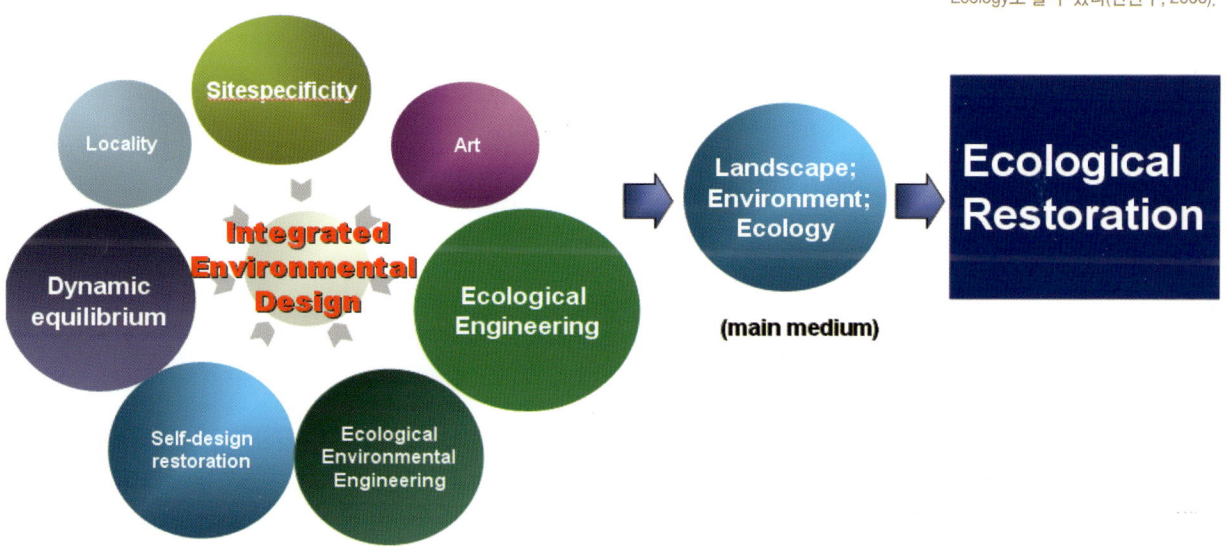

살아있는 생태계의 한 부분이므로 자연형성과정natural process을 예측하고 최대한 안정적이고 균형감 있게 대처해야 한다.

여섯째, 하천 고유의 경관 특성landscape-specific 및 지역성 · 장소성을 구현해야 한다. 우선, 각각 하천의 유역, 지형, 하상구배, 유속, 유량, 유황, 생태적 특성, 수질 등에 맞는 최적의 설계안을 도출할 수 있어야 하고 서구의 복원기법을 따르기보다 우리 땅에 맞는 생태하천 복원공법 및 소재를 개발해야 한다.

자연적인 하천은 스스로의 수량조절 기능과 수질자정 효과, 자연적인 경관형성 기능 등을 가지고 있다. 현재 도시화된 하천을 자연적인 하천으로 복원하기 위해서는 각기 하천이 지니고 있는 고유한 특성을 고려하고 치수 · 이수기능을 기반으로 하며, 생태공학 · 환경공학적 접근을 해야 한다. 이렇게 조성된 하천은 오염에 찌든 도시민에게 오아시스가 될 것이다.

생태하천으로의 복원은 하천이 스스로 생태적 생명력을 갖게 하면서 도시민에게 좋은 경관을 제공하고 친수공간을 제공하는 것이다. 따라서 각기 다른 하천의 생태계가 무엇인지 어떻게 움직이고 있는지에 대한 깊은 성찰과 고민이 이루어져야 한다. 또한 앞에서도 강조한 바와 같이, 하천의 생태적 복원은 어느 한 분야의 전문지식만으로 이루어질 수 있는 것이 아니기 때문에, 하천을 다루는 이들은 생태, 환경, 토목, 조경, 도시 분야 등 각 분야를 융 · 복합하는 총괄적인 전문가general specialist가 되어야 한다. 치수 · 이수, 수질, 생태복원 및 친수경관과 관련된 분야들은 모니터링하면서 종합적인 관점에서 컨트롤 할 수 있어야, 진정한 의미의 생태하천 조성이 가능하기 때문이다(그림1-21 참조).

그림1-21
겸재 정선의 "송파진(松坡津)".
진정한 생태하천 복원을 위해서는
우리 하천 고유의 유역 특성, 모래톱,
지형, 하상구배, 유속, 유량, 생태적
특성, 수질환경 등에 맞는 최적안을
도출해야 한다.

2. 우리 하천에 맞는 생태환경복원 디자인[5]

5) 이 장에 관한 보다 근본적인 내용은 『우리 풍경에 맞는 생태환경디자인』(변찬우, 2010, 도서출판 발언)을 참고하기 바람

정신적으로 병을 앓고 있는 환자가 자신의 병을 모르는 상태에서 어떤 의사를 찾아왔다고 치자. 의사는 우선 내·외과적 환자에게 일반적으로 검사하는 X-ray촬영이나 내시경 검사 등을 하도록 하였다. 그러나 병의 원인은 밝혀지지 않았고, 정밀검사를 하면서 이 환자가 '정신적'으로 문제가 있음을 알게 되었다. 이런 경우, 환자와 의사는 모두 시간과 비용을 크게 낭비한 셈이 된다. 뿐만 아니라 환자를 치료할 수 있는 비용과 시간이 한정되어 있었다면, 의사는 환자의 병명조차 제대로 진단하지 못한 채 미봉책으로 처방할 수밖에 없었을 것이다. 이와 같은 예는 환경대상지(환자)와 이를 다루는 환경디자이너(의사)와의 관계를 쉽게 설명하기 위해 필자가 자주 드는 비유이다. 사람의 성격이나 모습이 제각기 다른 것과 마찬가지로, 환경디자이너에게 맡겨진 대상지 역시 그 성격이나 자연 생태적 요인에 따라 각기 다른 특성이 있음을 이해해야 할 것이다. 따라서 환경디자이너 역시 획일적인 분석과정을 거쳐서 설계안을 만들기 보다는 우선 땅을 볼 수 있는 안목을 키워야 할 것이다. 오늘날 환경디자인 분야에서 핫이슈가 되고 있는 생태적으로 지속가능한 설계—생태하천, 생태공원, 비오톱, 생태도시 조성 등— 역시 대상지마다 다른 대상지site의 본질을 이해하는 것이 생태디자인의 기반이 된다. 그러므로 디자이너가 다루는 대상지는 우리의 취향에 맞게 디자인하도록 주어진 것이라는 시각에서 벗어나야 하며, 우선 대상지의 본질(장소성)을 파악하고 이를 디자인의 단서로 활용할 수 있어야 한다.

그러나 환경디자인에 있어서 우리 땅의 본질을 파악하는 일은 가장 근본적인 작업임에도 불구하고, 환경디자이너가 주로 디자인하는 외부공간은 산업사회 이전의 것보다 훨씬 획일화된 프로세스에 따라 마치 제품을 찍어내듯이 만들어지고 있다. 오늘날 우리나라의 직업군에서 환경디자이너들은 소위 기술자(엔지니어)로 분류되어, 이들은 주어진 대상지를 정해진 시간 내에 한정된 경비와 기술만 가지고 만들어 내는 직업인으로서 생활해야 하기 때문이다. 그래서 우리의 시장 구조 속에서 환경디자이너들은 연륜이 쌓일수록 창조적 작품세계에 몰입하기 보다는 규격화된 틀 속에

간히게 되는 경우가 적지 않다. 또 생태, 장소성 등 자연과 인문적 특성을 종합적으로 다루어야 하는 의미들은, 단순히 유행에 뒤떨어지지 않기 위해 되뇌는 용어이거나 화장술에 불과한 경우가 많다. 많은 환경디자이너들이 생태계를 종합적으로 개선한다는 자부심은 갖고 있으나, 이러한 문제들이 하루아침에 개선될 수 없다는 좌절감을 갖고 있는 탓에 기계적인 현실에 안주해 버리고 마는 것이다. 마치 그로츠가 묘사한 'Republican Automatons' 가 오늘날 우리들의 자화상이 아닌가 싶다.

이러한 상황에서 우리 땅과 환경디자인의 본질을 파악하는 일은 그리 쉬운 일이 아니다. 그럼에도 불구하고 우리는 반드시 우리 땅과 환경디자인에 대한 본질을 파악할 수 있어야 한다. 그러한 기반이 조성될 때에, 진정한 의미의 생태하천 조성이 가능하고, 생태하천이라는 이름에 걸맞는 생태환경적인 장소의 조성이 가능하기 때문이다. 또한 그러할 때 세계적으로도 인정받을 수 있는 걸출한 생태하천 조성을 가능케 하는 환경디자이너나 생태디자이너의 탄생을 기대할 수 있기 때문이다. 필자는 그간의 이론 연구와 실무 과정을 통해서 우리나라 환경에 맞는 생태하천 조성을 위해 필요한 환경디자인 방법론을 모색해왔으며, 그 중에서 가장 핵심적인 네 가지 이슈를 다음과 같이 제시하고자 한다.

첫째, 우리 도시 및 하천 경관에 적합한 도시생태학적 이론을 적용, 개발해야 한다
대부분 훼손된 생태계와 오염된 물이 흐르는 우리나라 도시에서 현황조사 · 분석이나 생태하천 도입프로그램의 결정에 있어서 가장 핵심적인 이론은 생태학ecology이

그림1-22
Ian McHarg' s Overlay Method &
Environmental Suitable Analysis

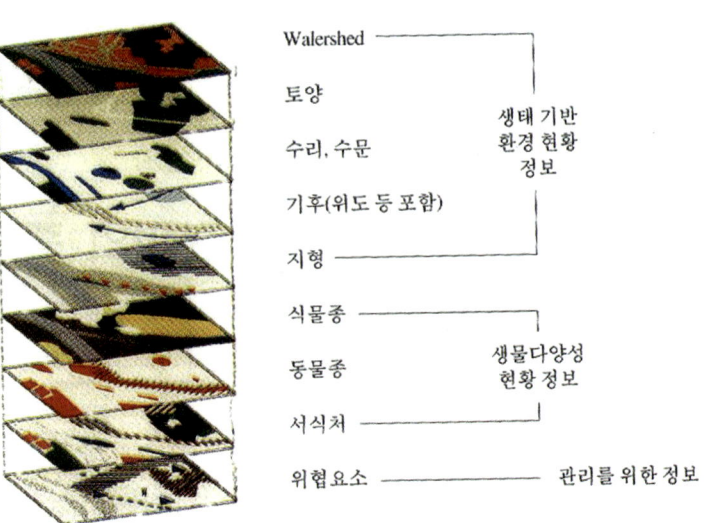

Walershed

토양

수리, 수문

기후(위도 등 포함)

지형

식물종

동물종

서식처

위협요소

생태 기반
환경 현황
정보

생물다양성
현황 정보

관리를 위한 정보

우리 풍토에 맞는 생태하천

다. 과학으로서의 생태학은 반드시 공간을 대상으로 하지만은 않는다. 그러나 환경디자인에서 활용되는 생태학적 원리는 특정 부지를 대상으로 활용된다. 이안 맥하그Ian McHarg 교수는 20세기 후반부터 유펜University of Pennsylvania의 설계 대학원에서 생태적 계획을 위한 생태적 목록ecological inventory—기후, 지형, 지질, 토양, 수문, 수질, 식생, 야생동물 등—과 이들의 시간 변화에 따른 자연형성과정 등의 이론을 발전시켰다. 이 이론은 조경계획뿐만 아니라 경관계획이나 도시계획 등의 생태학적 공간계획에 큰 영향을 끼쳤다.

그러나 전통적인 생태계획 방법론은 생태계라는 객체에만 초점을 맞추고 인간을 그 주된 논의에서 제외시켰다는 한계를 내포한다. 이런 측면에서 최근 논의되고 있는 경관생태학landscape ecology은 경관을 "상호 연관된 서로 다른 생태계들의 집합으로 이루어진 토지환경"이라고 정의 내리고 경관의 구조, 기능, 변화와 생태계와의 관계에 관심을 가진다. 더욱이 경관생태학과 유사하면서도 인간의 간섭이 심한 도시경관을 연구대상으로 하여 경관구조와 기능의 변화를 분석하는 도시생태학urban ecology은 도시 경관을 대상으로 하는 생태디자인의 생태학적 기반으로 활용될 수 있다. 캐나다의 생태조경 디자이너인 Michael Hough가 말했듯이 도시경관 설계에서 요구되는 생태학은 도시생활의 장소가 갖는 고유의 특성을 찾아내 그 잠재력을 활용하는 통찰력을 제공해야 한다. 그러므로 한국적 생태하천이 조성될 수 있는 생태디자인이 되려면, 우리의 도시하천 생태 구조와 기능의 변화를 도시생태학적으로 찾으려는 노력이 더욱 촉구된다. 최근에는 주거단지설계에서조차도 수생태환경 및 수경관에 대한 인식이 높아지고 있음을 알 수 있다. 그러나 용적률이 200%가 넘는 주거지역에서 수생태 환경에 관한 이슈들을 단지설계 차원으로 현실화하기에는 어려운 점이 많다. 그러나 환경친화적 주거에 대해 급증하는 사회적 수요를 생각해 볼 때, 관련이론과 실무적 방법론 개발이 절실하다.

다음에 소개하는 사례는, 2009년 봄에 광교신도시 생태하천 및 특수구조물 공사의 대안설계에서 필자와 LEED(리드)환경연구원이 신도시 내 생태하천의 경관생태적 디자인을 시도한 예이다. 여기서는 경관생태학Landscape Ecology을 신도시 하천 규모에 적용하여 이를 구체화하는 환경디자인Environmental Design을 시도했다. 우선, 대상지에서 장소성을 읽고 총연장 15.75km에 달하는 하천과 31,000세대 주변단지와의 관계를 이해하기 위해 경관생태학에서 다루는 패취patch, 코리더corridor, 그리고

광교 고유의 생물서식처 복원

Eco
System

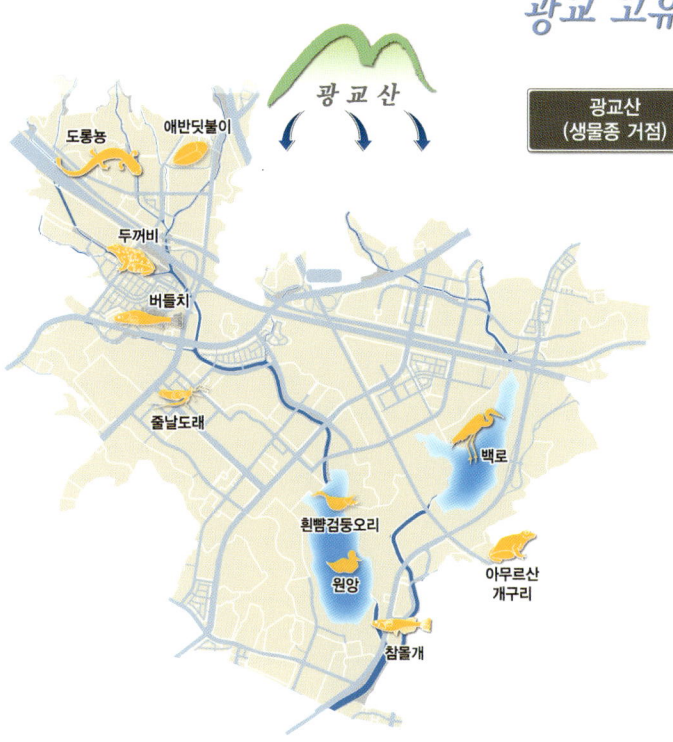

광교산

```
광교산          ⟷    생태하천 + 주변녹지    ⟷    광교신도시 생태하천
(생물종 거점)         (생태적 연결성 확보)          (생물종 복원)
```

복원방안 ┊ 하천의 생태적 특성에 따른 목표종 선정

· 광교산 맑은 계곡수를 확보 · 순환하여
  광교산 자연 생태계 복원
· 목표종의 생태계와 먹이사슬 구조 반영

목표종 먹이피라미드 예시

생태적
수질정화습지   생태적
                                          수질정화습지

광교산

소하천   소하천

4차   원앙,
            흰뺨검둥오리
3차   버들치, 맹꽁이,
            도롱뇽, 참물개
2차   애반딧불이
1차   물달팽이, 다슬기,
            줄날도래
생산자   달뿌리풀, 갈대,
            부들, 고마리

생태적   생태적
수질정화습지   지방하천   수질정화습지

△ 그림1-23

Meta-population 개념을 통한
광교신도시 목표종 달성계획도
(변찬우, 2009)

▷ 그림1-24

필자와 LEED환경연구원이 최근에
참여한 광교 신도시 생태하천
설계에서 시도한 경관 생태적 접근의
한 사례

모자이크mosaic 패턴을 해석하였다. 역사와 현황, 자연자원 등의 분석을 통해서 지역적 맥락을 읽을 수 있었고, 현장조사와 관련자료 분석을 통해 그 하천이 지니고 있는 생태 및 역사자원을 파악하여 디자인에 응용하였다. 이때 해석된 주요 경관요소는 다음과 같다.

- ▶ 대상지의 생태적, 장소적 핵core으로서의 광교산
- ▶ 광교산과 하천을 중심으로 형성된 생태네트워크(녹지, 수계, 생물서식처 등)
- ▶ 광교산과 주변 녹지 및 공원, 생태하천을 연계한 녹지 패취patch
- ▶ 생태적 코리더 역할을 하는 신도시 내 소하천과 지방하천

필자는 이러한 골격을 통해 도시 차원에서도 생태하천을 복원하고자 하였다.

둘째, 각 하천이 지닌 잠재력을 읽고 생태환경복원 디자인을 해야 한다

환경문제와 생태계 파괴는 지구적 차원의 범세계적인 쟁점으로 부각되었다. 이러한 추세에 따라 생태적 복원에 대한 관심이 "생물학적 보전의 새로운 패러다임a new paradigm for biological conservation"으로 부각되었으며, 관련 생태학자들은 이와 같은 이론적 연구와 더불어 극복되어야 할 많은 실질적 문제들을 지적하게 되었다.

생태복원과 관련된 최근의 한 연구에서는 복원생태restoration ecology와 관련된 개

그림1-25
A Path of Water(변찬우,1992, Critic: 유펜(University of Pennsylvania)의 제임스 코너(James Corner) 교수)

넘 정의에 있어, 각기 복원지역의 환경과 사업 여건 등에 따라 그 성격을 달리함으로써 개별적 용어의 정의가 일치할 수 없다고 보았다. 필자 역시 생태환경복원 프로젝트들의 수행과정과 이론 연구를 통해 생태적 복원ecological restoration의 개념을 크게 복구reclamation, 재생rehabilitation, 보전conservation이라는 세 가지 특성은 물론, 여기에 창출creation, 저감mitigation, 향상enhancement 등으로 요약할 수 있으며, 이들은 상황에 따라 상호 중첩된 개념으로 적용될 수 있음을 알 수 있다.

한편, 생태적 복원의 용어에서 복원이라는 개념만 보면 창조의 의미가 없는 듯 보인다. 그러나 최근 하천이나 습지가 전혀 없었던 공간에 하천이나 습지를 만들어서 생물종을 다양화시키는 창출creation의 생태복원을 많이 시도하고 있다. 이는 생태적 복원을 황폐화된 특정 공간의 생태적 원형을 복원하는 작업에만 국한시키지 않고, 생태적으로 망가진 지구적 차원, 또는 도시적 차원에서 보상적 의미로도 활용하고 있음을 뜻한다. 최근 추진되고 있는 환경친화적 개발이나 지구적 차원에서 파괴된 생태계 및 환경 복원을 위한 생물종 다양성 보전 사업 등도, 대상지의 고유한 원형을 고스란히 복원하기보다는 '창조적 측면'에서의 생태적 복원 사례로 볼 수 있다. 이처럼 환경디자이너들이 주로 관여하는 생태적 복원은 대상지를 중심으로 창조적 의미의 복원이 복구, 재생, 보전 등과 어우러져 수행되는 경우라고 볼 수 있다.

그러므로 순수한 생태학자가 아닌 환경디자이너가 생태환경복원 설계를 수행할

그림1-26
필자가 수행한 생태디자인의 두 가지 사례 비교: 좌측은 한탄강 댐 주변 하천과 육상생태계를 연계하여 댐상류 하천을 복원한 생태공원 디자인 사례(2002년 턴키당선작)이며, 우측은 광교신도시 생태하천조성 2009년 대안입찰 턴키 당선작으로서 도시 내 생태네트워크를 고려한 수생태계 및 생물서식처 복원뿐만 아니라 지역민의 다양한 친수활동도 동시에 고려한 디자인 사례이다. 대상지의 장소적 특성에 따라 생태디자인의 초기 과정에서 결정되는 생태적 목표종 설정에서부터 기본계획까지의 과정과 결과가 다르다.

경우, 대상지 생태계의 생물 종, 구조, 기능 등은 장소의 특성마다 다르며 인간이 끼친 영향 또한 대상지에 따라 다름을 파악해야 한다. 그러므로 특정 장소의 복합적이고 총체적 특성을 단순히 과학적 실험 대상으로 환원하는 접근방법은 진정한 의미의 생태적 디자인이라고 볼 수 없다. 따라서 생태디자인을 위해서는 현상학적 사유를 기반으로 장소의 특성을 총체적으로 파악하면서 대상지에 필요한 생태과학적 분석을 병행해 나아가는 것이 바람직하다. 왜냐하면 땅(하천)의 잠재력을 살리지 못한 상태에서 시공이나 관리에 에너지와 예산이 많이 투입되면, 생물이 다양해진다고 하더라도 지구 차원에서 볼 때는 비생태적이고 비효율적인 결과를 초래하기 때문이다.

〈그림1-26〉은 필자가 진행한 생태디자인의 두 가지 사례로서, 대상지의 장소적 특성에 따라 생태디자인의 초기 과정의 생태적 목표종 설정에서부터 기본계획까지의 과정과 결과가 다름을 알 수 있다. 우선, 좌측 그림은 댐상류 하천과 연계된 육상 생태계에 생태공원을 조성한 생태하천 계획 사례로서 추이대, 생태적 수질정화 비오톱, 생물 서식공간biotope 등을 마련하고자 하였다. 특히, 거대한 토목공사로 망가진 댐상류 하천 홍수터의 복원과 댐 주변의 하천과 육상 생태계의 장소적 이해를 통해 대상지의 생태계를 복원할 수 있는 실마리를 찾았다. 우측 그림의 경우, 광교신도시에 생태하천을 조성하는 프로젝트로서 생태디자인의 목표는 신도시 내 수생태계 복원과 이를 크게 훼손하거나 교란시키지 않는 범위에서의 친수경관 조성이었다. 이를 위해 이용객의 친수활동과 그에 따른 생태적 영향을 조절하기 위해서 산책로와 생태통로를 구분하여 조성하였다. 그리고 신도시만의 지역적 특성과 장소성을 역사와 전통, 자연 등을 고려하여 도시하천을 통합설계 하였다. 생태적 수질정화 비오톱을 이용한 수질개선을 통해 다양한 생물서식처를 복원하고 자연과 어우러지는 친수시설 및 활동을 도입하여 자연과 인간의 공생적 관계를 도모하였다. 또한 생태적 보전 가치가 높은 지역은 생태네트워크와 동선체계의 연계를 통해 도시생태계에 미치는 인간 활동의 영향을 최소화하였다. 도시 내 대상지의 생태적 · 환경적 잠재력을 최대한 살림으로써 시공 및 유지관리 경비와 에너지를 최소화할 수 있기 때문이다.

셋째, 우리 역사적 경관에 대한 현대적 해석이 요청된다

산업화 및 도시화로 인해 각 도시가 지닌 고유한 자연성이 사라지고 있는 오늘날, 동양국가에 내재된 자연 생태관이나 장소적 특성을 살릴 수 있는 방안 모색이 절실

안도 히로시게의 명소에도백경(名所江戶百景) 중 당시(18C 중엽) 가장 번화했던 곳을 그린 〈日本橋雪晴〉. 그림에서처럼 에도의 평면적 지형을 원경의 후지산을 끌어와 보완하였고, 원래 없던 수 체계를 인공수로와 호안을 개설하여 보완하였다.

▽ 그림1-28
겸재 정선의 장안연우도(長安烟雨圖). 발 밑에 내사산(內四山) 중 북악산과 인왕산의 화강암 산자락이 보이고, 유일한 토산(土山)인 남산으로 둘러싸인 한양의 번화가를 표상(表象)하고 있다. 비록 주변 산세에 비해 지극히 작은 인공 건축물들이 눈에 띄지만, 이마저도 대부분을 봄비의 연무에 가려버리는 우리의 자연·생태관을 읽을 수 있다.

하다.

특히, 시, 서, 화 등 텍스트로 남아 있는 경관적 특성을 해석하는 것도 우리의 것을 이해하는 적극적인 방법이 될 수 있다. 필자는 미국에서 생태계획 및 설계에 관한 석사학위 취득 후, 우리 전통 풍경관, 생태관, 환경관을 찾고자 한·일 정부의 지원 프로그램을 통해 일본에서 박사학위 연구를 수행하였다. 이 연구과정에서 한국과 일본의 전통적 풍경화에 나타난 도시경관의 비교해석을 통해 이미 사라져가는 우리나라의 자연생

태관을 찾고자 하였다. 그 연구내용을 살펴보면, 수체계, 지형, 기후와 같은 자연생태적 요소가 서울과 동경의 옛 도시의 공간구조나 경관 형성에 결정적으로 영향을 미치고 있음을 파악할 수 있다. 다만, 도시 내 하천이나 자연생태적 자원을 입지시키는 기준이라든가 경영하는 방법의 차이는 각국의 자연과 문화적 특성, 그리고 기술의 차이에 따라 다르게 나타난다. 에도의 경우 부족한 산수(지형과 수체계)의 자연생태적 자원을 도시시설 조성과정에서 보완하여, 먼 곳에 위치한 산이나 바다를 차경하거나 인공수로와 호안을 개설하여 수 체계를 보완한 경우를 살펴 볼 수 있다. 그러나 한양은 도시를 정할 때부터 원래 지역에 잠재된 자연생태자원을 중시하였기 때문에 도시가 지니고 있는 고유한 산山, 수水의 자연성에 최대한 적용하는 도시의

◁ 그림1-29

한국적 저수호안 소재 개발의 사례인 생태목틀(변찬우 연구개발, 2005). 겸재 정선의 진경산수화 중 한강의 수변에서 보듯이 곡류하천 조성이 가능하며 전통목재결구법을 활용한 친환경 소재임

▽ 그림1-30

광교신도시만의 고유 풍토(역사, 문화, 생태, 환경, 예술 등)를 적용한 광교 소하천인 성죽천 · 절골천의 Schematic Design(변찬우, 2009)

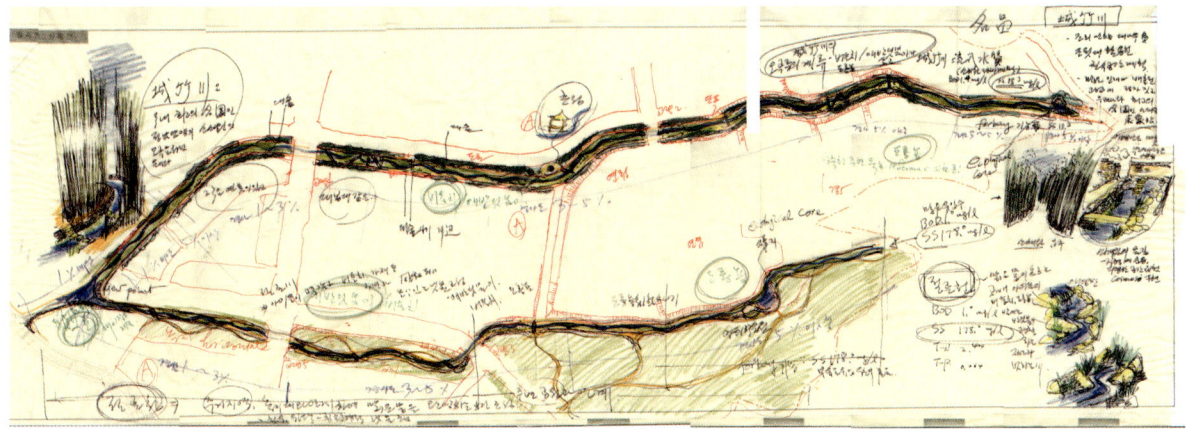

경관적 특징을 보이고 있다. 이처럼 산山, 수水가 한양의 자연경관을 표상하는 절대적 요소로 해석된 것처럼, 에도의 도시경관에 다양한 변화를 보이게 한 해양성기후는 에도 특유의 풍토를 형성하는데 큰 영향을 미쳐온 생태적 요소라고 볼 수 있겠다.

우리 땅에 맞는 생태디자인을 실현하기 위해서는 전통산수화를 보면서도 시시각각 변화하는 우리의 자연을 총체적으로 읽어내고, 인간과 수문, 지형, 기후, 토양, 동·식물 등의 생태적 공생 및 순환성을 적극적으로 해석할 수 있어야 하겠다. 우리 도시 풍경의 본질을 보는 이러한 시각이야 말로 우리 도시하천 생태계의 본질·원형prototype을 찾을 수 있는 방법이 아닐까 싶다. 생태하천 주변지역의 각각의 장소가 지닌 역사적 잠재력을 반영하는 디자인이야 말로 공사비와 에너지 투입을 최소화하면서도 우리의 삶을 지속 가능하게 할 수 있을 것이다.

현재의 콘크리트 시설에 가려져 오늘날의 경관 조례나 지침에서조차도 등한시되고 있는 우리 고유의 도시하천 경관의 자연적 특질을 현대적 언어로 해석하고 활용하는 것과 같은 노력은 우리 하천에 맞는 생태 디자인을 추구하는 환경디자이너들이 풀어야 할 또 하나의 숙제라고 본다.

6) 『우리 풍경에 맞는 생태·환경디자인』(변찬우, 도서출판 발언, 2010) 참조

넷째, 장소성을 찾기 위한 설계철학과 구체적인 방법론이 요청된다[6]

서양의 명철 하이데거Martin Heidegger는 생태계 파괴의 원인이 되는 현대기술의 본질을 규명하면서, 과학기술에 의해 발생한 문제를 과학기술로 극복할 수 없음을 간파하였다. 그러므로 인간을 배제한 생태과학이나 생태복원 기술만으로는 도시민들이 요구하는 생태하천공원을 조성하기 어렵다. 따라서 생태 디자인의 이념은 자연과 인간의 공존공생으로서 생태디자인이 인간에게 어떠한 의미를 줄 것인가를 주된 목표로 해야 한다. 하이데거는 휠더린Hölderin의 시를 인용한 그의 글에서 다음과 같이 말했다.

측정measuring이 그 의미를 발할 때 인간은 본연의 시성the poetic으로부터 시를 짓는다. 시가 의미를 발할 때 인간은 지구상에서 인간답게 거주하게 되며—휠더린이 그의 시에서 말한 것처럼— 인간의 삶은 일종의 거주하는 삶dwelling life이 된다.

여기서 하이데거가 말하는 '측정measuring'의 본뜻을 조금 더 구체적으로 찾기 위

해 막스의 글을 살펴보면, 그는 유한한mortal 존재로서의 인간에게 측정의 본질적 기준은 하이데거가 언급한 '시성the poetic'에 있음을 밝힌 바 있다. 또한 이 글을 통해서 볼 때, 하이데거의 '시성'이란 신비함mystery의 특성을 지니며 우리가 짓는 모든 것all construction에 대한 기준guiding point임을 알 수 있다. 따라서 생태하천 조성은 단순한 기술적 문제나 이를 받쳐주는 과학의 문제를 넘어, 자연(생태계)과 인간이 공존하기 위해 어떤 방향으로 조성되어야 하는지에 관한 철학적 가치도 짚어져야 한다고 판단된다. 최근 이슈가 되는 4대강 개발의 방향이나 새만금 개발의 방향 역시 이와 같은 맥락에서 현세대는 물론 후세대에 물려줄 국민정서가 반영되어야 할 문제라고 판단된다.

'테호 트랑카오 파크'에서 미국의 대표적 조경설계가landscape architect이면서 친환경적 하천디자이너인 조지 하그리브스George Hargreaves는 그의 생태디자인에서 이러한 이념을 잘 보여주고 있다. 포르투갈의 해변가 공원을 위한 설계경기 당선작인 "테호 트랑카오 파크"는 황폐화된 쓰레기 매립지를 대량의 준설토로 덮어 지형에 강력한 형태를 주고 과거 공장시설이나 폐기물 처리 흔적을 그대로 보여줌으로써 원

그림1-32
조지 하그리브스의 테호 트랑카오 파크. 도시민의 일상 속에서 자연과의 접촉을 높이고(high contact), 장소성을 살림으로써 조성 및 유지관리 에너지가 덜 들며(low impact), 자연과 인간과의 관계를 생각하게 하는 생태적 디자인의 한 사례이다. 그가 디자인한 직선형 패턴의 생태공원은, 생태공원은 반드시 곡선적이어야 한다는 통념과는 다른 의미를 전달하고 있다.

래 토지가 지닌 역사를 환경문제로 삼아 환경에 대해 생각하게 하였다. 이 경우, 생태디자인은 그 대상지에 잠재되어 있는 생태적 프로세스를 읽고 이를 본질적으로 보여주려 한 것이다. 그러므로 그는 부지의 특성을 고려하여, 이미 망가진 생태계를 통해 인간과 자연과의 관계를 중요시 하였다. 많은 비용과 에너지를 투입하여 친환경적 하천을 위한 생태공원을 조성하고도 생물들에 대한 생태적 교란이 우려되어 참가 인원을 제한하는 고정관념 속의 생태공원과는 다르다. 오히려 적은 경비와 에너지 투입으로도 일상 속에서 자신들이 망가뜨린 환경을 생각하게 하는 적극적이며 솔직한 방식의 환경생태교육장이 될 수 있을 것이다.

그러므로 오늘날 도시하천의 파괴된 자연 생태계를 복원하고 질 높은 외부 환경을 창조하기 위하여 생태하천 조성을 위한 철학의 문제는 물론, 대상지역의 자연과 풍토를 최대한 반영할 수 있는 하천설계 방법론이 개발되어야 한다. 대상지의 장소성을 살린 환경설계는 불필요한 에너지 투입과 관리비용을 줄이고 사람들에게 의미있는 삶의 공간을 제공할 수 있을 것이다. 필자는 이러한 설계 방법론의 기초 작업으로 경관드로잉landscape drawing의 가치와 방법론을 제시한 바 있다. 오늘날 환경디자이너에게 있어서 드로잉이란 의뢰인을 설득시키거나 시공을 위한 도면처럼 형태적formal이거나 기능적인 것으로만 인식되는 경우가 많다. 그러나 필자는 각 장소의 경관현상을 체험적으로 읽고 이를 표현해 줄 수 있는 매체로서의 경관드로잉 연구가 절실하다고 생각한다. 경관드로잉이 경관의 본질을 완벽하게 재현할 수는 없다 할지라도 보다 나은 인간의 삶의 환경을 위한 환경설계의 주요한 매체임에는 틀림이 없다. 경관에는 드로잉 작업 이전부터 이미 많은 것—크게 자연적, 인문적 특성—이 이루어져 있고 대상지 역사가 존재하고 있다. 그러므로 경관드로잉은 각기 장소가 지니고 있는 고유함을 부각시켜 생태디자인의 기반이 될 뿐만 아니라, 대상지의 보이지 않는 과거에 대한 현재의 영향을 시적, 예술적으로 표현함으로서 생태적 이슈를 고부가가치로 끌어 올릴 수 있다. 조경진은 경관드로잉을 창조적으로 활용한다면, 환경디자인에 풍부한 상상력을 보탤 수 있을 뿐만 아니라 미래의 비전을 제시하고 투사하는 의미를 담는 장이 될 수 있다고 보았다. 설계가들이 다루는 '실제 경관 actual lived landscape'은 시간적, 장소적, 재료적 특성을 지니고 있다. 그러므로 경관드로잉은 그림painting이나 문학, 혹은 예술이 지닌 지각적perceptional이거나 사유적 특성뿐만 아니라 생태적이며 실제 조성 가능한constructional 특성을 포괄하는 매체가 될 수 있다.

장소마다 다르게 형성된 자연 생태계를 총체적으로 파악하며 인간에게 의미 있는 삶의 환경을 제공하는 것이 환경설계의 목표라면 경관드로잉의 가치란 보다 본질적으로 삶의 의미를 찾는 것이 되어야 한다.

이처럼 생태하천의 조성을 위해 자연 생태계와 인간의 이용적 가치를 어떤 방식으로 공존·공생 하게 할 것인지의 철학적 물음과 그 방법론을 구축할 때에 우리에게 맞는 생태하천 조성이 성공할 수 있을 것이다.

2장

생태하천 복원설계

본 장에서는 필자가 최근까지 약 10여년 동안 직접 수행한 생태하천 복원설계 중에서 생태하천으로서 가장 시사성 있는 세 가지 주요 사례를 중심으로 기술하였다. 먼저, 국내 최초의 오염총량제 시행 등으로 오염하천의 대명사였던 경안천 상류 구간(2002년 '오염하천 정화사업' 이라는 타이틀로 총 16km의 타당성 분석 수행, 2004~2006년 '자연형하천' 이라는 타이틀로 총 8.9km 하천구간의 설계 수행)의 생태하천 복원 설계를 예시하고자 했다. 이는 생태하천 복원 중 도시 내 인간이 수환경에 미쳐왔던 오염 영향을 저감(mitigation)하는 내용 및 생태계 향상(enhancement)에 해당되는 내용이라고 할 수 있다. 둘째, 현재 아라뱃길로 조성되어 경인운하 구간이 되는 굴포천 방수로 구간에 설계한 사례를 소개하였다. 설계 당시에는 운하가 만들어지지 않을 것도 예상하였기에 인위적으로 조성된 방수로를 서해안의 해수와 연결되는 기수역의 생태하천으로 조성(2004년 설계 턴키 당선작)하고자 하였다. 생태하천 복원 설계 중에서도 기존에 없던 하천을 방수로에 만들고자 하였으므로 창출(creation)형 생태하천복원이라고 할 수 있다. 셋째 최근 가장 이슈가 되고 있는 신도시 생태하천의 대표적 사례 중에서 광교신도시 생태하천 복원 사례(2009년 설계 대안입찰 턴키 당선작, 현재 시공중)를 소개하고자 하였다. 이는 현재 시공이 진행중이므로 설계 당시 홍보물을 중심으로 소개하는 한계는 있으나, 위에 언급된 생태하천 복원 개념을 종합적으로 포괄한다고 볼 수 있다.

연전에 일본 나고야의 기후현에 있는 자연공생센터를 방문한 적이 있다. 그네들이 다양한 하천의 생태적 구조와 기능을 가상으로 조성해 놓고 오랫동안 실험과 모니터링 하는 것이 무척 부러웠다(그림2-1~4). 그때 만약 앞으로도 국가적 정책이 그러한 여건을 만들어 주지 못한다면, 한 사람의 전문인으로서 '할 수만 있다면 나 혼자만이라도 내가 설계한 것만큼은 책임을 지고 생태복원 시공현장에서 어떻게 복원되는지 꼭 모니터링 하겠다' 라고 다짐했었다. 그래서 여름철 장마기에는 아무리 비가 많이 내리더라도 자주 현장을 찾는 습관이 몸에 배었고, 심혈을 기울여 설계한 생태하천이 제대로 유지·관리되고 있는지에 촉각을 세운다. 다른 때와 달리, 장마나 집중호우가 빈번한 여름철에는 복원 시공된 현장의 훼손 위험이 특히 높기 때문이다. 물론 기본적으로, 생태하천 계획·설계부터 복원 시공 및 유지·관리 모니터링까지 전문적으로 수행하고 있는 입장이어서, 잦은 현장 방문은 그 무엇보다 중요한 일

그림2-1
일본 나고야 기후현의 자연공생센터(ⓒ변찬우, 2005). 사행하천 구조에서 생태적 다양성 등을 실험하고 모니터링하고 있는 실험지의 전경이다.

그림2-2
일본 나고야 기후현의 자연공생센터(ⓒ변찬우, 2005). 앞의 사진과 달리 직선하천 구조에서 실험 및 모니터링을 진행하고 있는 경우이다.

우리 풍토에 맞는 생태하천

그림2-3

일본 나고야 기후현의 자연공생센터 (ⓒ변찬우, 2005). 수제를 비롯하여 다양한 소재를 수리적 실험을 통해 모니터링하고 있다.

그림2-4

일본 나고야 기후현의 자연공생센터 (ⓒ변찬우, 2005). 여러 가지 친환경 소재를 도입하여 생태적 변화를 모니터링하고 있다.

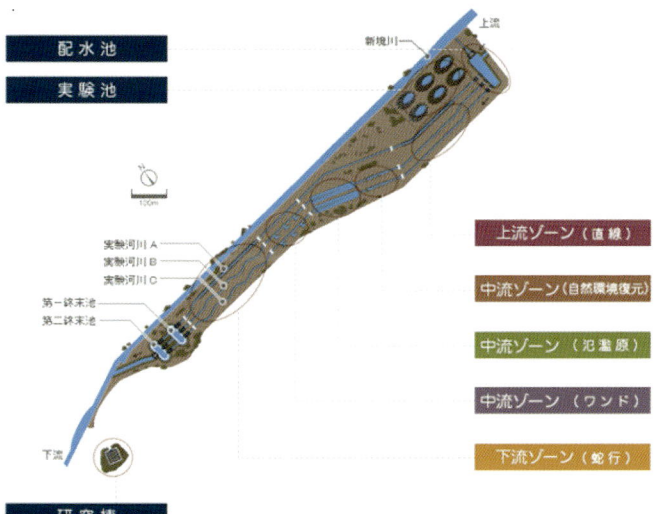

그림2-5

일본 나고야 기후현의 자연공생센터 평면도

이 아닐 수 없다. 기후, 수리 수문, 토양, 지질 등 생태적 요소들과 직결된 생태환경 복원은 각각의 지역성과 장소에 따라 다른 생태계ecosystem를 이해하면서 연구시공이 되어야하기 때문이다.

앞 장에서 살펴본 '생태하천의 개요'에 이어, 이번 장에서는 필자가 최근까지 약 10여년 동안 직접 수행한 생태하천 복원설계 중에서 생태하천으로서 가장 시사성 있는 세 가지 주요 사례를 중심으로 기술하였다. 먼저, 국내 최초의 오염총량제 시행 등으로 오염하천의 대명사였던 경안천 상류 구간(2002년 '오염하천 정화사업'이라는 타이틀로 총 16km의 타당성 분석 수행, 2004~2006년 '자연형하천'이라는 타이틀로 총 8.9km 하천구간의 설계 수행)의 생태하천 복원 설계를 예시하고자 했다. 이는 생태하천 복원 중 도시 내 인간이 수환경에 미쳐왔던 오염 영향을 저감mitigation하는 내용 및 생태계 향상enhancement에 해당되는 내용이라고 할 수 있다. 둘째, 현재 아라뱃길로 조성되어 경인운하 구간이 되는 굴포천 방수로 구간에 설계한 사례를 소개하였다. 설계 당시에는 운하가 만들어지지 않을 것도 예상하였기에 인위적으로 조성된 방수로를 서해안의 해수와 연결되는 기수역의 특성을 살린 생태하천으로 조성(2004년 설계 턴키 당선작)하고자 하였다. 생태하천 복원 설계 중에서도 기존에 없던 하천을 방수로에 만들고자 하였으므로 창출creation형 생태하천복원이라고 할 수 있다. 셋째 최근 가장 이슈가 되고 있는 신도시 생태하천의 대표적 사례 중에서 광교신도시 생태하천 복원 사례(2009년 설계 대안 입찰 턴키 당선작, 현재 시공중)를 소개하고자 하였다. 이는 현재 시공이 진행중이므로 설계 당시 홍보물을 중심으로 소개하는 한계는 있으나, 위에 언급된 생태하천 복원 개념을 종합적으로 포괄한다고 볼 수 있다.

1. 경안천 자연형하천 복원설계[1]:
오염 하천 정화 및 자연형하천 조성사례

1) 본 설계는 2002년 타당성 분석에서 2006년 기본 및 실시설계에 이르기까지 환경부의 '오염하천정화사업'으로 계획설계 되었다. 그러나 2007년 공사착공부터는 '자연형하천'으로 본 설계의 내용이 치수중심으로 설계변경되었다. 특히 하천제방 안쪽 제외지의 생태환경적 복원시설은 전면 설계변경되었고 제내지 생태습지의 경우는 모든 공사의 후속공정으로 이루어진 상태이다.

경안천 복원설계 개요

팔당수계 상수원인 경안천은 용인시 도심을 통과하는 하천으로서 팔당 상수원으로 흘러드는 남한강, 북한강, 경안천의 3대 지류 중에서도 그 유량이 1.6%밖에 되지 않지만 오염부하량은 그 유량의 10배에 해당하는 16%에 이르는 오염하천의 대명사였다. 특히, 하수의 차집에 의한 하천 유량의 감소, 좁은 유역면적으로 인해 건기 시 특히 상류부의 건천화가 심화되어 생태계 유지는 물론 주민의 친수공간 확보 및 수질개선에 큰 지장을 초래해 왔다. 이에 유지용수 확보와 환경친화적 생태하천 조성을 통해 하천의 생태계 및 자정능력을 복원하고 자연형하천으로 정비함으로써 생물과 인간이 함께 이용할 수 있는 하천으로 복원하기 위한 계획을 수립하는 것이 계획의 기본 전제였다.

필자는 경안천 자연형하천 복원설계를 통해서, 첫째, 도심 하천의 통수능이나 홍수위 등에 있어서 우선 자연형하천이 될 수 있도록 치수적인 안정성을 고려하여 종·횡 단면을 생태공학적으로 설계하였다. 둘째, 기존 하천의 건천화를 해소하고 생태계 유지용수 및 친수용수를 확보하기 위해 용인 하수종말처리장수를 상류로 압송하도록 선행계획에서 결정되어 있었으므로, 생태습지 및 하천의 자정작용을 이용하여 상류로 압송된 하수처리수를 생태적으로 정화하는 수질 개선을 적극 시도하였다. 셋째, 생태계 모니터링을 통한 생태계 조사 결과를 바탕으로 저수호안 등에 다양한 수생식물을 이용한 식생군락을 조성하여 그늘 조성, 휴식처 제공, 먹이원 제공 등으로 어류와 곤충, 조류, 양서파충류의 생물서식공간을 제공하여 다양한 생물상이 서식할 수 있도록 하였으며, 주변 산림생태계와 하천생태계의 생태네트워크가 원활하게 이루어질 수 있는 생태통로 등을 계획하였다. 넷째, 자연형하천 조성을 통해 지역주민과 학생들의 환경 및 생태교육 학습장으로 활용될 수 있도록 하였다. 다섯째, 경안천 본류로 유입되는 지천중에서도 수질이 가장 악화되어 있는 지천(금어천, 금학천)을 중심으로 생태적 수질정화 및 생태복원을 위한 방안을 수립함으로써 체계적이고 생태적인 오염하천 정화사업을 추진하였다.

경안천 전체권역 생태하천 복원설계 프로세스

기존 오염하천이었던 경안천을 생태하천으로 복원하기 위해서는 〈그림2-6〉과 같이 경안천 전체권역에 대한 인문, 사회, 생태 현황분석을 토대로 한 구상-계획-설계 과정에 따라 치수적 안정성과 수생태계 복원, 생태적 수질정화, 친수·경관 향상 기능이 복합적으로 이루어질 수 있도록 하였다.

이처럼 계획·설계된 각 기능에 대해 세부적인 요소별로 접근한 상세내용은 〈그림2-8〉의 경안천 3권역 상류지역 생태하천 조성계획도 예시와 같이 나타낼 수 있다.

그림2-6
경안천 구상-계획-설계 과정
(변찬우, 2004~2006)

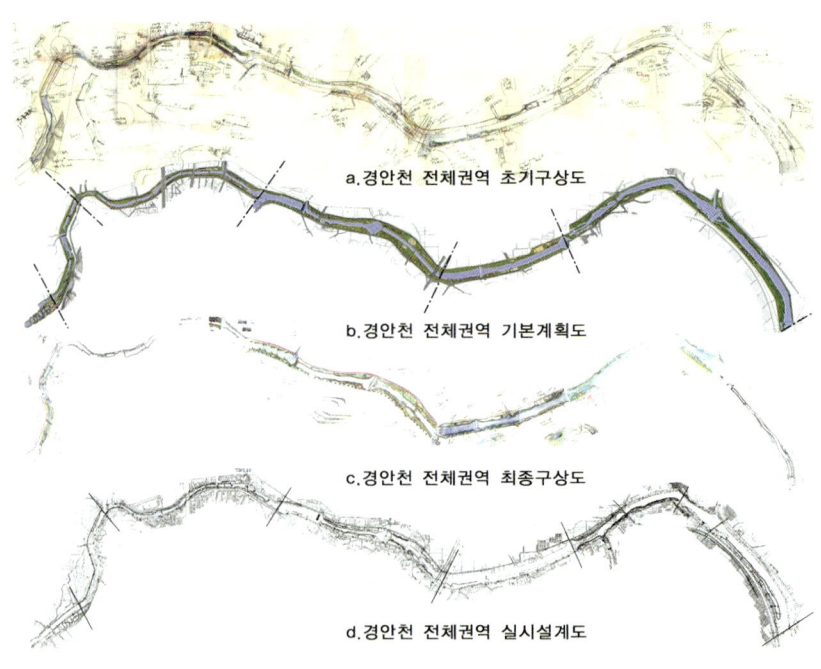

a. 경안천 전체권역 초기구상도

b. 경안천 전체권역 기본계획도

c. 경안천 전체권역 최종구상도

d. 경안천 전체권역 실시설계도

▽ 그림2-7
경안천 자연형하천 복원 종합계획도

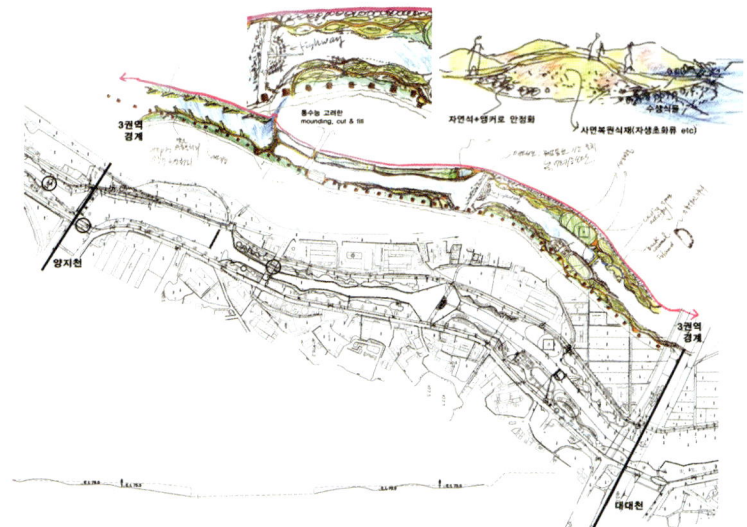

그림2-8

경안천 3권역 생태하천 조성계획도 (치수, 생태, 수질, 친수 요소별 접근 예시도)

그림2-9

경안천 3권역 생태하천 조성전 사진과 조감도

치수적 안정성 확보

소류력 등 3차원 모델 검토를 통해서 생태적 호안 등 대상지의 치수적 안정성을 검토함으로써 대상지 특성에 맞는 수리수문적 특성을 통합적으로 적용하였다.

 생태하천 조성시 하천의 기본적 기능인 치수治水, 이수利水 기능이 매우 중요하므로, 여러 차례에 걸친 3차원 모델링의 홍수위, 소류력 분석 등을 통해 생태하천이 치수적으로 가장 안정화되도록 하여야 하며, 생태하천 복원에 있어 치수, 이수를 고려한 설계는 생태공학적 접근을 통해야 가능하다. 하지만, 생태공학적 측면에서 하천 소류력을 고려하고, 국내하천 특성에 맞게 생태복원을 추진할 수 있는 호안 소재나 공법이 부족한 실정이므로, 생태공학적 접근을 위해서는 외국 소재나 공법의 차용借用을 벗어나 우리 하천 생태계에 적합한 소재와 지속적인 공법 개발이 선행되어야 한다.

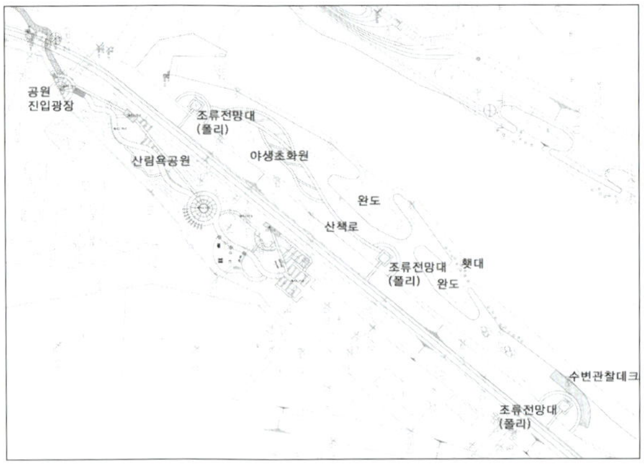

 〈그림2-10〉은 여러 차례에 걸친 3차원 모델링의 홍수위, 소류력 분석 등을 통해 도시하천이 치수적으로 가장 안정화되도록 한 경안천 평면 Schematic Design이

△ 그림2-10
치수, 이수 기능을 고려한 경안천 평면 Schematic Design(변찬우, 2005)

▷ 그림2-11
3차원 모델분석을 통해 치수, 환경공학적, 생태공학적, 친수경관적 사항들을 고려한 경안천 하천설계의 단면 변화과정(LEED, 2005)

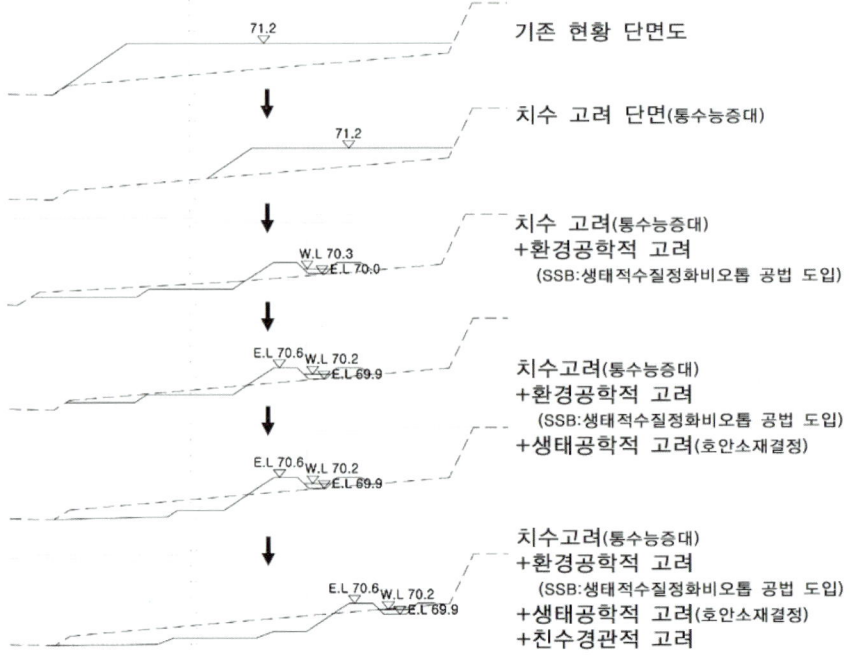

기존 현황 단면도

↓

치수 고려 단면(통수능증대)

↓

치수 고려(통수능증대)
+환경공학적 고려
(SSB:생태적수질정화비오톱 공법 도입)

↓

치수고려(통수능증대)
+환경공학적 고려
(SSB:생태적수질정화비오톱 공법 도입)
+생태공학적 고려(호안소재결정)

↓

치수고려(통수능증대)
+환경공학적 고려
(SSB:생태적수질정화비오톱 공법 도입)
+생태공학적 고려(호안소재결정)
+친수경관적 고려

며, 〈그림2-11〉은 이에 관한 단면구조 변화과정의 일부를 보여주고 있다. 치수, 이수 기능을 안정화시키고 훼손된 자연생태계를 복원시키고자 생태공학적ecological engineering 접근을 통해 경안천 생태하천 복원설계를 진행하였으며, 각 권역별로 생태적 현황, 유속, 유량, 소류력 등에 부합할 수 하도록 설계하였다.

경안천 5권역의 금어천 생태적 수질정화 비오톱의 경우, 〈그림2-12〉처럼 생태기반시설, 생태적 수질정화 비오톱 및 친수공간 등이 경안천의 수위에 미치는 영향을 3차원 홍수위 모델을 통해 파악하고 전구간 수위차를 분석할 수 있었다. 또한, 설계시 계획단면을 이용하여 〈그림2-13〉과 같이 소류력 분석을 실시하였으며, 유수의 흐름에 따라 힘을 강하게 받는 수충부는 견고한 호안공법을 적용하였고, 물의 흐름에 상대적으로 약한 호안은 자연친화공법을 사용하였다. 소류력이 강할 것으로 분석된 호안은 소류력에 견딜 수 있도록 수위 1m 위로 자연석, 생태개비온, 생태목틀 등을 조성하였고, 수충부에 대한 호안의 안정성을 높이기 위해 자연생태복원공법, 식생매트 등을 복합적으로 사용하였으며, 호안은 수위, 에지edge 및 지반특성 등

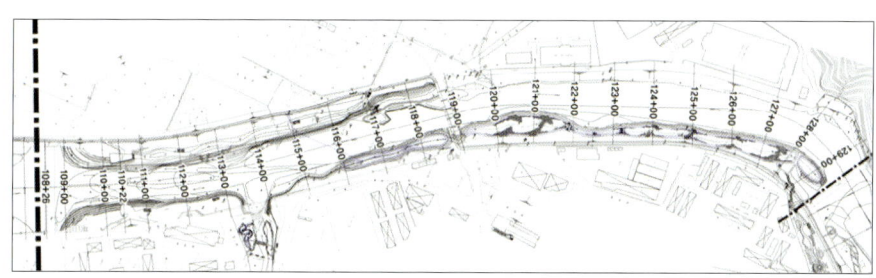

그림2-12
경안천 5권역 3차원 홍수위 모델 분석 측점 위치도

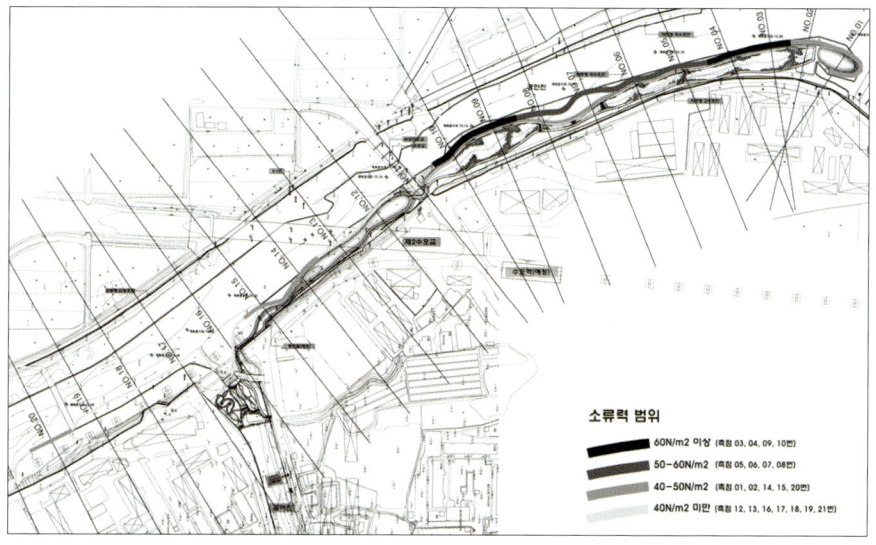

그림2-13
경안천 5권역 소류력 검토 결과와 생태공학적 호안 소재 개발·반영

소류력 범위

60N/m2 이상 (측점 03, 04, 09, 10번)
50~60N/m2 (측점 05, 06, 07, 08번)
40~50N/m2 (측점 01, 02, 14, 15, 20번)
40N/m2 미만 (측점 12, 13, 16, 17, 18, 19, 21번)

을 고려하여 호안 안정성, 추이대ecotone, 생태적 통로 기능, 경관적 효과 등을 동시에 달성하도록 계획하였다.

그 결과, 일부 시범적으로 조성된 경안천 5권역에선 2007~2008년 홍수시 3m/s 이상의 유속으로 범람한 이후에도 습지가 안정적으로 복원되고 생태복원 및 수질정화능력 또한 회복되었다. 경안천 내에 기존의 홍수터를 활용하여 조성된 금어천 생

그림2-14
수리수문분석에 따라 안정적으로
조성된 경안천 5권역 전경(홍수시)

그림2-15
수리수문분석에 따라 안정적으로
조성된 경안천 5권역 전경(홍수 직후)

우리 풍토에 맞는 생태하천

태적 수질정화 비오톱의 경우, 입지의 적정성과 수리적 안정성을 철저히 검토한 결과 생태환경적 기능이 발휘될 수 있었다. 하지만 최근의 기상 이변에 따른 재해를 철저히 대비해서 조성후에도 지속적인 유지관리 보완이 필요할 것이다.

수생태계 복원ecological restoration

수생태계의 복원을 위해, 경안천 전체 권역의 생태적 기반이 될 수 있는 소생물서식처biotop 및 녹지축corridor, 여울·소 등을 조성하고 습지 및 초지를 복원하여 다양한 조류·어류·소생물서식처 등의 생태적 기반ecological infrastructure을 조성하였고, 습초지 복원, 기존 보의 기능 개선, 수변하반림riparian vegetation zone 조성 및 3차원 수위 모델 분석을 통해 수위 상승 최소화를 꾀하였고, 소류력 분석을 통해 안정성 검토 등을 수행하였다.

생태하천으로 복원하기 위해서는 자연형하천의 기본구조structure를 복원하고, 생물서식처habitat, 어도fishway 등을 조성하여 생태적 기반ecological infrastructure을 형성해야 한다. 따라서 경안천의 자연형하천 기본구조를 복원하기 위해서 경안천의 평면구조는 사행하천meander stream으로 계획하였고, 경안천의 단면구조는 각 권역별 생태적 현황, 유속, 유량, 소류력, 통수능 등을 검토한 후 자연형 하천에 부합하도록 설계하였다.

또한, 경안천의 생물서식처, 습초지 등 생태적 기반을 조성하기 위해 전체권역의 하상·호안·고수부지에 천수만, 배후습지, 징검다리형 여울, 거석소, 수제, 샛강, 저습지, 중도, 초지, 횃대, 수림지, 다공질말뚝, 통나무, 돌무더기, 완경사 호안, 낮은 초지, 소연못 등 다양한 소생물서식처biotop와 생물서식처habitat를 설계하였다. 어류

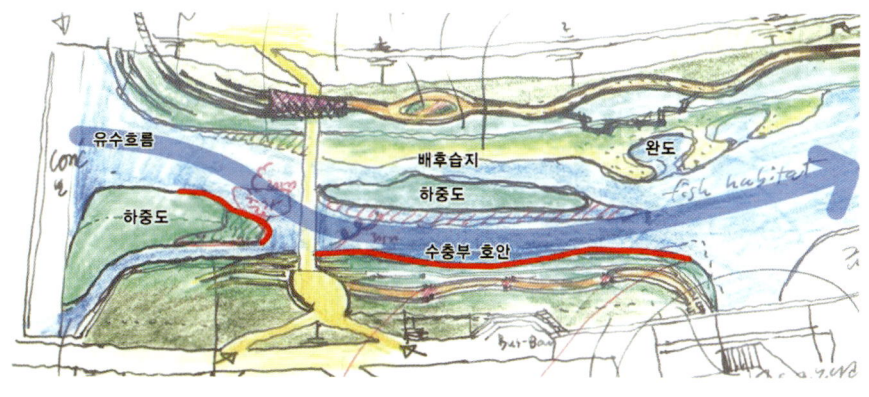

그림2-16
경안천 5권역 자연형하천 평면 구조
Schematic Design

소상이 자유로울 수 있도록 기존에 조성된 보의 기능, 구조를 분석하여 보의 기능을 유지하면서 어도를 자연형으로 개선하였고, 생태현황 조사결과를 바탕으로 경안천의 중추종을 선정하고, 소생물서식처biotop를 조성하였으며, 생물이동통로도 마련하였다. 이를 위해 〈그림2-17〉과 같이 생물서식처 조성기법으로 경안천 전체권역의 하상, 호안, 고수부지에 어류와 조류의 서식환경 특성에 맞춘 중도 조성기법, 어소

그림2-17
경안천에 도입된 생물서식처
Schematic Design과 설계평면도
(변찬우, 2005)

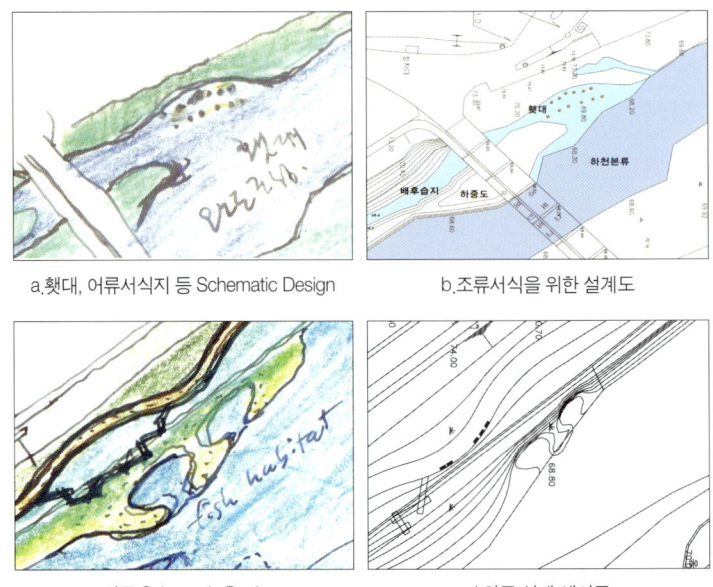

a.횃대, 어류서식지 등 Schematic Design   b.조류서식을 위한 설계도

c.완도 Schematic Design   d.완도 설계 예시도

그림2-18
생물서식처로서 자연형하천 중
금어천 하류의 창포원 복원지역 전경

60

조성기법 등을 연구 개발하고 적용하였다.

예를 들면, 경안천 1권역의 경우 자연습초지가 잘 발달해 있고, 습초지 및 하상에서 중대백로 등의 조류가 관찰되므로 기존의 자연성을 보전하면서 동시에 생태복원을 꾀하는 방안을 도입하였다. 경안천 본류 옆으로는 기존 하상 선형을 훼손하지 않는 범위에서 중도island와 사수역을 조성하고 배후습지back channel화 하였으며, 기존의 잘 발달해 있는 습초지는 보전 · 복원 계획을 수립하였다. 습초지 복원시 기존 식생과 유사한 군락으로 수림대를 조성하였고, 직강화된 하천을 사행화meander하여 유속이 저감되고 수변 길이가 늘어나도록 하여 생물다양성을 증대시켰다.

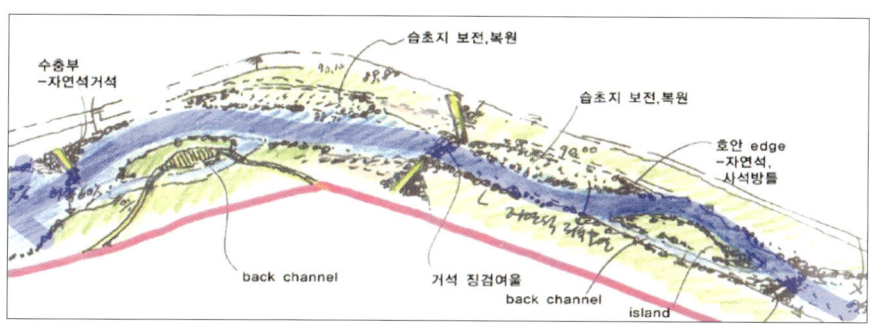

그림2-19

경안천 1권역 생태복원 Schematic Design(변찬우, 2005)

그림2-20

경안천 1권역 조감도

생태적 수질정화 ecological purification

생태계의 건강성을 위해 생태적 수질정화가 이루어지도록 하였다. 국내 오염하천의 대명사였던 경안천 본류 및 지천 수질을 정화시키기 위한 환경부 최초의 검증된 점·비점오염원 수질정화 인공습지로써 국내 최초로 지천수량 전체의 수질정화를 위해 경안천 고수부지에 도입한 생태적 수질정화 비오톱 시스템을 적용하였다. 특히 경안천 오염의 온상인 각 지천의 수질환경을 주로 경안천 본류의 고수부지에서 관리함으로써 경안천의 수질을 맑게 개선하도록 계획하였다.

생태적 수질정화 비오톱 시스템은 경안천 본류와 동진천, 금학천, 양지천, 대대천, 금어천, 영문천 등 경안천 본류 및 지천을 포함한 유역 내에서 발생하는 점·비점오염원을 생태적으로 처리하는 생태적 수질정화뿐만 아니라 생태복원, 환경교육, 친수공간 등으로 활용가능하도록 설계하였다.

그 중에 금어천과 금학천 생태적 수질정화 비오톱은 계획·설계·복원시공·유지관리·모니터링(단, 유지관리·모니터링에 관해서는 금어천 생태적 수질정화 비오톱의 경우 2년간 연구개발자 및 조성자인 필자가 직접 수행할 수 있었으나, 금학천 생태적 수질정화 비오톱은 시행하지 못함)을 통합적으로 수행한 결과, 높은 수처리 효율을 보이고 있으며, 이에 대한 자세한 내용은

수질정화

- 본류 및 지천의 생태적 수질정화

생태공원

- 야생초화원, 데크, 친수공간 조성

생태복원

- 습초지 복원, 생물서식처 조성

자연학습

- 생태교육, 환경학습 공간 조성

△ 그림2-21
생태적 수질정화 비오톱 조성의
주요 개념

▷ 그림2-22
생태적 수질정화 비오톱의 수질정화
를 위한 시스템 개발과 그 주요 기능
(변찬우, 2005)

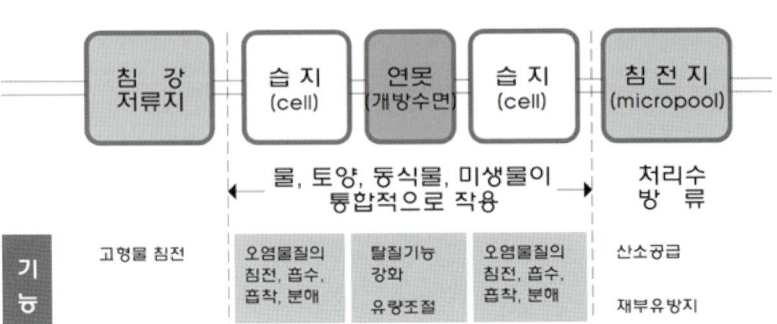

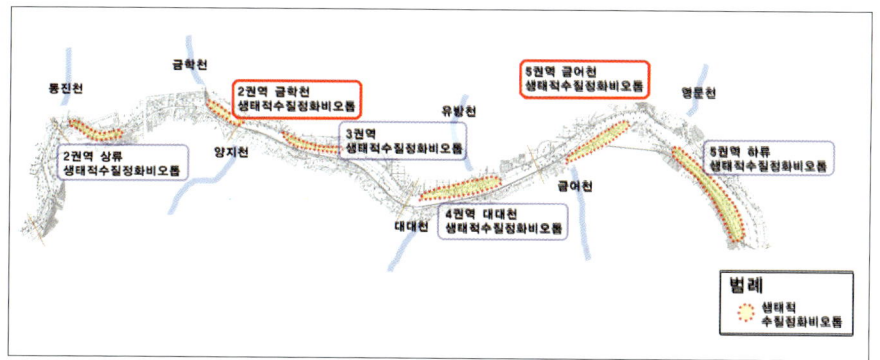

그림2-23

경안천 자연형하천 내 생태적
수질정화 비오톱 계획에 따른 위치도

구 분		습지면적 (㎡)	계획유량 (㎥/일)	수질(BOD, ㎎/ℓ)		비 고
				유입수	처리수	
생태적 수질정화 비오톱	길업	19,443	10,000	4.3	1.4	하천유지용수 재처리후 경안천 유입
	마평	22,484	20,000	4.3	2.5	
	2권역 상류	3,076	2,000	2.9	1.9	경안천 본류 및 지천의 일부를 생태적으로 수질정화
	2권역 하류	2,711	2,500	3.4	2.5	
	3권역	9,237	10,000	3.1	2.2	
	4권역	10,795	10,000	2.8	1.8	
	5권역	13,024	13,000	3.2	2.2	

"제6장 생태하천 복원시공 및 유지관리ㆍ모니터링"에 제시되어 있다.

표2-1

경안천 내 생태적 수질정화 비오톱
계획안

경안천 자연형하천 복원설계는 〈그림2-23〉과 같이 용인시 일대 경안천 약 8.9km구간(마평보~삼계교)을 대상으로 생태하천 기본 및 실시설계를 하고 경안천 본류 및 지천의 일부에 생태적 수질정화시설을 계획하였다.

본 자연형하천 사업 이전에 계획된 기존 용인하수종말처리장 방류수를 활용한 유지용수 확보계획을 기본으로 치수적 안정성 + 생태적 수질정화 + 생태복원 + 친수경관 등 복합적인 기능을 수행할 수 있는 생태적 수질정화 비오톱을 활용함으로써 경안천의 갈수기 유지용수를 확보하고, 경안천의 수생태계를 복원함으로써 생물과 인간이 함께 이용할 수 있는 공간으로 조성하고자 하였다.

경안천 상류의 수변구역과 천변에 설계된 길업과 마평 등의 생태적 수질정화 비오톱 공원들을 대표적으로 소개하자면, 먼저, 길업 생태적 수질정화 비오톱공원은 경안천 상류 일원에 위치하며 습지면적 19,443m²으로 계획되었다. 기존 계획된 용인하수종말처리장과 하천정화시설 방류수를 습지유지용수로 확보하였다. 유사사례로 볼 수 있는 금어천 생태적 수질정화 비오톱의 수처리효율 및 수질오염제거용량으로 계산된 길업 생태적 수질정화 비오톱의 BOD 예상처리효율은 67.4%로 산

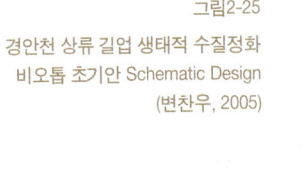

그림2-24
경안천 상류하천 건천화 방지 및
상류 길업 생태적 수질정화 비오톱
유지용수 공급계획

그림2-25
경안천 상류 길업 생태적 수질정화
비오톱 초기안 Schematic Design
(변찬우, 2005)

그림2-26
길업 생태적 수질정화 비오톱
최종안 조감도

정되었다.

    마평 생태적 수질정화 비오톱은 경안천 1권역 상류 좌안에 위치하고 습지면적 22,484m²으로 계획되었다. 이 또한, 기존 계획된 용인하수종말처리장과 하천정화시설 방류수를 습지유지용수로 확보하였다. 유사사례로 볼 수 있는 금어천 생태적 수질정화 비오톱의 수처리효율 및 수질오염제거용량으로 계산된 마평 생태적 수질정화 비오톱의 BOD 예상처리효율은 41.9%로 산정되었다.

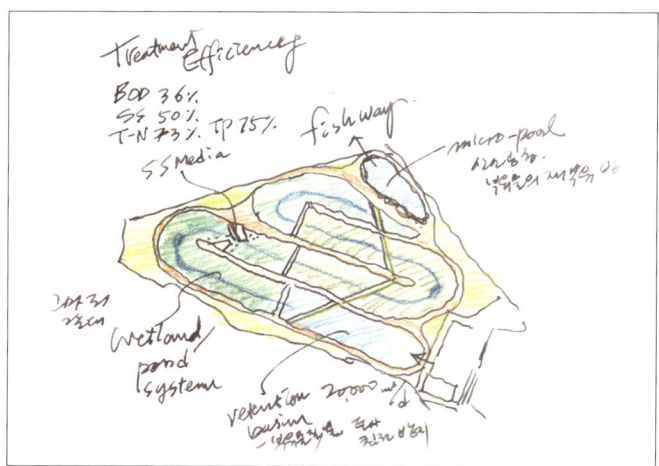

그림2-27

경안천 상류 마평 생태적 수질정화 비오톱 최종안 Schematic Design (변찬우, 2005)

그림2-28

마평 생태적 수질정화 비오톱 조감도

친수공간 조성 및 경관 향상

경안천의 생태습지 복원을 통해 고효율의 검증된 수질정화는 물론, 맑은물에 사는 버들치등의 물고기와 도롱뇽, 수서곤충, 각종 수생식물 등이 복원됨으로써 자연생태학습 공간과 지역민들이 휴식공간으로 활용할 수 있는 친수공간이 창출되었다. 이는 지역민의 삶과 지역환경을 개선함으로써 주민들의 삶의 질을 높이는 것이다.

이를 위해 생태계에 환경적 영향impact을 적게 주는 범위내에서 고수부 및 호안의 접근성을 향상시켜 수생태계와의 친밀감을 높이고, 전체 권역을 순환하는 자전거도로, 유지관리용 도로를 설계하였다. 하천 고수부 광장 등 생태계 교란 영향이 적은 활동공간과 자연학습원, 생태공원 등을 조성하여 생태복원, 환경학습, 친수공

그림2-29
하천홍수터를 활용한 친수지역
Schematic Design(변찬우, 2005)

그림2-30
경안천 5권역 친수활동 전경

그림2-31
경안천 2권역 수변 친수공간

간으로 활용토록 하였으며, 쉽게 접근할 수 있도록 램프, 계단 등을 조성하였다.

또한, 경안천에 시민의 접근이 자유롭고, 물을 만지며 자연을 즐길 수 있는 공간과 경안천의 전체권역을 연결하는 자전거도로, 산책로, 다단 형태의 돌계단, 석재, 모래톱, 징검다리 등 자연형 소재로 친수호안을 설계하였다. 그 사례로 경안천 2권역의 경우, 기존 주차장 및 고수부지 공간을 활용하여 중앙광장, 수변친수공간을 조성하고, 직강화된 저수호안을 자연형 호안으로 정비하여 친수공간으로 활용하였다.

그림2-32
경안천 2권역 수변 친수공간 조감도
(위)와 3권역의 친수공간 일부(아래).
아래 그림의 경우 경안천 홍수위 변
화의 다단계 제방역할을 하는 마운딩
과 이에 따른 생태적 다양성 효과를
주고 단조로운 하천 홍수터를 친수경
관으로 조성하여 다양성을 부여하였
다. 특히 하천내 산책로의 이동시점
에 따른 다양한 자연경관체험을 할
수 있도록 계획하였다.

2. 굴포천 방수로 자연형하천 복원설계:
자연형하천 창출복원사례

2) 이 글은 "변찬우, 2005b, 자연형하천 복원설계-굴포천 방수로 2단계 건설사업 제3공구 생태방수로 설계사례를 중심으로, 한국환경복원녹화기술학회 추계학술논문" 에 실렸던 글을 토대로 작성되었다. 설계 작품은 2004년 4월부터 10월에 이르기까지 한국수자원공사에서 발주한 "굴포천 방수로 2단계 건설사업 제3공구시설공사 기본설계" 의 턴키((주)대우건설 주관) 프로젝트에서 설계진행하여 당선된 안이다. 당시 생태하천 계획은 필자와 LEED가, 테마공원 등 조경기본계획은 마당이, 경관계획은 CA에서 각각 수행하였다. 그 후, 생태하천 설계와 조경, 경관 분야 전반에 관한 실시설계는 LEED환경연구원이 총괄 수행하였음을 밝혀둔다.

이번 장에서는 앞에서 소개한 경안천에 이어 필자가 2004년에 계획하였던 굴포천 방수로를 구체적인 사례로서 소개해 보고자 한다.[2] 제대로 된 자연형하천 조성의 설계 사례가 거의 없었던 당시에, 홍수기에 물 빠짐 기능만을 지닌 방수로를 자연형하천으로 창출·복원하는 일은 그다지 쉽지 않은 일이었다. 그러나 현재 굴포천 방수로는 경인운하로 조성되기 위해, 본 자연형하천 설계안과 달리 설계변경되었다. 하지만 원래 하천이 아닌 대상지를 자연형 하천으로 필자가 계획했던 과정을 살펴보는 것은, 기존의 훼손된 하천을 복원하는 과정에 많은 도움이 되고, 시사하는 바 역시 크리라 생각된다.

방수로를 생태하천으로 창출·복원Creation·Restoration하기

굴포천 방수로 2단계 건설사업은 인천 부평지역의 홍수문제를 해결하려는 대단위 치수 사업이었다. 정부는 1990년대 초 인천 부평지역의 홍수문제를 해결하기 위해 홍수기의 유량을 전량 서해로 방출하는 굴포천 방수로 사업을 착수하고, 2003년 1

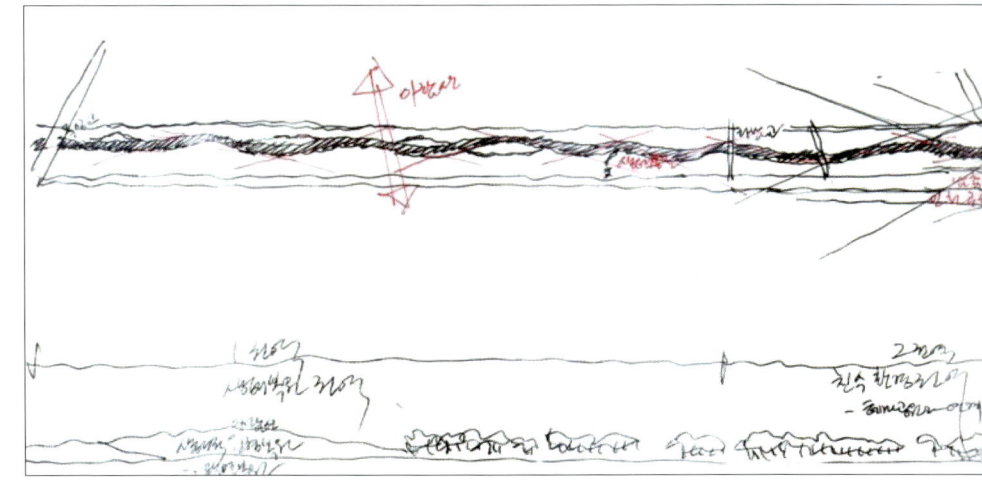

단계 사업으로 폭 20m의 방수로 조성을 완료하였다. 그 후 2004년에 그 2단계 사업으로 굴포천 방수로를 80m로 확장하기 위한 사업을 시작하였다. 굴포천 방수로 2단계 건설사업 중 필자는 대우건설이 추진하였던 제3공구에 참여하여, 생태하천 복원, 생태적 수질정화, 그리고 친수 공간 조성을 목적으로 설계하였다(그림2-33). 당시에는 운하가 될 경우를 가정만 하였을 뿐, 운하가 될 것을 확정할 수 없었기 때문에 자연형하천 중심으로 설계하였다.

굴포천 방수로 2단계 건설사업은 인천광역시 계양구, 경기도 김포시 일원에서 진행되었다. 광역적 맥락에서 살펴보면, 서울시 서쪽 경계와 서해 사이에 위치하고 수도권 외곽을 둘러싼 녹지축이 대상지의 남북으로 연결된다(그림2-34). 또한, 북한강, 남한강, 경안천이 만나는 팔당지역에서부터 수도권을 흘러 서해로 빠져나가는 한강과 닿아 서해와

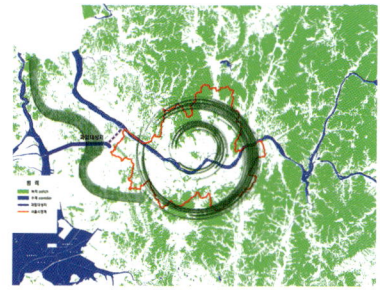

◁ 그림2-34
광역적 맥락

▽ 그림2-35
대상지의 변화모습 예측

방수로 조성 이전(과거)

1차방수로 조성 이후(현재)

2차방수로 조성 이후(미래)

연결되는 지역이어서 해수-기수-담수의 특성을 나타내고, 한강생태계와 연계시킬

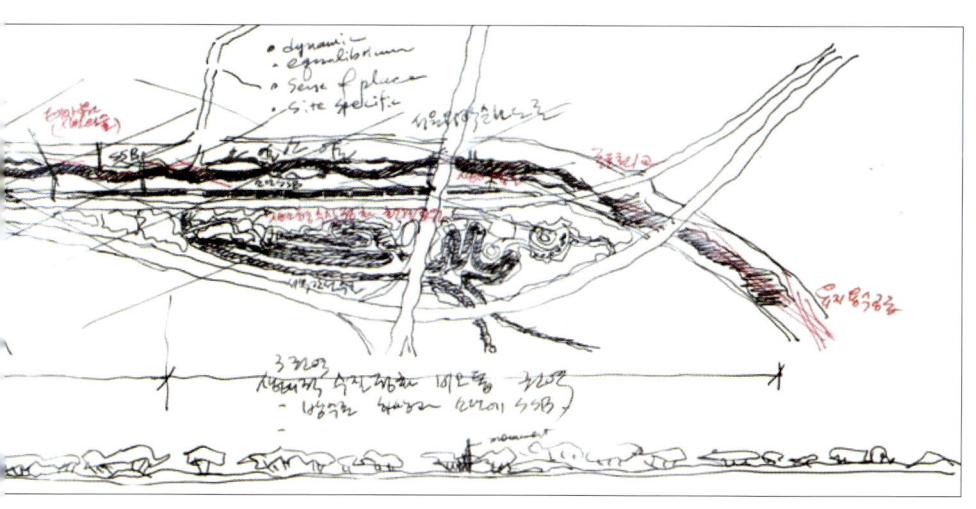

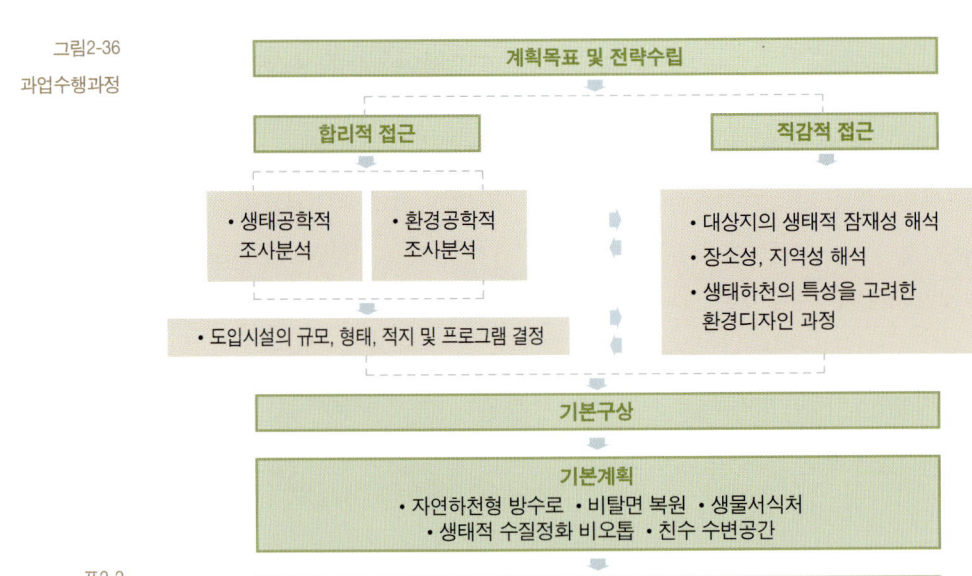

그림2-36
과업수행과정

```
                    계획목표 및 전략수립
                           │
              ┌────────────┴────────────┐
          합리적 접근                   직감적 접근
      ┌───────┴────────┐          ┌──────────────────────┐
  • 생태공학적      • 환경공학적    • 대상지의 생태적 잠재성 해석
    조사분석          조사분석     • 장소성, 지역성 해석
      └───────┬────────┘          • 생태하천의 특성을 고려한
  • 도입시설의 규모, 형태, 적지 및 프로그램 결정   환경디자인 과정
                           │
                        기본구상
                           │
                        기본계획
      • 자연하천형 방수로 • 비탈면 복원 • 생물서식처
          • 생태적 수질정화 비오톱 • 친수 수변공간
                           │
                        기본설계
```

표2-2
생태현황 조사일자 리스트

구 분		환경영향평가서 자연환경조사	방수로2단계 기본설계 자연환경조사	조사결과 선정된 목표종
육상식물	식물상 및 식생	기존문헌 1980. 1차조사 1996. 2차조사 2000. 5 3차조사 2003. 7	4차조사 2004. 6. 23~27 (굴포천 중심으로 양쪽 1km 이내지역, 상야동, 귤현동, 윗서리나무지역, 시천동, 매립장하류, 장기동 등 방수로 전지역) ※습지조사(식생, 규모, 보전가치 등) 병행	-
육상동물	조류	1차조사 1996. 11~1997. 7 2차조사 2000. 5	3차조사(2004. 6. 4~5 4차조사 2004. 6. 10~12 (1, 2, 3공구 조사)	노랑부리백로 (천연기념물, 희귀종), 황조롱이(천연기념물)
	양서파충류	1차조사 1997. 2. 2~3 2차조사 2000. 4. 8~9	3차조사 2004. 6. 8~9 (전호산, 김포요금소, 노오지분기점 부근, 박촌교, 아랫나무서리, 시시내, 신공항요금소)	금개구리 (환경부 보호종)
	육상곤충	기존문헌 1993. 1차조사 1997. 2. 2~3 2차조사 2000. 4. 8~9	3차조사 2004. 6. 23 (방수로 주변 농경지, 산야, 개활지 등 4개 지점)	잠자리
육수동물	어류	1차조사 1997. 2. 11~12 2차조사 2000. 5. 19~20 3차 조사 2003. 1, 2003. 7, 2004. 1	3차조사 2004. 6. 18~19 (한강신곡리양수장, 굴포천중류, 방수로 시작지점, 방수로 본류, 시천천, 방수로 최하류) 대조하천조사 2001. 10~2003. 5 (경기여주 복하천)	두우쟁이(환경부보호종, 회귀성어종), 문절망둑어, 참게, 웅어(회귀성어종)
	저서성대형무척추동물	1차조사 1997. 2. 2~3 2차조사 2000. 4. 8~9	3차조사 2004. 6. 23 (한강본류 1개 지점, 방수로 구간 4개 지점, 굴포천 본류 1개 지점)	-

수 있는 지역이다.

굴포천 방수로 2단계 건설사업 중 필자가 설계에 참여한 제3공구에 대해 대상지 차원에서 방수로 조성 이전과 현재 조성된 모습, 그리고 앞으로 2차방수로가 조성될 모습을 서로 비교해 보았다(그림2-35). 굴포천 1차방수로가 조성되기 이전에는 아람산-계양산이 서로 이어져 있고, 수도권매립지도로와 서부간선수로가 대상지를 지나고 있으며, 전반적인 토지이용은 농경지였다. 그러나 직선형의 1차방수로가 조성된 이후 아람산-계양산의 녹지연결축이 단절되었고, 방수로 사면에는 일정폭의 훼손지가 조성되어 대상지의 생태적 단절을 야기하고 있었다.

생태복원 및 친환경설계 과정

굴포천 방수로 2단계 건설사업 3공구의 생태복원 및 친환경설계 과정은 〈그림2-36〉과 같다. 우선, 하천의 치수공학적 측면을 고려하고 본 대상지의 생태공학적이고 환경공학적인 정보들을 조사 분석하였다. 동시에, 장소적 특성에 따라 직감적 perceptional[3]으로 고려하여 해석하고 디자인하는 과정을 거쳐 최종안을 도출하였다. 이 과정에서 생태조사를 바탕으로 생태복원을 위한 주요 목표종을 〈표2-2〉와 같이 선정하였다.

생태현황조사 분석 및 생태복원을 위한 목표종 선정

굴포천 방수로 2단계 조성사업에서는 다년간에 걸쳐 생태조사가 실시되었다. 1차 방수로 조성시 기수행한 생태현황조사 및 문헌조사를 비롯하여 본 계획시 여러 번, 여러 장소에 걸쳐 수행한 자연환경조사 결과를 바탕으로 목표종(혹은 중추종)을 선정할 수 있었다. 〈표2-2〉는 생태환경조사 일시 및 장소와 선정 목표종을 제시하였다.

육상식물의 조사는 2004년 6월 23일부터 6월 26일까지 4일에 걸쳐 굴포천을 중심으로 양쪽 1km안의 식생을 조사하였으며, 굴포천 주변 습지식생의 분포유형 및 종다양성을 조사하였다. 대상지 주변 산림식생은 대표적 식물군락을 선정하여 방형구를 설치조사하였고, 조사지역내 보호수 관리현황도 함께 조사하였다. 조사결과 하천변의 수변식생이 양호하지 못하였고, 산림식생은 상수리나무군락이 가장 넓게 분포하고 있으며, 소규모의 곰솔림, 일본잎갈나무식재림, 아까시나무식재림, 리기다소나무식재림 등이 분포하였다.

3) 변찬우, 1997, 생태적 환경복원 설계에 관한 현상학적 고찰,『한국조경학회지』25(3), pp.155~176과 변찬우, 2001, 생태공원 어떻게 조성해야 하는가, 환경부 자연생태교육강좌 14회 참조

그림2-37
황조롱이(천연기념물 323호)

그림2-38
노랑부리백로(천연기념물 361호)

그림2-39
금개구리(멸종위기야생동식물 II급)

육상동물 중 하나인 조류의 조사는 상류에서 하류까지 도보로 이동하면서 하천 내의 수면공간, 수변공간 및 배후습지에 서식하는 조류를 대상으로 조사하였다. 사업지역 내에 서식하는 조류는 8목 15과 26종으로 나타났다. 전반적으로 많은 조류가 서식하지는 않았으며 대부분이 하천에서 관찰되는 일반적인 조류와 하천주변의 습지에 서식하는 조류가 관찰되었다. 최우점종은 흰뺨검둥오리이고, 다음은 참새, 붉은머리오목눈이 순이었다. 사업지구 내에서 관찰된 조류 중 환경부 지정 특정종이며 문화재청 지정 천연기념물 제323호인 황조롱이는 총 5개체가 관찰되었다. 세계적 희귀종이자 천연기념물 제361호인 노랑부리백로는 1998년, 2000년 조사에서는 관찰되었으나, 2004년 조사에서는 관찰되지 않았다.

양서파충류의 조사는 직접확인방법, 간접확인방법 등을 사용하여 굴포천 주변 7개 지역[4]에서 조사를 수행하였다. 조사결과 7개 조사지역에서 총 8과 9속 15종(옴개구리, 아무르산개구리, 산개구리, 금개구리, 참개구리, 청개구리, 맹꽁이, 도롱뇽, 붉은귀거북, 누룩뱀, 무자치, 유혈목이, 아무르장지뱀, 줄장지뱀, 쇠살모사)을 확인하였으며, 환경부 지정 멸종위기야생동식물 II급인 금개구리, 맹꽁이 등이 신공항요금소 일대 습지에서 발견되어 이 지역에 대한 정밀한 조사가 필요하다고 판단되었다. 청개구리와 참개구리는 7개 조사지역 전역에서 관찰되었으며, 외래도입종이면서 하천, 호소생태계를 교란시키는 붉은귀거북이 관찰되었다. 본 조사지에서 관찰된 15종은 주로 저지대의 초지, 농경지, 습지대 일대에서 서식하는 종들이 대부분이어서 하천을 중심으로 주변 초지와 농경지, 습지대의 보전방안이 마련되어야 했다.

포유류의 조사는 2003년 1월, 2003년 7월, 2004년 1월에 걸쳐 실시된 바 있었다. 조사결과는 2003년 1월과 2004년 1월에 총 3목5과 9종(족제비, 고양이, 멧토끼, 청설모, 다람쥐, 등줄쥐, 집쥐, 멧밭쥐, 생쥐)이 출현하였고, 2003년 7월에는 총 3목5과 8종이 출현하였다. 이중 청설모는 2000년 조사와 비교하여 개체수가 증가함을 알 수 있었다.

어류 종 및 서식처 조사분석은 2004년 6월 18일부터 19일까지 한강본류와 방수로 본류, 굴포천과 시천천 유입부 등을 중심으로 7개 지역[5]을 선정, 조사하였다. 주요 지점의 어류 종 및 서식처 조사결과는 〈그림2-41, 2-42〉와 같다.

당시 굴포천 방수로 구간 내 서식환경은 전반적으로 하상이 부식된 펄이 축적되어 있고 물 색깔은 검으며 심한 악취가 풍기는 등 수환경이 매우 불안정한 상태였다. 굴포천 방수로는 인위적으로 형성된 수로이지만 굴포천과 서해를 연결해주는 생태하천을 창출·복원함으로써 인근유역의 자연생태계와 도시생태계를 보호하는

4) 전호산, 김포요금소, 노오지분기점 부근, 박촌교, 아랫나무서리, 시시내, 신공항요금소

그림2-40
청설모

5)
St.1 한강 신곡리 양수장(경기도 김포시 고촌면 신곡리),
St.2 굴포천 중류(인천광역시 계양구 동양동)
St.3 방수로 시작 지점(인천광역시 계양구 선주지동),
St.4 방수로(인천광역시 계양구 목상동)
St.5 방수로(시천천, 인천광역시 서구 백석동),
St.6 방수로 하류(인천광역시 서구 왕길동)
St.7 방수로 최하류(기수역, 인천광역시 서구 왕길동)

우리 풍토에 맞는 생태하천

데 매우 중요한 역할을 할 수 있을 것으로 판단되었다.

St.1지역(이하 지점위치는 〈그림2-42〉 참조)에서 관찰된 두우쟁이는 환경부 지정 보호 야생어류에 해당하는 종으로서 주로 큰 강의 하구에서 일생의 대부분을 보내다가 산란기가 되면 중상류로 소상하여 산란을 하는 습성을 지니고 있는 어류이다.

St.2지역에서 관찰된 붕어와 잉어는 비교적 오염에 대한 내성범위가 넓어 오염수에도 우점종으로 서식하는 어류이다. 그럼에도 불구하고 본 조사지점에서 이들의 사체가 관찰되는 것으로 보아 본 수역의 하천 오염 정도가 매우 심각한 상태임을 확

a.두우쟁이

b.참게

c.문절망둥어

d.웅어

그림2-41
굴포천 방수로 주요 관찰 어종

▽ 그림2-42
어류 종 및 서식처 조사위치 및 결과도

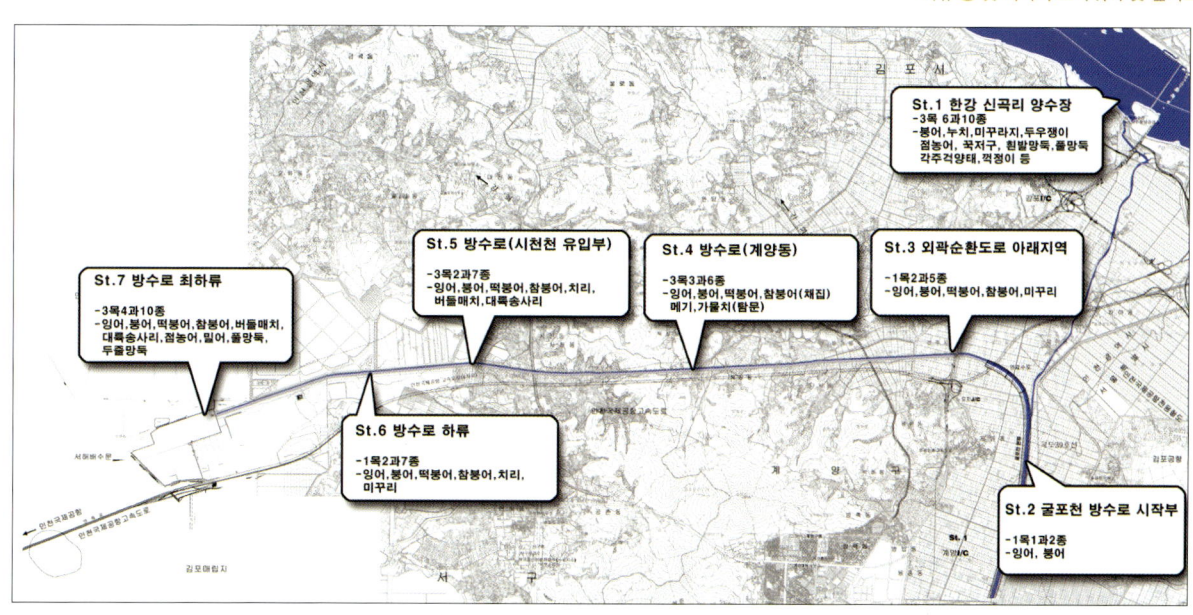

St.1 한강 신곡리 양수장
-3목 6과10종
-붕어, 누치, 미꾸라지, 두우쟁이
점농어, 꾹저구, 흰발망둑, 돌망둑
각주걱양태, 적정이 등

St.5 방수로(시천천 유입부)
-3목2과7종
-잉어, 붕어, 떡붕어, 참붕어, 치리,
버들매치, 대륙송사리

St.4 방수로(계양동)
-3목3과6종
-잉어, 붕어, 참붕어(채집)
메기, 가물치(탐문)

St.3 외곽순환도로 아래지역
-1목2과5종
-잉어, 붕어, 떡붕어, 참붕어, 미꾸리

St.7 방수로 최하류
-3목4과10종
-잉어, 붕어, 떡붕어, 참붕어, 버들매치,
대륙송사리, 점농어, 밀어, 돌망둑,
두줄망둑

St.6 방수로 하류
-1목2과7종
-잉어, 붕어, 떡붕어, 참붕어, 치리,
미꾸리

St.2 굴포천 방수로 시작부
-1목1과2종
-잉어, 붕어

인할 수 있었다.

St.4지역에서 관찰된 바 있는 피라미와 미꾸리는 주로 유수역에서 서식하는 종으로 본 수역과 같이 물의 흐름이 거의 없고 오염된 수역에서는 서식이 불가능할 것으로 생각된다.

St.5지역에서 관찰된 치리는 방수로의 수질에 비하여 양호한 인근 소하천이 유입되는 수역에서만 채집되어 차후 방수로의 수질이 개선되어야만 방수로에서도 서식가능할 것이다. 이 지역에서 관찰된 버들매치 또한 하천의 모래펄에 서식하는 저서성 어류로서 관찰된 종은 대량의 우수와 함께 인근 하천에서 유입된 것으로 판단되므로 본 수역에서도 서식가능한지 매우 불확실하다.

St.6지역에서 관찰된 버들매치도 성어는 채집되지 않았기 때문에 굴포천 방수로에 서식하는 개체는 인근 소하천에서 유입된 개체들로 판단할 수 있다.

St.7지역에서 비교적 다양한 어류가 채집된 것은 해수의 영향을 받는 기수역에 해당하여 기수성 어류인 점농어, 풀망둑, 두줄망둑 등이 서식하기 때문으로 생각된다. 차후 방수로의 수질이 개선된다면 인근 한강 하류에 서식하는 다양한 기수성 어류들도 본 수역에서 서식이 가능할 것으로 기대된다.

방수로 구간에서 서식이 확인된 어류 중에서는 참붕어, 붕어, 떡붕어가 우세하게 서식하고 있었다. 채집된 어류 대부분은 하천의 수환경 변화와 오염에 대한 내성이 강한 종들이었으나 체표면과 지느러미에 세균에 감염된 상처들을 가진 개체들이 대부분이어서 방수로 구간의 수환경이 이들 어류 서식에 적합하지 않음을 간접적으로 시사한다. 특히 St.2지역과 St.3지역은 물의 정체로 심하게 오염되어 있어 출현 어종의 다양성이 떨어진 것으로 분석되었다. 이에 반하여 소하천의 유입이 이루어지는 지역(St.5)과 하류부분(St.6, St.7)은 비교적 어종 다양성이 높게 나타났다.

대상지 인근지역에 있는 양호한 서식처로서 동질한 공간조성시 생태적 복원 및 향상에 기여할 수 있는 지역으로 대조서식처reference habitat를 선정 조사하였다. 녹지체계green network, 수체계blue network, 바람의 통로white network 등 다양한 생태네트워크의 연계가 가능하며 동식물의 이동이 쉬운 지역, 서식처 가치가 향상되는 것을 관찰할 수 있는 지역을 대상지로 삼아 조사하였다. 대조서식처 조사대상지는 한강 전호산 인근지역과 굴포천 방수로 시작부, 시천천 지역과 경기도 여주 복하천을 선정하였다.

본 대상지 상류하천은 모래하상이며 하류쪽으로 갈수록 경암부 하상의 특성을

그림2-43
대조서식처 조사지점

그림2-44
대조서식처 현황사진

보였다. 따라서 대조서식처 조사결과 한강지역의 현황과 유사하게 복원시 한강에 소상하는 어류의 서식이 가능한 것으로 판단되었고, 인근지역 지천(여주 복하천)의 모래하상을 본 대상지 하천의 상류 생태복원 모델로 선정하였다. 대조서식처의 서식환경으로 복원 시 굴포천 2차 방수로 조성후 봄철 두우쟁이, 황복, 참게 등과 가을철에 문절망둑어, 풀망둑어, 웅어 등이 도입가능어종으로 선정될 수 있음을 확인할 수 있었다.

이상의 생태조사 결과를 바탕으로 본 사업대상지에서 서식할 수 있는 대표종인 생물로 환경부보호종이자 회귀성어종인 두우쟁이, 회귀성어종인 참게, 문절망둑어, 회귀성어종인 웅어, 청설모, 환경부보호종인 금개구리, 천연기념물이자 세계적 희귀종인 노랑부리백로, 천연기념물인 황조롱이 등을 선정하였다.

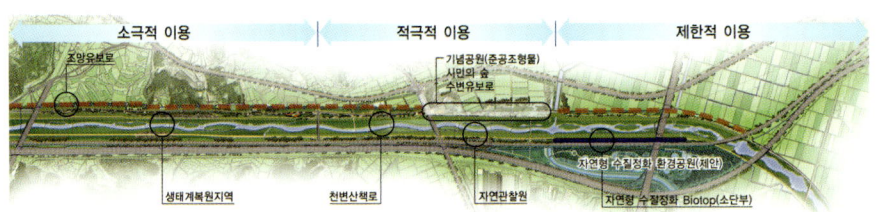

그림2-45
굴포천 2단계 3공구 생태하천
조성 기본계획

그림2-46
UNESCO MAB 모형의 적용

표2-3
생태네트워크 조성방안

구 분	조성방안
수체계 조성	- 80m폭 방수로는 한강에서부터 서해까지 연결되는 회랑(corridor)임 - 대상지 주변 지천과 방수로와의 연계를 통해 비점오염원 차집
녹지네트워크 조성	- 하상중도 조성, 사면복원을 통해 단절된 아람산-계양산의 녹지네트워크 연결 및 복원 - 방수로 사면복원을 통한 종적 녹지네트워크 조성
바람 통로 조성	- 바다로부터 신선한 바람이 방수로를 따라 대상지까지 바람 통로 조성 - 서해에서 불어오는 해풍(주간) 및 육풍(야간)의 흐름을 이용하는 풍차 설치
생물서식처 조성	- 수체계, 녹지네트워크 등이 지나는 핵심지역에 다양한 생물서식공간 조성 - 건전한 생태계 먹이사슬을 위해 소생물권(biotop)부터 서식처(habitat)까지 다양하게 조성
생태통로	- 수체계와 도로, 녹지네트워크와 도로, 수체계와 녹지네트워크 등이 만나는 결절점에 야생동물이 이동할 수 있는 생태통로 조성(대상지내 6곳 선정 가능)

▷ 그림2-47
지천과의 연계를 위한 생태네트워크
구상안

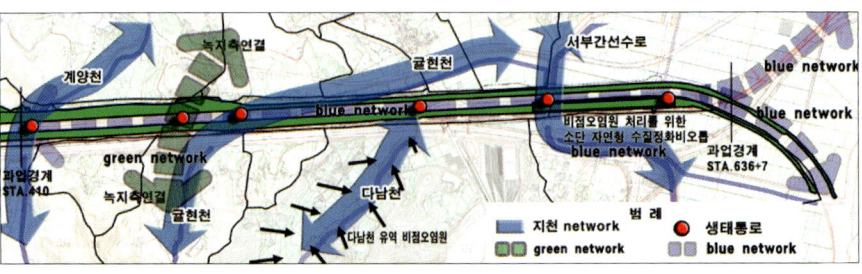

△ 그림2-48
주변지천과 방수로 연결 배수로에
생태통로 조성(예시도)

우리 풍토에 맞는 생태하천

기본 구상 · 계획

굴포천 방수로 2단계 건설사업 제3공구 조성의 기본방향은 생물서식처 조성을 통한 생태네트워크 구축 및 자연하천형 방수로 조성, 생태적 친수공간 조성, 대상지 유역의 비점오염원 수질정화 등 복합적 토지이용을 구상하였다. 이를 통해 정수생태계靜水生態界, lentic ecosystem를 유수생태계流水生態界, lotic ecosystem로 변환하고, 생태적 기반을 조성하는 것을 기본방향으로 하였다. 또한 자연하천형 방수로의 조성을 위해 방수로 하상재료(발파암, 풍화암, 토사)에 따른 저수로 폭과 파장을 결정하였고, 여울과 소 등 자연형 하천의 구조와 배후습지, 천수만, 비오톱 등 생물서식공간을 설계하였다. 생태적 친수공간 조성을 위해 방수로 하상부에 친수, 교육, 체험 및 관찰, 휴양 및 유희 공간을 조성하였고, 방수로 제방부에 생물과 인간의 역동적 관계를 체험할 수 있는 테마공원을 조성하였다. 대상지 유역의 비점오염원 수질정화를 위해서는 방수로 소단부에 자연형 수질정화 비오톱과 제안부지에 자연형 수질정화 환경공원 등을 조성하였다.

대상지의 생태적 토지이용구상을 위해 UNESCO MAB 모형을 적용하여 핵심지역, 완충지역, 전이지역으로 구분하였다. 그 결과로 광역적 녹지체계green network, 수체계blue network, 바람의 통로white network의 방향을 설정하고, 사면복원 및 생태통로 조성 등 녹지패치 연결 및 자연생태복원을 구상하였다(그림2-46). 생태네트워크의 실현을 위해 방수로와 주변지천을 생태적으로 연계하여 녹지체계green network, 수체계blue network, 바람의 통로white network를 조성하였고(그림2-47), 다양한 형태의 생태통로를 도입하였다(그림2-48).

굴포천 방수로가 생태하천의 구조와 기능을 향상시킬 수 있도록 하기 위해 정수생태계에서 유수생태계로 전환하고, 자연하천형 구조와 기능을 수행하는 방수로 규모를 결정하였으며, 대상지에 목표어종이 서식가능한 수심, 유속, 하폭 등 방수로 생태계의 구조와 기능을 설계하였다(그림2-49, 2-50). 굴포천 생태방수로의 적정규모 기준은 평균유속 0.3m/s, 평균수심 0.3m, 유량 2m³/s, 지향목표수질 3등급, 평균저수로 폭 30m이고, 수변구조는 수초, 돌틈, 웅덩이, 소로 구성하며, 하상재료는 발파암, 풍화암, 토사로, 식생은 수질정화식물, 건초지(단, 조도계수 고려)와 같이 산정하였다.

대상지의 권역구분은 대상지 주변의 토지이용, 방수로 호안 및 고수부 피복상태, 표준유역경계, 유입하천 등을 고려하여 결정하였다. 그 결과 생태복원권역, 친수환경권역, 생태적 수질정화 비오톱 권역 등 크게 3개의 권역으로 구분하고, 각각의 권

그림2-49
굴포천 생태방수로 단면구조

그림2-50
굴포천 생태방수로 평면구조

그림2-51
굴포천 생태방수로 조성 예시도

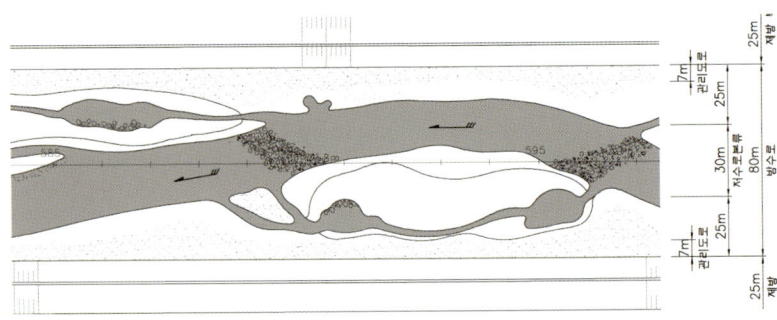

▽ 표2-4
각 권역별 주제 및 구상내용

권 역	주 제	구 상 내 용
권역 1 생태복원권역	생태복원 및 생물서식공간	• 역사경관 형상 복원 • 단절된 녹지네트워크의 연결 • 생물서식처 조성 • 자연형 하천의 구조 및 기능 구현
권역 2 친수환경권역	친환경적 수변공간 및 생물서식공간	• 생태적으로 건전하고 지속가능한 친수공간 조성 • 소생물서식을 위한 소(웅덩이)와 여울의 연속적 형태 구현
권역 3 생태적 수질정화 비오톱권역	생태적 수질정화 비오톱 조성	• 방수로 상류지역으로서 방수로 유지유량의 수질정화(하상 자연형 수질정화 비오톱) • 인근 유역(다남천 유역)의 비점오염원 차집 및 수질정화(소단 자연형 수질정화 비오톱) • 소생물 서식을 위한 소(웅덩이)와 여울의 연속적 형태 구현

역별로 생태복원 구상을 수행하였다.

앞서 구분한 유역차원의 기준 및 주변 토지이용을 고려하고 Reach를 친환경적으로 구분하여 권역을 구분하고, 주제를 설정하였다(표2-4).

1권역은 생태복원권역으로서 단절된 녹지생태계와 정주성 어류생태계를 적극적으로 복원하고, 아람산과 앞메산(계양산)에 이르기까지 단절된 녹지생태 네트워크를 전통 경관의 생태관이나 환경관을 통하여 복원 연결하였다(그림2-52). 또한 상류(토사부)까지 회귀하는 어종들이 이동하거나 경암부하상에 적합한 대표종flag species이 서

a.겸재 정선 진경산수화   b.단애 형상 유추   c.방수로 하상 및 사면구릉지 복원

a. 생태적 원형경관으로서 한강단애가 그려진 겸재 정선의 「이수정(二水亭)」
b. 생태적 원형경관으로서 한강의 단애(斷崖)의 형상을 유추
c. 방수로하상 추이대 구간에는 경암부에 적합한 대표종 서식환경을 조성하고, 사면구릉지에는 겸재정선 진경산수화에서 유추된 단애형상 적용

그림2-52
역사경관 형상 복원

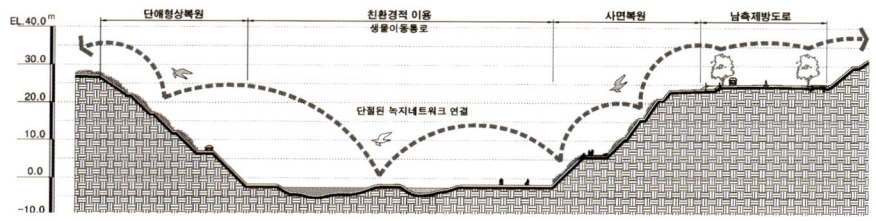

그림2-53
생태네트워크 구상도(단면도)

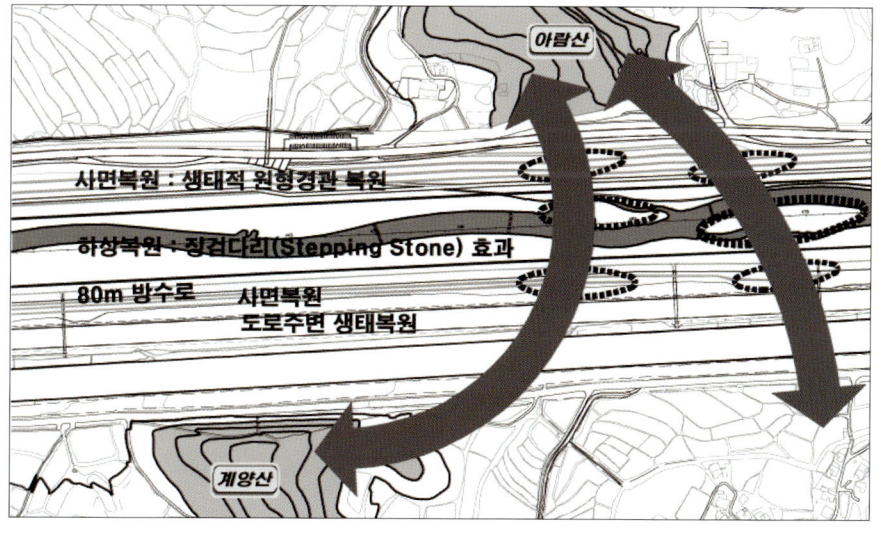

그림2-54
생태네트워크 구상도(평면도)

그림2-55
생태복원권역 전경

식할 수 있는 어류서식환경 조성을 통한 수생태계 복원을 구상하였다. 아람산 주변
의 생태적 단절을 연결하기 위해 주변 산림생태계와 사면복원 · 하상복원을 통한 생
태적 연결을 구상하였다(앞의 그림2-47 및 그림2-53, 그림2-54 참조).

2권역은 생태적 체험권역으로서 생태적 복구rehabilitation와 생태계와 인간의 이용
적 매력도 향상enhancement을 생태복원 목표로 하였다. 생물과 인간의 역동성dynamic
을 체험할 수 있는 장을 마련하였으며, 하상에 생태적 수질정화 비오톱 등을 조성하
여 생태학습 체험프로그램을 개발하였다. 생태적으로 단절을 줄이고 효율적인 동선

▷그림2-56
오사카 요도가와의 어류서식처인
완도 조성사례(ⓒ변찬우, 2005)

▷▷그림2-57
오사카 요도가와의 완도 주변
(ⓒ변찬우, 2005)

▷그림2-58
일본 요도가와 주변의 습초지로
완충된 휴식공간

▷▷그림2-59
일본 요도가와의 완도 주변에서
환경적 수용능력을 고려한 낚시 등
친수활동 예시

으로 구상하였고, 시설을 최소화하고 자연소재를 활용하였다. 더 나아가 생태적 체
험공간 및 프로그램을 구상하였다. 친수활동의 유형별(친수, 체험, 관찰, 교육, 휴양 및 유희)
공간배치 및 효율적인 보행동선체계를 구축하였고, 생태적 수용범위내에서 다양한
친수활동 및 공간프로그램을 개발, 적용하였다. 일본의 경우, 필자가 자연형하천을

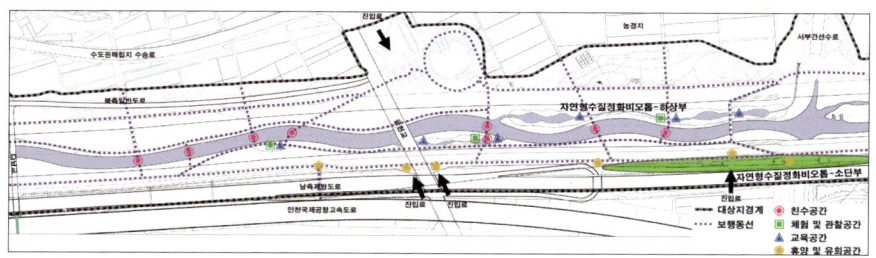

그림2-60
굴포천 방수로 내에서 친수공간
동선계획도

그림2-61
굴포천 방수로 2권역 생태적
체험공간 예시(위)
굴포천 방수로 2단계 3공구의 3권역
소단 생태적 수질정화 비오톱 조성
예시도(아래)

그림2-62
굴포천 방수로 2단계 3공구의 3권역
소단 생태적 수질정화 비오톱의
복원시공사진.
경인운하 아라뱃길 조성으로
설계변경중인 2009년 현재 본 소단
지역에 설치된 생태적 수질정화
비오톱은 비점오염원 제거사업으로
복원시공 중에 있다.

답사하기 위해 초기에 방문했던 1990년대 후반만 하더라도 하천 친수공간 조성사례가 붐이었으나, 최근에는 이를 줄이고 있는 추세이므로 최근에는 하천의 생태적 특성에 관심이 높아 완도 등 생물서식공간을 중요하게 여기고 있다(그림 2-56, 2-57). 완도등 생물서식공간에서 수생식물로 완충된 지역에서 낚시 등으로 휴식을 취하고 있는 사람을 볼 수 있다(그림2-58, 2-59).

3권역은 생태적 수질정화 비오톱권역으로 방수로의 최상류 시작지역이며, 생태적 수질정화 후 방류될 수 있도록 구상하였다. 방수로 주변지역은 무절제한 도시화과정으로 인한 지천관리계획이 필요하고, 기존계획안에서 3공구 남측유역 비점오염원의 전량 한강 배제가 문제되고 있어 지속가능한 방수로하상의 유지용수에 대한 수질정화 관리방안이 요망되는 권역이다. 3권역의 소단, 하상에 생태적 수질정화 비오톱SSB 시스템을 조성하여(그림2-62), 자연형하천 방수로 소단 조성+생태적 수질정화+비탈면복원 및 안정화+생물서식처+친수 경관효과를 동시에 이룰 수 있도록 하였다.

굴포천 생태하천 방수로의 의의

방수로란 "홍수를 막거나 발전을 위하여 인공으로 만든, 물을 흘려보내는 수로"[6]이다. 이러한 토목구조물인 방수로를 상시 일정한 유지용수를 공급함으로써 자연형하천으로 복원 설계하였다. 이를 통해 하천 생물에게는 다양한 서식공간을 조성하고자 하였고, 사람들에게는 편안하게 이용할 수 있는 친수공간을 설계하였다. 특히 선

6)
http://dic.search.naver.com/search.naver?where=dic&query,

우리 풍토에 맞는 생태하천

행계획에서 한강으로 배제하고자 하였던 대상지 인근유역 지천(다남천)의 비점오염원을 처리하고자 생태적 수질정화 비오톱을 설계하였다. 이로써 방수로 수질을 향상시키고 지천을 유역차원에서 생태적으로 연계하였다.

이번 절에서는 단순히 수자원을 관리하기 위해 조성된 대규모 방수로를, 그 기능을 살리면서 생태하천으로 창출·복원creation, restoration하는 계획과정을 살펴보았다. 필자가 최근에 연구하는 택지 내의 저류지 생태공원도 같은 맥락에서 보면 재해방재용 기능이 주된 내용이지만 평상시에는 자연과 사람을 위한 공간으로 조성되고 있다. 생태나 환경 그리고 경관, 이 모든 것이 융복합적 접근을 통해 이젠 우리의 일상으로 다가오게 하는 것이 그 주된 의의라고 볼 수 있다.

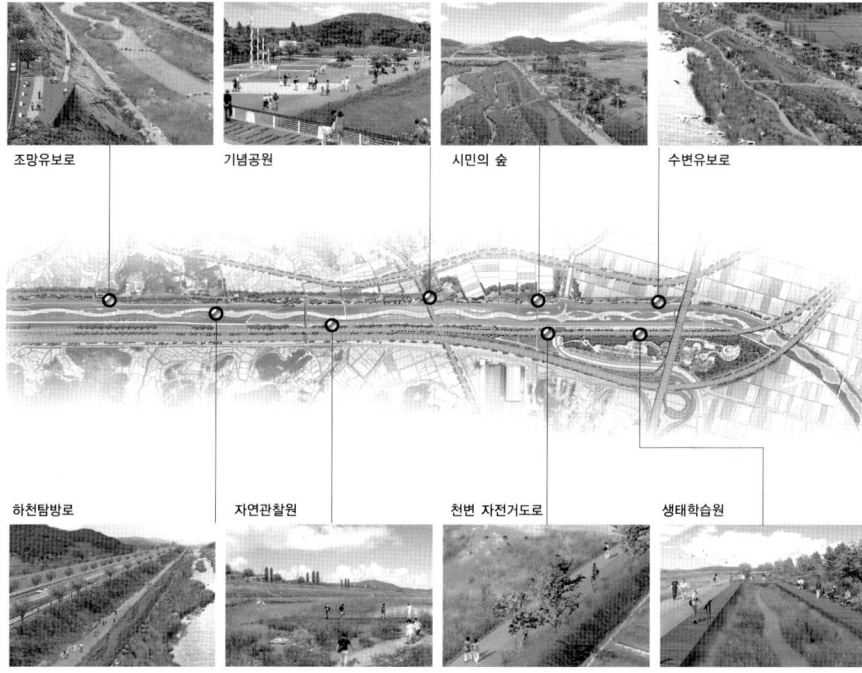

그림2-63
굴포천 생태하천 방수로 조성계획도

조망유보로   기념공원   시민의 숲   수변유보로

하천탐방로   자연관찰원   천변 자전거도로   생태학습원

3. 광교신도시 생태하천 설계: 자연형하천 조성의 생태계 훼손 저감 및 생태계 향상 · 복원 사례

광교신도시는 광역행정 및 첨단산업 입지를 통한 행정복합도시 및 자족형 신도시를 건설하고 수도권의 택지난 해소를 위한 신주거 단지 계획을 통한 국민주거생활의 안정과 복지향상에 기여, 도시 중심성을 확보할 수 있는 도시공간구조 형성 및 친환경적 도시환경 조성으로 수원시와 용인시의 발전을 도모하자는 취지에서 조성되었다.

광교신도시 생태하천은 경기도 수원시 영통구 일원, 경기도 용인시 수지구 상현동 일원에 위치하며, 총하천 15.75km로 지방하천 8.68km와 소하천 7.07km이다. 이들 하천은 원천리천, 여천, 가산천 3개의 지방하천이 있고, 절골천, 성죽천, 쇠죽골천, 동녘쇠죽골천, 아래쇠죽골천, 산의천, 산의실천 등 7개의 소하천으로 이루어

그림2-64

광교신도시 생태하천 전체 조감도

우리 풍토에 맞는 생태하천

져 있다.

이 사업은 명품생태하천을 조성한다는 경기도의 취지에 맞춰 진행되었으며 필자는 생태하천 설계를 위해 수자원·생태복원·생태적 수질정화·친수경관을 융복합적으로 통합마스터 디자인하였다. 광교만의 풍토에 맞는 디자인 계획을 세워 광교의 자연자원 및 역사와 생태, 환경, 문화 등을 다학제적multidisciplinary으로 접근하여 맞춤형 생태하천을 조성하였다. 아울러 광교의 현황 및 역사, 생태 분석을 통해 광교생태하천만이 가지는 유일무이의 풍토디자인을 설계하였다.

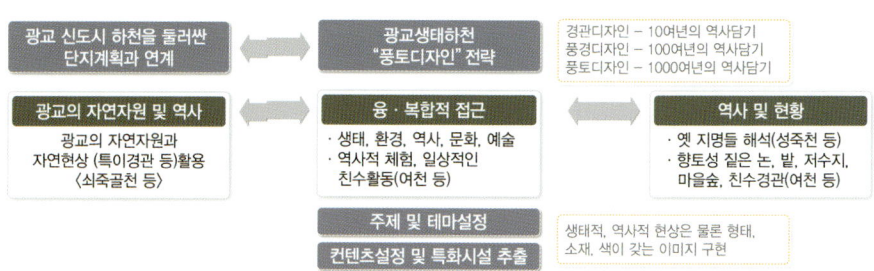

그림2-65
광교신도시 생태하천 풍토디자인 개념

그간 우리나라에 맞는 생태하천 조성개념을 실제작품을 통해 정립해왔던 것처럼, 특히 1장에서도 언급한 바와 같이 인체와 생태하천을 비교하여 접근하였다. 즉, 사람의 생존환경이 되는 하천의 근본인 치수, 이수에 관한 검토를 위해 유속, 유량, 수충부구간, 홍수위 등을 고려하였으며, 사람을 구성하는 몸(뼈와 살)에 해당되는 생태복원의 개념을 달성하기 위해서 대상지의 생태자원 분석을 통해 중추종이나 목표종을 설정하고, 건강한 먹이사슬을 통한 생태하천의 복원을 계획하였다. 또한, 몸속의 혈액에 해당되는 하천 생태의 흐름을 결정하는 수질환경을 위해서 국내여건에 맞게 생태적 수질정화효과가 검증된 생태적 수질정화 비오톱SSB을 각 하천의 특성에 맞게 적용설계하였다. 끝으로 환경과 몸을 연결하는 오감에 해당되는 친수경관

그림2-66
횡적 생태적 흐름과 연결성을 고려한 통합마스터 디자인 횡단면도

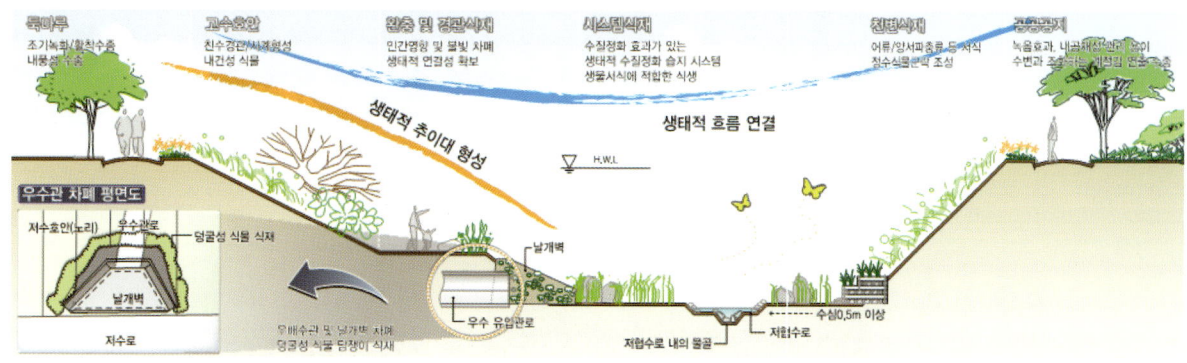

4개권역 특성에 부합하는 맞춤형 생태하천 조성

光敎의 眞景 山水를 체험하는
名 品 河 川 만들기

Restoration
소하천7개 _ 환경생태복원

Environmental Education
가 산 천 _ 환경교육

Disclosure Culture
여 천 _ 열린문화 (친수공간 조성)

Richness
원천리천 _ 풍요(풍부한 물의 체험)

쇠죽골천
성죽천
동녘
쇠죽골천
절골천
아래쇠죽골천
가산천
산의실천
원천리천
산의천
여천
신대저수지
원천저수지

△ 그림2-67
광교신도시 생태하천 조성 주제

▷ 그림2-68
광교신도시 생태하천 조감도
(원천리천)

▷ 그림2-69
풍요를 상징하는 원천리천 조감도.
광교 신도시의 최하단부 진입공간으로,
기존의 공원하천이 아닌 인간과 자연이
교감할 수 있으면서도 생태환경적
건강성을 높일 수 있도록 설계시도하였다.

▷▷ 그림2-70
생태적 수질정화 비오톱 적용

우리 풍토에 맞는 생태하천

을 위해서는 생태하천의 종횡적 네트워크를 단절시키지 않고 생태적 수용능력 범위 내에서 격조높은 친환경적 이용을 도모하였다. 위와 같은 개념을 통해 앞서 소개한 경안천 자연형하천 조성사업의 계획, 설계, 시공, 모니터링과 굴포천 제3공구 생태 하천 조성설계 및 소단습지 설계, 시공, 유지관리 등의 생태하천 사업들을 수행해온 축적된 연구결과와 실무 노하우를 바탕으로, 크게 세 가지의 주요 실천전략을 수립 한 후 광교신도시 대안입찰 생태하천 설계를 진행하였다. 첫째, 원안은 대부분의 하 천설계에서처럼 치수중심의 선형적 접근이었으나, 대안설계에서는 치수공학과 생 태 · 환경공학ecological environmental engineering 및 친수경관을 모두 고려한 통합적 환경 설계integrated environmental design를 제시하였다. 둘째, 하천구조structure, 기능function, 효 율efficiency, 쾌적성amenity을 통합충족하고자 하였다. 셋째, 건강한 하천의 구조 결정 을 통해 건강한 생태적 기능을 달성하고, 건강한 수질자정능력을 향상시킴으로써, 친자연형 하천의 쾌적성 증진을 꾀하고자 하였다.

이에 총 4개권역 하천별 특성에 부합하는 맞춤형 생태하천을 조성하였다. 지방 2 급 하천인 원천리천은 풍요로운 물의 체험으로, 여천은 열린 문화의 친수공간 조성 으로, 가산천은 환경교육, 기타 광교산과 접해있는 소하천 7개는 환경생태복원의 주제로 계획하였다.

원천리천의 경우 하폭이 가장 넓고, 광교신도시의 최하류 진입공간을 포함하고 있는 광교의 진입부로 상징성을 지닌 하천 개념이므로 '풍요richness'를 정했으며, 자연에 가까운 하천형상복원 및 생태적 기능을 복원하고 다양한 체험동선과 넓은 잔디밭, 야생초화원 등을 조성하여 친환경적 친수 기능을 제공하고 특허시스템인 생태적 수질정화 비오톱(환경부 신기술 제258호)으로 수질정화와 생물서식처를 조성하여 광교신도시 발단부의 수생태계를 향상시켜서 인접도시로 확대될 수 있도록 하였다.

여천의 경우 경기도의 이전 청사, 주거공간 등 하천 주변 토지이용이 가장 번화한 곳으로써 자연과 인간이 공존하는 상징성을 지닌 하천으로 '열린 문화Disclosure of

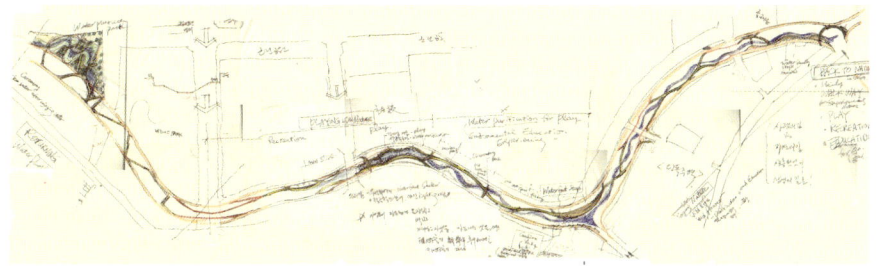

그림2-71
여천의 일부구간에 관한
Schematic Design(변찬우, 2009)

그림2-72
열린 문화와 친수공간으로 조성된
여천 조감도

여천의 春

여천의 夏

여천의 秋

여천의 冬

△ 그림2-73
여천의 사계절 경관

▷ 그림2-74
환경교육의 중심지인 가산천 조감도

우리 풍토에 맞는 생태하천

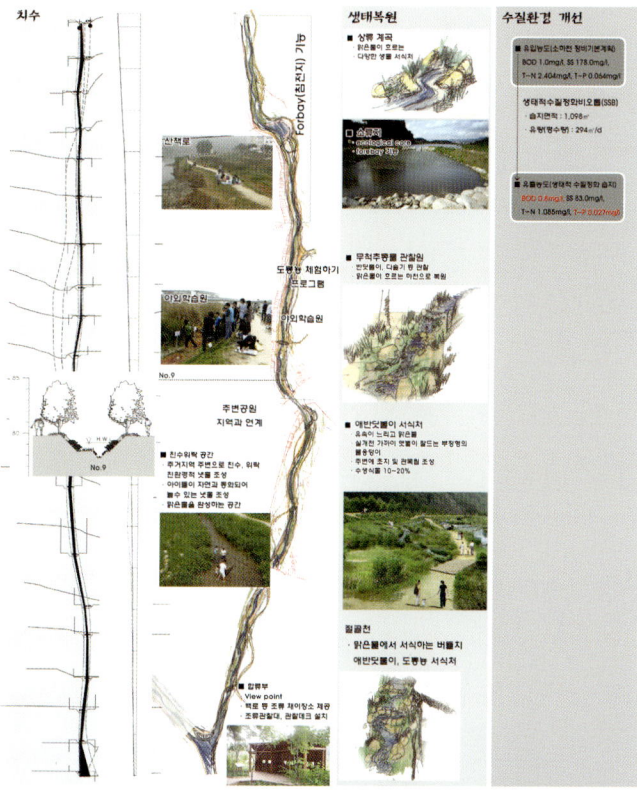

그림2-75

소하천 생물종 복원과 수질환경 개선,
치수 안정성, 친수경관 및 생태교육까지
융·복합적으로 접근한 개념도
(변찬우, 2009)

그림2-76

광교산과 하류부 지방하천을
생태적으로 연계시킨 소하천의
일부지역 조감도

Culture'의 개념으로 맑고 깨끗한 청정하천, 자유로운 친수놀이 공간과 물놀이 공간, 친수공간을 조성하였다. 또한 자연과 인간이 자주 접하면서 자연형성과정natural process을 체험 할 수 있는 하천으로 복원가치가 높고 광교의 자생종인 백로, 흰뺨검둥오리 등 서식처를 복원하고 야생화 향기에 취하는 봄春, 맑은 물에 발 담그고 놀 수 있는 여름夏, 무르익는 하천의 모습을 관찰하는 가을秋, 하얗게 펼쳐지는 수경관을 만끽하는 겨울冬을 느낄 수 있도록 조성하였다.

가산천은 환경교육의 장으로 자연으로부터 소중한 가르침을 얻는 하천이다. 잠자리원과 저서형무척추동물 서식처를 복원함과 동시에 다양한 생물서식처를 조성하여 생태학습장은 물론 광교신도시 환경교육의 중심지역으로 조성하고자 하였다.

그 외에 7개의 소하천은 신도시 조성으로 인해 교란된 수환경과 수생태계 복원, 청정수 순환계획 수립에 중점을 두었고 특히 성죽천城竹川은 장소성과 역사성을 반영한 하천으로 조릿대를 활용한 대나무숲은 국내 최고 명원인 소쇄원을 유추analogy와 은유metaphor 과정을 통하여 맑은 인재가 배출된 광교를 나타내는 장소성과 역사

그림2-77
소하천인 쇠죽골천의
나비서식처 조감도

우리 풍토에 맞는 생태하천

성을 반영하였다.

또한 광교산과 생태하천과의 메타개체군meta-population 개념을 응용한 생물지표종 복원, 그리고 주변녹지의 생태적 연결성을 확보하여 서식처복원을 통한 생물종 복원과 먹이피라미드를 예시하여 구체적인 복원 방안을 제시하였다. 또한, 생태적 수질정화 비오톱을 통한 수질정화로 맑은 물이 흐르는 하천이 되도록 조성하여 수질개선을 통한 수서곤충서식지, 나비 및 잠자리 관찰 학습원을 조성하여 생태교육적인 기능이 가능하게 하였다.

광교신도시 생태하천은 다른 어떤 생태하천보다 차별화된 생태하천을 조성하기 위해 검증된 환경부 신기술(제258호)을 하천의 특성에 맞는 분석과 설계를 통한 맞춤형으로 도입하여 수질환경 개선을 통한 생물종의 복원과 치수적인 안정성 그리고 친수적인 기능 등을 융복합적으로 고려하여 설계된 생태하천으로, 대안입찰 당시 탁월한 평가점수를 받은 바 있다. 다만 향후 생태환경 복원시공에서 그 설계의도를 얼마나 잘 담을 수 있을지에 따라 그 작품성의 성패여부가 달려 있다고 볼 수 있다.

3장

생태하천 유역의
재해방지 기능

본 장에서는 도시생태하천의 수량과 수질에 직접적인 영향을 주는 하천 상류 또는 하천 주변 유역의 저류지 생태환경 복원에 대한 사례와 설계 모형을 예시하였다. 그간의 일반적인 저류지는 치수적인 측면만 강조한 단일목적의 방재 기능 저류지와 친수적인 기능만 할 수 있는 공원저류지 형태로 조성되었다. 특히, 도시 지역에서는 택지가 들어서 지가가 높은 공간에, 홍수기에만 물을 일시저류(de-tention)하는 기존의 저류지 개념에서 평상시나 건기에도 상시 저류(re-tention)하도록 저류 기능을 전환하여 비점오염원 처리 및 수생태계복원 기능을 도모할 수 있는 방안을 실제 설계 모형을 통해 제시하였다. 홍수시에는 재해를 방지할 수 있도록 충분한 저류량을 확보하면서도 보다 생태적이면서도 안정적인 생태공학적 시스템을 달성할 수 있는 공법을 제안한 것이다. 또한 이 공법은 평상시에는 저류된 빗물을 순환시켜 지역민들의 환경학습 및 친수활동을 높일 수 있다. 더불어 최근 국가적으로 주요 이슈가 되고 있는 새만금의 저류지 환경용지에 대한 구상 연구 사례를 토대로 해양생태계와 동진강 및 만경강으로 연계되는 육상생태계를 잇는 유역의 거대한 재해방지기능 관련 저류지의 복원방향을 제시하였다. 저류지 생태 · 환경 복원 방안은 도시의 택지지역 유역의 재해방지 기능뿐만 아니라 생태적 수질정화, 생태계 복원, 친수 및 경관 향상을 고려한 계획으로 발전시키는 것이 바람직하다. 이를 위해 저류지 각각의 대상지 유역특성을 반영하여 유기적 형태의 토지이용계획과 그에 따른 생태보전 · 복원계획이 이루어져야 궁극적으로 생태적인 공간이 조성될 수 있음을 제시하였다.

1. 도시하천 유역의 저류지 생태환경 복원

저류지 생태환경공원 조성의 방향

최근 여름철의 집중강우와 도시화 및 각종 개발사업으로 인해 불투수면적이 점차 증가하고 있어, 도심 하천에서 홍수 문제가 증대되고 있다. 이에 대한 해결책으로 재해영향평가를 실시하여 개발지구 내 저류시설이 만들어지고 있으며, 이러한 저류시설을 공원화하는 사례도 증가하고 있다. 이러한 배경에는 영구 저류지를 공원화함으로써 공원의 가처분면적을 인정받아 토지의 효율적 활용 및 경제적 이익을 추구하려는 의도도 있다.

그림3-1
저류지 수경관에 관한 일본의
조성사례(ⓒ변찬우, 2005)

일반적 의미에서 저류지란, 하천 유역에 대규모 개발이 일어나는 경우 개발에 따른 홍수 유출량의 증가 및 수해의 위험성을 방지하고 홍수 조절, 저류기능 및 하천의 친수 안전도 향상을 주목적으로 자연재해대책법에 의거하여 설치하는 시설로 이해되고 있다. 우리나라에서는 2000년 '도시공원 내 저류시설의 설치 및 운영지침'이 만들어져 법제화 되었으며, 2005년 '지속가능한 신도시계획기준'이 마련되어 저류지가 공원으로 활용될 수 있는 지침이 만들어졌다. 그러나, 우리나라에서 저류지 관련 연구는 극히 미미하다(우창호, 2005). 저류지의 공원화는 환경적, 구조적, 물리적인 면에서 매우 복합적으로 고려되어야 하므로 계획·설계 방안과 지침의 구체화

우리 풍토에 맞는 생태하천

가 필요하다. 이러한 측면에서 최근 필자가 수행한 "저류지 공원화 계획에 관한 연구"(한국토지공사, 2006)는 저류지 공원화 연구의 기초를 제공하고 있으며, "저류지 생태공원 설계모형 개발에 관한 연구"(변찬우, 2006a)는 물이 차고 빠지는 저류지에 습지 등을 도입하여 생물서식처 기능은 물론, 환경공학적 시스템을 통해 상시저류지 내의 수질관리나 초기 강우의 비점오염원처리를 동시에 수행할 수 있도록 하였다. 이는 2000년대 초반부터 국내 여건에 맞게 연구되어온 "자연수면형 인공습지 환경·생태공원 설계"(변찬우, 2006b)와 이에 관한 시공 및 모니터링 사례와 그 구조적 연구 등을 토대로 이루어진 결과이다.

국외에서는 이미 수질정화와 저류 기능을 수행하는 연못, 습지, 숲, 초지 등이 포함된 공원을 조성하거나, 인근 유역에서 발생하는 토사와 영양물질을 제어하기 위해 저류 기능을 겸한 습지를 조성하는 등의 사례를 보이고 있다. 국내에서는 필자의 생태적 수질정화 비오톱SSB: Sustainable Structured wetland Biotop 생태공원 설계에 관한 구조적 연구(변찬우, 2006b)에서 저류 개념을 포괄할 수 있는 확장저류형 습지extended detention wetland 개념을 자유수면습지Free Water Surface wetland 개념에 응용, 제시한 바 있다.

본 장에서는 우선 저류지 생태공원의 기본이 되는 법제적 검토와 시행상 문제점을 검토하고, 방재 기능을 토대로 저류지의 유형 구분을 하였고, 선진사례를 통해 우리 실정에 맞는 저류지 생태공원 조성의 기본 방향을 제시해 보고자 한다.

저류지 공원 조성의 법제적 검토와 시행상 문제점 도출

우리나라에서 저류지 공원의 법제화 과정은 1999년 저류지가 공원시설의 종류에 추가되고 저류지를 포함한 공원시설 면적의 합계비율 한도를 60%까지 예외 인정하는 것에서부터 시작하였다. 그 후 2000년 '도시공원내 저류시설 설치 및 운영지침'이 작성되었고, 2005년 '지속가능한 신도시 계획기준'이 마련되면서 저류지 공원과 관련된 사항이 만들어졌다. '도시공원 내 저류시설 설치 및 운영지침' 제5조에 따르면, 저류시설은 도시계획법 제24조 및 도시계획시설기준에 관한 규칙 제3조의 규정에 의하여 도시계획시설 중 저류시설로 중복 결정되어야 하며, 이 경우 저류시설은 도시공원법 제4조에 의한 도시공원에 관한 조성계획에 반영해야 하는 것으로 명시되어 있다. 하나의 도시공원 안에 설치하는 저류시설 부지의 면적비율은 해당 도시공원 전체면적의 50% 이하로 하되, 공원관리청이 수변공간 조성 및 공원시설과의 겸용 등 불가피하다고 인정하는 경우와 기존의 저수지를 저류시설로 이용하는 경우는 예외로 하였다. 따라서 대부분의 개발 주체는 저류지를 재해평가는 물론, 명목상으로는 도시공원의 가처분 면적으로 포함하고 있다.

저류지 공원의 녹지면적(공원시설 중 조경시설과 상시저류면적 포함)은 상시저류시설의 경우 60%, 일시저류시설의 경우 40% 이상으로 하며, 저류시설 부지는 잔디밭, 자연학습장, 운동시설 및 광장 등의 기능을 가진 다목적 공간으로 조성하고 침수로 인한 피해가 적고 유지관리가 용이한 시설을 설치할 것을 명시하고 있다. 또한 상시저류시설(제16조)에 대하여 자연생태계복원에 의한 자연학습장 및 주변 환경과 조화되는 수변공간으로 다양한 환경을 조성하고, 저류기능 유지와 함께 동식물 군집이 풍부하게 유지되도록 하며, 자연형 호안 조성(제17조)과 수생식물에 의한 수질정화(제18조)를 원칙으로 하도록 하고 있다. 식생기준(제19조)에 대해서도 수생식물, 습지식물, 건생식물군으로 초본류, 관목류, 교목류를 적절히 혼합하여 동물의 서식환경으로 제공하도록 명시하고 있다.

그러나 대부분 조성되는 저류지는 공원으로 활용되기는커녕 혐오시설로 방치되고 있다. 현재 저류지는 재해방지용 시설로서도 공원으로서도 제 기능을 하지 못한 채 관심의 사각지대에 놓여있다. 결국 생태환경이나 주거환경을 위한다는 명분 아래 시행되고 있는 저류지 공원의 가처분 면적 허용이 실제적으로는 경제적 논리에 의해 변질되어 지역주민의 삶의 질을 저하시켜 왔다.

그림3-2
하천으로부터 물이 유입되는 장소
(ⓒ변찬우, 2005)

우리 풍토에 맞는 생태하천

그림3-3
물이 유입되는 구간의 수로.
홍수 위에는 감쇄공 역할을 하고
평상시에는 바닥포장으로 활용됨
(ⓒ변찬우, 2005)

그림3-4
물이 유입되는 구간의 소규모 연못
(ⓒ변찬우, 2005)

저류지의 유형 분류

일반적으로 저류지는 입지 유형에 따라 해당지역 내에서 물을 일시적으로 저류시켜
유출을 억제하는 지역 내 저류on-site와 유역의 말단에 설치되어 유역으로부터 유입

된 우수를 조절할 목적으로 설치되는 지역 외 저류off-site로 구분한다.

　　지역 내 저류지는 도시 유역 내에 내린 강우가 우수관거, 유수지 및 하천으로 유입되기 전에 물을 일시적으로 저류시켜 비가 내린 지역에서 우수를 저류하는 방식으로 주차장, 교정, 공원 등에서 많이 사용되고 있다. 지역 외 저류지는 유역의 말단부에 설치되어 우수유출량을 일괄적으로 처리하기 때문에 저류 가능량이 높고 배수계획상의 안전도가 높다. 지역 외 저류지는 하천본류에 시설을 설치하는 형태로서 상시저류가 가능한 하도 내 저류on-line와 본류에서 허용방류량을 초과하는 홍수량을 횡월류제를 통하여 월류시키는 하도 외 저류off-line로 구분된다(그림3-5, 3-6).

　　하도 내 저류는 배수로의 수위와 저류지의 수위가 일체로 작용하는 형태로서 유출량을 지구 내 저류지에서 일시 저류하여 하류부의 홍수유출을 억제하는 방법으로서 상시저류가 가능한 방법이고, 하도 외 저류는 도시개발로 증가된 홍수량이 하류하천의 허용방수량 이하인 경우는 그대로 유하하고, 허용방류량을 초과하는 호수량을 횡월류제를 통하여 저류지로 저류했다가 하류하천의 홍수위가 저하되면 방류하는 형태를 지닌다. 저류지의 유형을 구분하기 위해 우수유출 억제와 재해저감시설에 관한 국내의 여러 문헌을 검토한 결과, 서울시정개발연구원(1995)과 국립방재연구소(1999, 2002)에서 우수저류시설을 크게 지역 외 저류, 지역 내 저류로 동일하게 구분하였으나, 국립방재연구소(2002)의 경우, 보다 세분화된 항목을 제시하고 있다(표3-1).

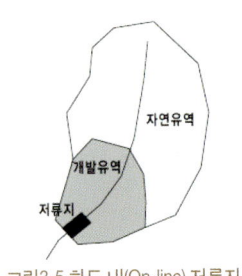

그림3-5 하도 내(On-line) 저류지

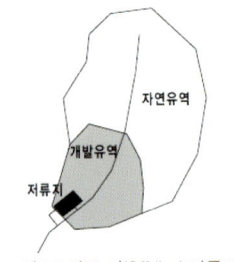

그림3-6 하도 외(Off-line) 저류지

자료:
한국토지공사, 2001,
재해저감시설의 설계

시　설	입지유형	구　　분	내　　　　용
저류시설	off-site (지역 외 저류)	유수지	다목적 유수지
		방재조절지	방재조절지, 우수저류시설, 하수도오수조정지, 대규모 택지개발조정지
	on-site (지역 내 저류)	유역저류시설	공공·공익시설에서의 저류(공원, 학교, 광장저류 등)
		단독주택저류지	단독주택의 정원에서의 저류(화단, 저류조 등)

표3-1
국립방재연구소의 저류지 유형분류

　　이와 같은 선행연구의 분류체계를 토대로 필자는 저류지 생태·환경공원의 목적유형과 입지유형, 저류시간, 구조, 조성방안에 따라 대구분하였고, 중구분, 소구분 등으로 세분화하였다(표3-2). 저류지의 저류시간에 따라서는, 평상시에는 건조 상태를 유지하다가 강우로 인해 표면수 유출이 있을 때에만 일시적으로 저류하는 일시저류형detention과 평상시에도 일정량의 물을 저류하는 상시저류형retention으로 구분하였는데, 생태·환경공원 조성을 위해서는 상시저류형으로 조성하여 생태적 핵심ecological core이 될 수 있도록 하는 것이 바람직하다. 구조적인 부분에서는 변화형이나 유기적인 형태로 계획하는 것이 바람직하며, 토지이용의 효율을 위해 다단면의 단면구조가 적합하다.

표3-2
저류지 공원의 유형분류
(변찬우, 2006)

대 구 분	중 구 분	소 구 분
저류지 공원의 목적유형별 구분	• 홍수방어 이용 공간으로 활용 • 초기강우 비점오염원 유출 억제 • 수자원 확보 • 환경보전 • 환경정비 및 경관향상	단일목적형 복합형
입지별 구분	지역 외 저류(Off-site 저류)	On-line 형 Off-line 형
	지역 내 저류(On-site 저류)	
저류시간별 구분	일시저류시설(de-tention) : 기존의 저류지 형태 상시저류시설(de-tention) : 생태 · 환경 복원을 위한 바람직한 저류방향	
구조적 구분	평면구조	단일목적형 변화형 유기적 형태
	단면구조	단단면 다단면-생태적 추이대 조성 및 수환경처리를 위하면서도 안정성을 보장할 수 있는 바람직한 구조
저류지 공원의 조성방안에 따른 구분	댐 식 굴입식 지하식	

국내외 사례분석을 통한 저류지의 생태환경공원화 방안

저류지는 치수 목적의 일반적인 저류기능을 갖춘 방재용 시설을 의미한다. 필자가 연구한 바대로 규명해 보면, '저류지 공원'은 치수 목적의 저류기능과 방재기능을 고려한 공원시설을 포함한 것이며, '저류지 생태공원'은 치수목적의 저류기능시설과 공원시설은 물론, 상시저류지retention를 적극 활용하여 생태습지와 연못을 조성하여 생태복원 개념을 담을 수 있다(표3-2). 더 나아가 수질정화 환경복원 시스템을 도입하여 비점오염원 처리까지 겸한 것을 '저류지 환경 · 생태공원'이라고 규정한 바 있다.

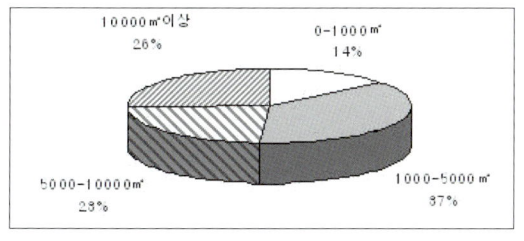

그림3-7
한국토지공사의 택지개발지구 내 조성된 저류지 면적 분석결과

그림3-8
배수문의 모습과 경고용 사이렌 시설
(ⓒ변찬우, 2005)

그림3-9
일본 네야강 저류지 공원 녹지
(ⓒ변찬우, 2005)

　　현재 국내 저류지 조성사례의 경우, 한국토지공사의 택지개발지구 내에 저류지가 조성된 사례 43개소를 조사해 본 결과 1,000m² 이하의 소규모부터 30,000m² 이상까지 다양하였으며, 5,000~10,000m²의 저류지 규모가 43개소 중 37%로 가장 많은 비율을 차지하였다(그림3-7). 택지개발지 내 저류지 공원의 조성 규모는 입지나 근린공원의 면적 등을 감안하고 방재기능 수행을 위한 최소한의 규모는 확보되어야 할 것으로 보인다. 공원으로서 가처분 면적에 포함된 것 중에는 공원기능이라기 보

그림3-10

녹지 내 저류지 연못. 안전을 위해
펜스를 조성해 놓았다.

그림3-11

일본 네야강 저류지 공원. 펜스에
주의사항이 적혀 있다.

다는 오히려 혐오시설로 여겨지는 사례지들도 많기 때문이다. 택지개발의 공익적
측면과 수환경의 환경친화적 이슈를 감안할 때, 저류지를 도시 내 인간과 자연을 위
해 적극적 생태·환경공원으로 조성할 수 있는 방안 제시가 필요할 것으로 보인다.

다음 〈표3-3〉과 같이 국내외 사례유형을 저류지, 저류지 공원, 저류지 생태·환
경공원으로 구분해 보았는데, 도입시설 특징은 다음과 같다. 저류지 생태공원에서
언급한 '생태복원'은 생태계의 구조와 기능면에서 개발로 인해 악화된 생태계를 대

사 례 명		우수저류형태	조성 목적 및 문제점
저류지	국외	미국, 플로리다 올랜도***	일시저류연못 잔디도랑	• 1,100~1,500mm/yr의 강우량을 담당하기 위한 규모로 설계 • 바닥표면을 얕게 굴착했고 자연적인 저지대 식생이나 잔디 식재
		미국, 하와이 마우이주***	침투연못	• 유출수 저류기능과 수자원 확보를 위한 지하수 재충전 웅덩이 설치
		독일, 헬레스도르프주거단지****	우수저류연못	• 저류지 조성으로 하천 부하 낮추고, 우수정화능력 높임 • 우수저장조, 연못, 침투시설 등 복합적인 우수관리체계
저류지 공원	국외	일본, 오오바카와조절지*	일시저류연못	• 담수 빈도가 적은 지역에 스포츠 시설 조성
		일본, 키리가오카유수지*	일시저류연못	• 운동공간으로 활용, 영리사업 추진
		일본, 주거단지 내 저류지*	일시저류연못	• 저류지 공간을 주차장, 유희공간으로 활용
		미국, 시애틀 Meadowbrook Pond***	일시저류연못	• 지류복원사업 및 야생동물의 서식처 복원의 일환으로 우수침투연못을 건설
		미국, Medford, New Jersy***	침투연못 잔디도랑	• 수문학적 토양분류체계를 조합해서 유출량 증감 계산함 • 유출수를 모두 침투시키기 위한 바닥면적을 4가지 토양침투율 범주에 따라 구할 수 있도록 함
	국내	군포 산본신도시 조절지***	상시저류연못 일시저류녹지	• 평상시, 강우시 분리 활용 모형 도입 • 주변지역과의 생태적 연계성 없고, 방재 위한 시스템적 접근 없음 • 상시저류 연못의 수질악화문제 발생
		군산 수송2지구 저류공원*****	일시저류녹지	• 단지 내 생태계 연계 부족하고, 인위적 공간으로 활용 • 일정구간 상시저류공간 필요
		대전 노은1지구 저류지**	상시저류연못	• 방재기능을 위한 사례로서, 주변지역과의 생태적 연계성 고려 안함 • 정체성 연못 조성으로 수질악화, 악취발생 문제 대두
저류지 생태공원	국외	일본, 오사카 네야강 저류지 공원******	상시저류연못	• 홍수 빈도 고려한 다단계 구조 • 녹지, 연못 조성으로 체육, 휴양 및 놀이공간으로 활용
		일본, 오사카 소가강 치수녹지******	일시저류연못	• 주차장 및 체육공간으로 활용
		일본, 카미소야기 우수조정지*	상시저류연못	• 전망대, 실개천 조성하여 자연경관 고려함
		미국, 콜로라도 키스톤리조트***	인공습지	• 야생동물 서식처 복원 및 시각적 즐거움을 제공 • 우수처리 기능의 인공습지와 교육적 기능의 자연습지로 구성

표3-3
사례종합분석(변찬우, 2006)

*국립방재연구소(1999), **성도용 외(2002), ***남상채(2002), ****이태구(2000),
*****한국토지공사(2005), ******필자 현장 답사

우리 풍토에 맞는 생태하천

상지 특성을 고려하여 원형적 생태계에 가깝게 유도하는 것을 원칙으로 하지만, 택지 개발의 한계를 고려하여 습지 등을 조성하여 도시 내 생물다양성을 증진시킬 수 있도록 창출·복원Creation·restoration하는 것을 의미한다. 국외 사례의 문제점 분석 및 조성방향을 도출한 결과, 일본 사례는 방재기능을 수행하면서도 토지이용을 중시하여 도시 공원화 시설 조성을 위해 보다 적극적인 노력을 하는 편이다. 북미 사례의 경우, 넓은 토지 가용자원이 있으므로 야생동물 서식처 복원, 지하수 충전 및 우수저장을 주목적으로 하고 있다. 그러나 우리나라보다도 비점오염원의 문제가 심각하지 않은 일본 사례의 경우라고 할지라도 저류지 정체수에 관한 수질문제는 심각하였다. 따라서, 선진사례인 일본의 경우에 있어서도 수질정화 및 비점오염원 처리 시스템이 잘 갖추어진 '저류지 환경·생태공원' 사례는 찾아보기 어려웠으므로, 저류지에 생태연못 도입시 이에 대한 문제해결 방안이 매우 필요한 것으로 판단된다.

그림3-12

일본 소가강 치수녹지 전경
(ⓒ변찬우, 2005)

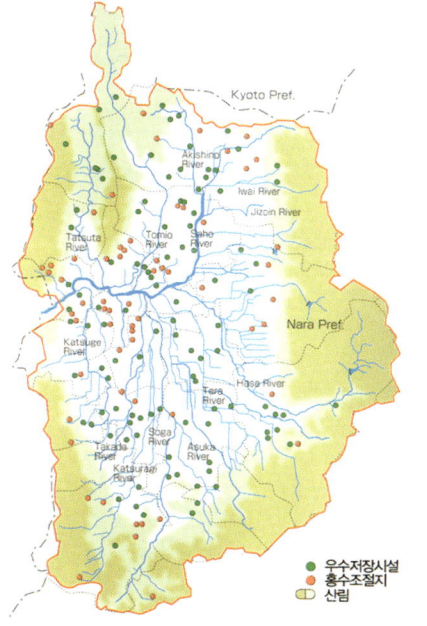

그림3-13

일본 야마토강 우수저장시설 및 홍수조절지 분포도

저류지 조성의 방향

저류방식의 경우, 이미 조성된 국내외 저류지 및 저류지 공원 사례에는 일시저류형 태가 대부분을 차지하고 있으나, 주로 선진국에서 최근 조성되는 저류지 생태환경 공원 사례에서는 상시저류형태가 도입되는 경향이 있다. 우리나라처럼 토지이용효 율을 강조하는 일본의 사례에서 살펴보면, 저류방식이 상시저류형태로 조성될 경 우 생태적 다양성, 경관 향상, 토지이용 효율성 증가 등이 가능할 것으로 보였다. 그 러나 평상시 유지용수의 수질 악화 문제나 초기강우시 유역의 비점오염원 관리 문 제와 생물 서식처를 위한 주변토지이용과의 네트워크 문제 등이 개선되어야 할 점 으로 분석되었다.

일반적인 개념으로 생태공원이란 도시 내에서 생물이나 자연과 접할 수 있는 공 원을 말하고, 자연이 보다 풍부하고, 공원이용객들이 생물이나 자연과 접촉하는 것 을 목적으로 찾는 공원을 말한다(龜山 章, 1998). 저류지 생태·환경공원에서 도입하고 자 하는 공원의 개념은 생물다양성의 보존이나 생물 서식처habitat를 복원하면서도 도시민에게 생물 또는 자연을 보다 풍부하게 접하도록 한high contact 공원이라고 볼 수 있다(변찬우, 2001).

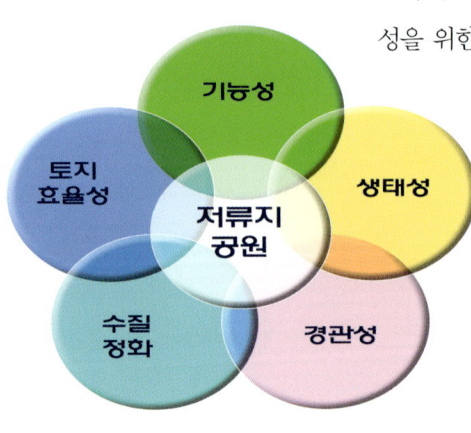

그림3-14
저류지 생태·환경공원 설계를 위한 이슈
(변찬우, 2006)

선진사례 고찰을 통해 도출해 본, 저류지 생태환경공원 조 성을 위한 설계이슈는 다음과 같다. 우선 저류지 공원의 유형과 홍수빈도에 따라 적정구조와 기능을 갖춘 도입시설 및 안전방재시설(기능성)과 친 수공원시설(토지효율성) 등이 설계되어야 하 며, 이를 바탕으로 생태적 수질정화방안(수 질정화)과 생물 서식처를 위한 생태설계(생태성) 와 경관설계(경관성)가 이루어져야 한다(그림3-14).

다음 절에서는 저류지 생태환경공원 조성을 위한 구조 및 시설과 생태복원·수환경 유지 관리방안을 제시함으로써 저류지 생태환경공 원 계획 설계를 위한 기초 모형을 소개하고자 한다.

우리 풍토에 맞는 생태하천

2. 저류지 생태환경공원 조성을 위한 설계모형

이번 절에서는 저류지 생태환경공원을 조성하기 위한 설계모형을 제시하고자 한다. 재해영향평가에 속하는 저류지는 도시구조의 생태환경적 측면에서 그 중요성이 매우 높다. 필자는 저류지 생태환경공원 설계를 수행하면서 도심지 주거단지 및 택지개발사업에서도 생태환경 설계 분야를 코디네이팅coordinating하는 역할의 중요성을 확인하였다. 저류지 생태환경설계분야를 코디하는 조정자의 역할은 환경설계의 중심에 서서 블루오션을 항해하는 또 하나의 희망이 될 수 있다.

그러나 오랜 동안 축적된 이론공부나 실무적 이해 없이 필자가 제시하는 설계 모형 하나로 저류지 설계의 모든 것을 쉽게 진행할 수 있는 것은 아니다. 왜냐하면 택지에 있어서도 대상지마다 자연 생태계의 특성이 다르고, 각각의 자연 생태계는 복제하거나 모방할 수 없는 특성을 지니고 있기 때문이다. 또한 생태, 환경복원 사업은 준공 후에 나타나는 시설물 조경이나 토목구조물의 모습과는 달리, 계절이 수십 번 변하도록 모니터링 과정을 거쳐야 생태환경적으로 건전한지를 가늠할 수 있기 때문이다. 그러므로 이러한 설계 모형은 기본적인 기준이 될 뿐, 각 대상지에 맞는 환경, 경관, 생태적 특성을 이해하고 이를 예술적 작품으로 고양시켜 나아가는 것은 개별 대상지의 특성에 맞게 설계하는 이의 몫이다.

하지만 이러한 어려운 분야를 필자가 먼저 수행하면서(연구개발 및 입지선정, 계획, 설계, 시공, 유지관리, 모니터링 과정을 거침) 고민하였던 바를 중심으로 개괄적이나마 설계 및 시공 실무자들에게 유용하고 기본적인 지침이 되는 저류지 생태환경공원의 설계 모형을 제시하고자 한다.

저류지 적정규모 산정 및 안전방재시설

저류지의 규모 산정을 위한 저류지의 용량은 개발 전 유량곡선과 개발 후 유량곡선을 도출하고, 그 차이만큼을 저류할 수 있는 정도이다. 저류지를 공원, 운동장 등 다목적으로 이용하는 경우는 이용측면에서 침수빈도가 문제가 되므로 저류부 형상결정시 다단식으로 하는 것이 경제적이다. On-line 유형의 경우, 〈그림3-15〉와 같이 홍수시 증가된 총유출량을 제어하는 형태로서 허용방류량 곡선과 개발 전 첨두유량 곡선과의 차이만큼 저류지 용량으로 확보하는 유형이며, 저류수심보다 저류지 부지면적이 어느 정도 확보되어야 한다. Off-line의 경우, 〈그림3-16〉과 같이 배수로의 일정 수위까지는 저류지에 저류시키지 않고 일정수위 이상에서만 저류시키는 방법으로서 허용방류량 곡선과 개발 전 첨두유량 곡선과의 차이만큼 저류지 용량을 확보하는 유형이다. 유역면적은 크나 개발면적이 적고, 첨두유량 증가비율이 30% 이하로 작은 경우에 채택하는 것이 경제적이다.

▷ 그림3-15
On-line형 수문곡선[1]

▷▷ 그림3-16
Off-line형 수문곡선[2]

1), 2) 한국토지공사 단지설계처, 1999, 단지개발에 따른 저류지 설계 방안, p.9의 그림을 필자가 재가공한 것임.

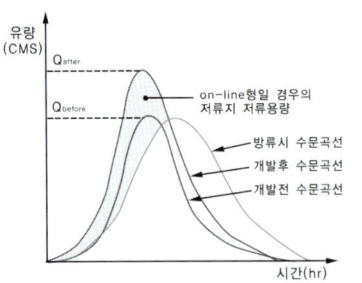

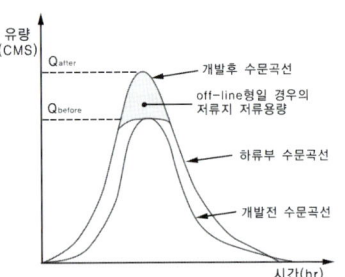

저류지를 공원화 하기 위해 가장 중요한 시설은 안전방재시스템이다. 이를 위해 중앙감시실을 마련하여 녹지 내의 모니터 및 원격 측정데이터 통신장치에 의해 각 수문 및 각 지역의 경보설비를 원격 조작할 수 있도록 한다. 또한 주변 환경을 고려하여 탈취설비와 수위계, 수문계도계, 유량계 등의 계측장비를 설치하여 저류지의 경보시스템과 연계한다. 공원시설 내에는 위험장소에 안내판을 설치하도록 하며,

▽ 그림3-17
일본 저류지 내에 설치된 감시탑 사례
(ⓒ변찬우, 2005)

▷ 그림3-18
관찰데크의 펜스 사례(ⓒ변찬우, 2005)

우리 풍토에 맞는 생태하천

이용객의 안전을 위해 난간이나 울타리를 조성하고, 관찰데크는 안전을 위해 스테인리스 스틸 난간을 설계한다. 야간의 안전을 위해 조명시설을 설계하고, 저류수심이 깊은 겸용부지에는 피난용으로 경사 1 : 2 이하의 계단을 설치하며, 저류지 공원의 퇴사, 안전, 수리시설 등의 관리를 위해 관리용 도로를 마련한다. 관리사무소, 화장실 등은 침수되지 않는 제방 쪽에 조성하는 것이 바람직하며, 이용객의 통제를 위해 제방에 출입문을 설계하는 것이 바람직하다. 전기관련 부품은 침수위 상부에 위치시키고, 쇄굴방지턱 및 완충시설을 설치하여 강우시 하천에서 유수 유입시 토사 등의 쇄굴을 방지하기 위한 콘크리트 단을 설계하여 완충역할을 하도록 한다.

◁ 그림3-19
제방 위의 관리사무소
(ⓒ변찬우, 2005)

△ 그림3-20
쇄굴방지턱 조성 사례
(ⓒ변찬우, 2005)

저류지 생태환경공원 구조의 유형구분과 도입시설 검토

저류지 생태환경공원 설계를 위한 적정 평면구조를 위해 필자는 브레인 스토밍brain storming과정을 통해 크게 세 가지로 진화시키면서 유형화하였다(그림3-21, a).

첫째, 기본형은 저류지 공원 평면구조 중 일본 등의 선진사례에서 보듯이 홍수빈도에 따라 A지역-B지역-C지역 순으로 저류순서를 다르게 두는, 단순히 홍수위와 이에 따른 공원 시설기능을 배치하는 구조이다(그림3-21, b). A지역은 지형적으로 가장 낮고 침수빈도가 높으므로 저류지, 연못, 호수 등으로 활용하며, B지역은 침수빈도가 잦지 않으므로 스포츠시설 등이 위치하고, C지역은 침수빈도가 드물어 적극적 이용시설로 활용한다. A지역의 예를 들면, 3~5년 빈도로 잦은 침수가 발생하는 저류지 공원 부분에는 침수에 비교적 안전한 공간으로 조성되어야 하며, 상시저류지 도입이 가능하다. 상시저류지와 연결된 친수공간으로서 샛강, 실개울, 친수공간 주변 산책로를 조성하고 주변 환경과 네트워크할 수 있는 자연형 습지, 습초지, 저류지, 생태연못 등을 조성한다. B지역 설계 예시의 경우, 10년 빈도로 침수되는 지역으로서 간헐적 침수에 대비할 수 있는 시설을 조성하고 소극적 이용공간으로서 스테인리스 스틸, 방부목재 등의 소재를 사용한 이용시설로 게이트볼장, 놀이터, 공원, 녹지(생태숲), 피크닉장, 자전거도로, 산책로 등을 도입한다. C지역 설계 예시의 경우, 30~50년 침수빈도 지역으로서 가장 침수빈도가 낮으므로 적극적 이용공간으로 활용한다. 그러나 침수 위험에 노출되어 있기 때문에 방부소재를 사용하고 이용객을 위한 대피시설, 안내시스템 등을 구비하고, 주차공간, 체육공간, 야외광장, 야외무대, 자전거 도로 등을 도입한다. 저류지 공원에서 침수시 상대적으로 안전한 구역인 제방은 침수시 위생문제를 일으킬 수 있는 상하수도관 및 화장실, 관리실 등을 조성하는 것이 바람직하며, 배수갑문을 도입한다.

둘째, 응용형 평면구조로 기본형에서 변화되어 좁은 부지에 조성가능하도록 그 배치를 기존의 병렬 구조에서 재배열, 중첩시키며 토지효율성을 높일 수 있도록 하였다(그림3-21, c). 주로 on-line형에서 사용되며 저류용량을 극대화하기 위해 장방형 또는 저류지 대상지의 구조에 맞게 배치한다. A지역은 저류시설, B지역은 휴게 및 스포츠시설, C지역은 공원시설로 활용되지만 그 배치가 효율적인 기능을 갖게 한다.

셋째, 생태공원형으로 저류지 공원을 생태연못이나 생태공원으로 활용하기 위한 유형으로 저류지 및 생태연못의 형태를 유기적으로 조성한다(그림3-21, d). A지역은

그림3-21
저류지 공원 평면구조의 설계지침
연구개발(변찬우, 2005)

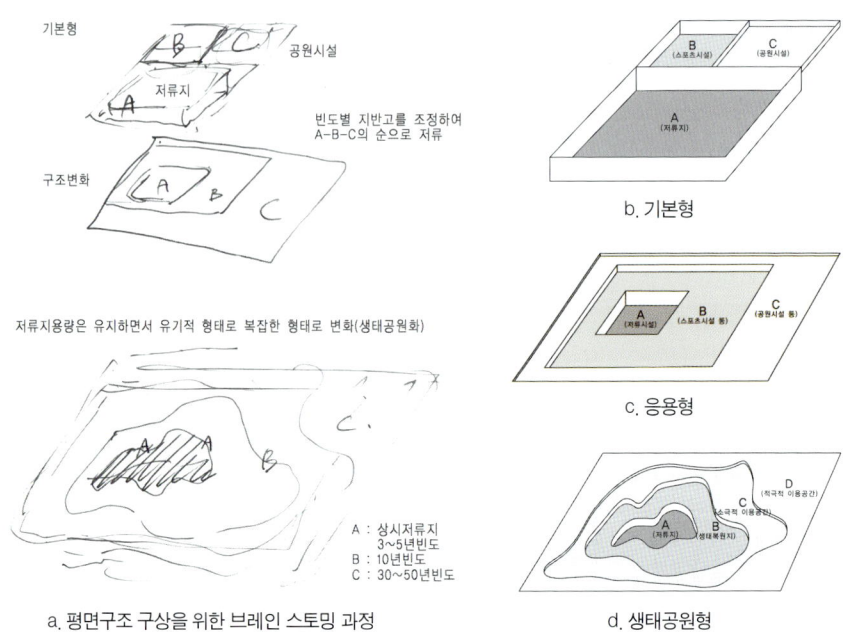

상시저류지로 활용하고, B지역은 수변식생대 및 생태복원지를 조성하며, C지역에는 운동시설이나 휴게시설 등 소극적 이용시설을 배치하며, D지역은 적극적 이용공간으로 활용한다. 이 유형은 인근 녹지축과도 자연스럽게 연계될 수 있고 주변 수체계에도 유연하게 연계시킬 수 있다. 따라서, 저류지 생태환경공원의 평면적 구조를 필자가 제시한 위의 세가지 유형을 독립적이거나 병행해서 설계하면 바람직할 것으로 보인다.

저류지 생태환경공원 설계를 위한 평면과 단면구조의 유형구분

앞서 검토된 저류지 생태환경공원 설계를 위한 평면적 구조와 연관지어, 그 단면 구조에 대한 설계모형 지침을 다음과 같이 제시 할 수 있다. 우선, 평면적 구조의 유형을 발전시키기 위해 필자는 브레인 스토밍brain storming 과정을 통해 면적확장 형태와 생태적 연못을 위한 유기적 형태로 구분하였다(그림3-22). 공원시설을 위한 면적확장 형태는 저류지의 필요용량을 일정량 수용하되, 면적을 확대하여 공원화할 수 있는 형태로 저류지에는 1.0m 이상의 깊이를 가지고 수생식물을 도입한 상시저류지의 open-water 구간 조성이 가능하다. 이 때 저류용량 산정, 확장가능면적, 저류지 공원 부분별 시설물 도입에 관한 고려가 필요하다. 생태적 연못을 위한 유기적 형태는 저류지 공원을 생태적 연못으로 조성하기 위해 단면구조가 완만한 경사를 가진 유기적 형태의 자연형 연못 구조를 띄고 있으며, 1.0m 이상의 깊이를 가지는 open-

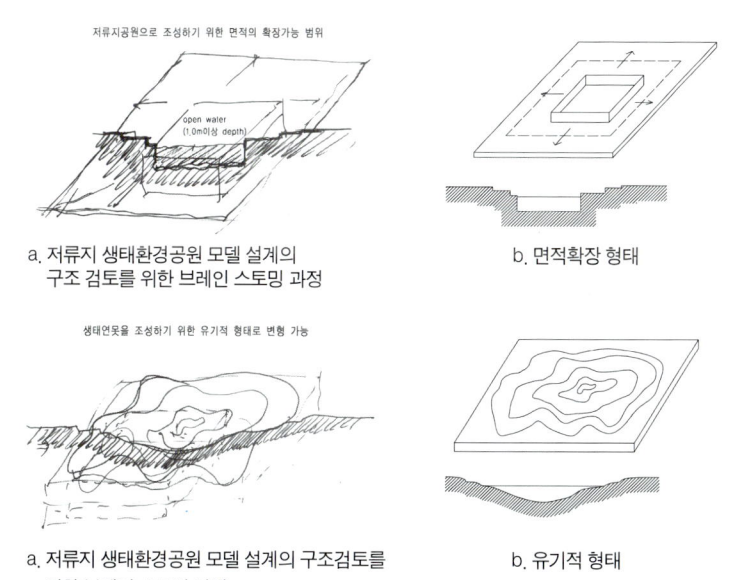

a. 저류지 생태환경공원 모델 설계의
   구조 검토를 위한 브레인 스토밍 과정

b. 면적확장 형태

a. 저류지 생태환경공원 모델 설계의 구조검토를
   위한 브레인 스토밍 과정

b. 유기적 형태

그림3-22
저류지 생태 · 환경공원 시설을 위한 면적확장 형태 및 그 평면 · 단면 구조의 모형 연구개발(변찬우, 2005)

유형명	주요 특징	단면 구조 예시
인공호안형	• 좁은 부지 내에서 방재기능을 위한 인공호안조성 형태	인공호안 / 인공호안
다단형	• 홍수빈도별로 이용면적을 확보할 수 있도록 다단형태로 조성	다단 / 다단
수직호안-다단 혼합형	• 좁은 가용부지를 활용하고 이용성을 극대화하는 방법으로 한쪽면은 수직호안, 다른면은 다단형태로 조성	수직호안 / 다단
수직호안-자연형 혼합형	• 좁은 가용부지를 활용하고, 생태적 측면을 극대화 하는 방법으로 수직호안과 자연호안을 복합적으로 사용하는 형태	수직호안 / 자연호안
자연호안형	• 저류지 호안을 자연적 형태로 조성하여 생태복원, 생물서식처 조성 등을 가능하게 하는 형태	자연호안 / 자연호안
중도조성형 I	• 자연호안형의 변형으로 저류지 가운데 중도를 조성하여 조류서식 및 식생대 조성 등 생태적 기반형성 가능한 형태	자연호안 / 중도 / 자연호안
저습지형	• 자연호안형의 변형으로 호안에 수심 0.3~0.6m의 저습지를 조성하는 형태 • 방재기능을 수행해야 하므로 한쪽 호안에 적용하는 것이 바람직	자연호안 / 저습지
중도조성형 II	• 자연호안형의 변형으로 저류지 가운데 중도를 두 개 이상 조성하여 조류서식 및 식생대 조성 등의 효과를 증대시킨 형태	자연호안 / 중도 / 중도 / 자연호안

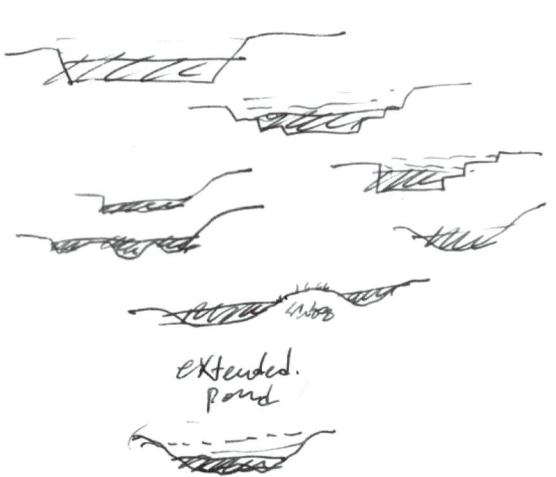

110

water 구간을 조성하여 수변호안으로 수생식물의 식재가 가능하게 만들었다.

저류지 생태환경공원의 단면구조를 설계하기 위해 저류지 생태공원의 부지면적과 주변의 녹지체계 연계, 수체계 연계 상황에 따라 〈그림3-23〉에서와 같이 브레인스토밍brain storming 과정을 거쳐 다양한 형태로 구분하여 보았다. 방재기능을 위주로 한 인공호안형, 다단형, 수직호안-다단호안형과 자연적 형태로 계획하여 상시저류연못을 조성할 수 있는 자연호안형, 저습지형, 중도조성형 I , 중도조성형 II 등 다양한 호안으로 구분할 수 있으며, 여건에 따라 각 호안의 조합이 가능하다(표3-4). 호안부는 친환경소재로 마감하며, 침수시 부유되지 않고 물에 쓸려 내려가지 않도록 돌망태, 자연석, 식생마대 등 고정될 수 있는 재료를 사용하도록 한다. 상시저류지 호안湖岸부는 정수식물이 생육하고 양서파충류 등의 이동통로이며, 수서곤충류, 어류 등의 서식장소로 활용되므로 바닥의 형태와 깊이, 경사, 도입 재료 등을 다양하게 조성한다.

저류지 생태환경공원의 생태적 기반

저류지 생태환경공원의 생태적 기반을 확보하기 위해 개발지역 내 기존 수자원(호수, 하천, 연못, 습지, 개울 등)과 녹지(산림, 구릉지, 초지 등)는 적극적으로 보전하고 복원하는 것이 바람직하다. 대상지와 그 주변의 녹지체계와 수체계 네트워크를 조성하여 생물서식

그림3-24
생태네트워크로서의 저류지 개념

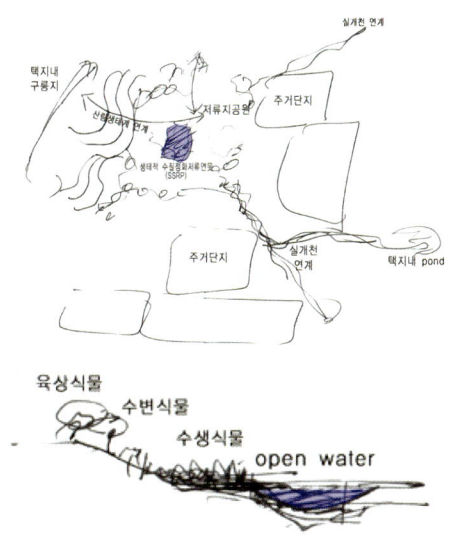

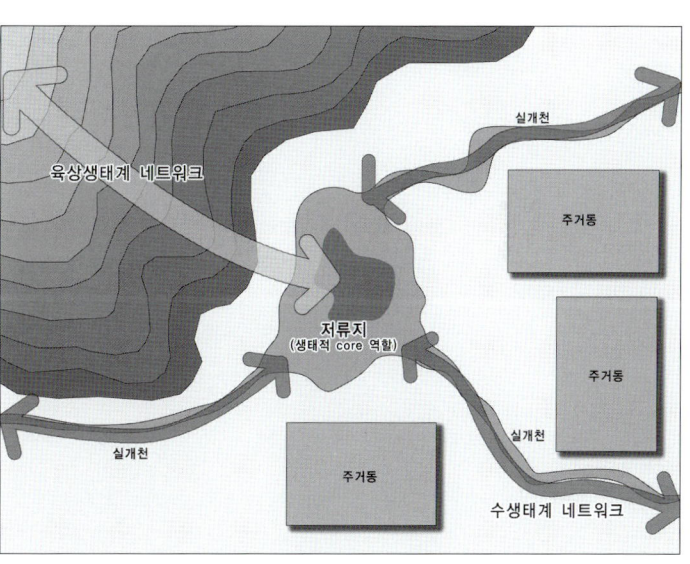

a. 택지지역내 저류지 생태환경공원 계획, 설계에 관한
브레인 스토밍 과정(변찬우, 2005)

b. 단지 내 생태네트워크 구상도

처, 도시생태거점, 도시환경 개선, 경관 개선 등의 생태 환경적 기능과 레크리에이션, 관찰, 학습(교육), 체험 등의 이용적 기능이 수행되도록 설계한다. 〈그림3-24〉에서는 저류지가 단지 내 생태네트워크로 연결되는 브레인 스토밍brain storming 과정을 통해 기존 수림대와 육상생태계로 네트워크되고, 단지 내에서는 실개천으로 수생태계가 네트워크될 수 있도록 설계 방안을 제시하였다.

저류지 생태환경공원의 식재설계 방안

'지속가능한 신도시계획기준'에서는 생태적 환경조성을 위해 생태적 식재계획에 관한 지침을 마련하였고(건설교통부, 2005), '도시공원 내 저류시설의 설치 및 운영지침' 제196조에서는 빗물저류로 인하여 침수되거나 건조한 경우에도 견딜 수 있는 식생으로서 수생식물·습지식물·건생식물군으로 조성하고 초본류·관목류·교목류를 적절히 혼합하여 야생동물의 서식환경을 다양하게 제공하도록 할 것을 규정하고 있다(건설교통부, 2000). 필자는 이를 바탕으로 생태적 식재계획을 마련하였다. 먼저 식재 후 녹지는 각종 야생동물의 서식지biotop로서 가능하므로 생태환경조사를 통해 조류, 곤충류, 파충류, 양서류, 어류의 생태를 먼저 파악하고 서식환경을 고려한 식재설계가 되어야 한다. 생물서식처로서 도시 내 도입 가능한 곤충류와 양서류,

표3-5
저류지 공원 도입권장 수목

성상	내습성	호습성	근계성	식재권장 수목 우선 수종	식재권장 수목 보조 수종
교목	강함	강함	심근성	왕버들, 물푸레나무	메타세쿼이어, 회화나무, 때죽나무
			중근성		전나무, 귀룽나무, 청단풍
			천근성	버드나무, 능수버들	-
	보통	보통	심근성	느릅나무, 양버즘	느티나무, 신나무, 피나무, 모감주나무, 이팝나무, 감나무
			중근성	팽나무	뽕나무
			천근성	자작나무, 서어나무	오리나무, 붉나무
관목	강함	강함	-	갯버들, 눈갯버들, 키버들	수수꽃다리, 영산홍, 진달래, 자산홍
	보통	보통	-	꼬리조팝	조팝나무, 개나리, 찔레, 앵도, 줄사철, 명자나무
초화류	강함	강함	-	털부처, 금불초, 왕원추리, 물억새	벌개미취, 범부채, 옥잠화, 층꽃
	보통	보통	-	쑥부쟁이, 패랭이, 꽃창포, 부채붓꽃, 노랑꽃창포, 노루오줌, 붓꽃	구절초, 꽃향유, 비비추, 섬기린초, 영춘화, 수호초

*한국토지공사(2004) 재인용

우리 풍토에 맞는 생태하천

파충류, 조류의 서식처 조성기법을 도입하여 다양한 생물이 서식할 수 있는 소생물 서식처biotop를 조성한다(변찬우, 2001). 또한 녹지의 종 다양성을 높이고 단위면적당 임목축적량을 높이기 위해서는 다층적 식재구조가 요구된다(서울시정개발연구원, 2004). 특히 도시열섬현상을 완화시키고, 방풍림이나 방재림 등의 기능을 수행하기 위해서는 층고를 달리하여 다층식재를 하는 것이 바람직하다.

저류지의 생태계는 침수와 건조가 교대로 나타나는 환경적 특성이 예상된다(한국토지공사, 2004). 저류지 공원의 식재식물은 내습성, 내건성이 강하며 침수 후 재생력이 강하고 공원의 기후, 지하수위 변화, 토양조건에 적합한 수종을 선정하는 것이 바람직하다(표3-5). 따라서 특히 저류지 공원의 식재는 저류지 유입수의 흐름 및 유속과 침수빈도 및 체류시간 그리고 저류지의 구성 방식, 식생유형 및 저류지의 환경 특성 등을 고려하여 식재 설계하여야 한다. 저류지 생태 · 환경공원이 되기 위해서는(생물 서식처나 경관향상을 위해) 생태적 특징을 고려함과 동시에 상시저류지의 정체수역에서 발생될 수 있는 생태적 수질정화습지의 시스템 도입이 필요하다. 단, 이 경우에 있어서도 도시 및 택지내 비점오염부하량이 예측치 보다 더 많이 유입될 경우는 습지 식재를 하더라도 녹조발생 등 혐오시설이 될 수 있으므로, 반드시 생태적 수질정화 기능이 검증된 습지시스템을 도입해야 할 것이다.

생태보전 · 복원계획 및 수환경 유지관리방안

저류지 생태공원 설계를 통해 도시의 단지개발로 인해 축소되고 훼손된 생태계를 보전하고 복원할 수 있다. 따라서 저류지 생태공원을 통한 생태보전 · 복원계획은 대상지의 환경과 생태조사를 통해 현황을 파악하여 목표종이나 중추종을 설정하고, 이들의 서식처를 특성에 따라 조성하도록 한다(변찬우, 2001). 특히 상시저류연못은 생태복원에 중추적인 역할로서 다양한 생물서식처와 함께 수환경을 유지할 수 있도록 설계한다.

저류지 생태공원을 조성한 사례에서 상시 저류지 유지관리의 가장 큰 문제는 수질이다. '도시공원 내 저류시설 설치운영지침' 제18조에서 '수질관리는 수생식물에 의한 수질정화를 원칙으로 하고, 지역특성에 따라 적합한 수질정화방법을 도입'하도록 규정하고 있다(건설교통부, 2000). 그러나 국내 사례 중 상시저류연못이 조성된 저류지 공원에 수질악화문제가 발생하고 있으며, 이에 대한 상시저류연못의 수질관리방안이 필수적으로 마련되어야 한다. 북미에서는 우수처리를 위해 인공습지 저류지를 조성하였고, 우수한 수질정화효과를 보이고 있다(Hammer, 1990). 저류지 생태공원의 수질관리방안으로 생태적 수질정화뿐만 아니라 생물서식처, 친수공간, 환경교육공간, 경관향상 기능을 국내여건에 맞게 복합적으로 수행할 수 있는 생태적 수질정화 비오톱-SSB: Sustainable Structured wetland Biotop 시스템을 도입하였다(그림3-25). SSB공법은 환경부 최초의 점·비점오염원 수질정화 시범사업에서 도입된 이래로

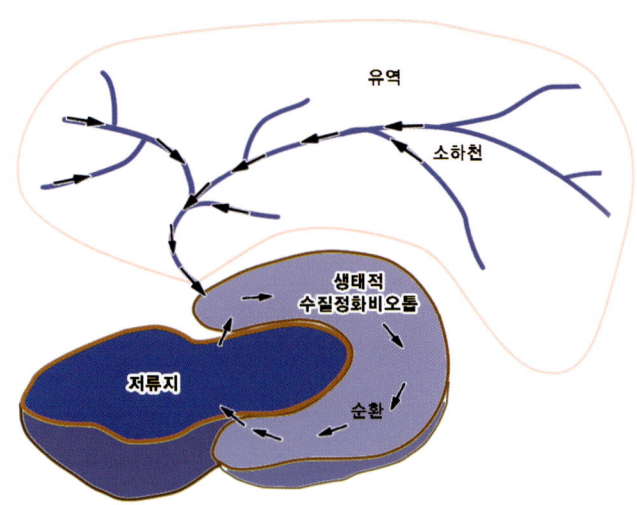

그림3-25
생태적 수질정화 비오톱의
비점오염원 처리모형(변찬우, 2005)

1) 2001년 생태적 수질정화 비오톱 시스템으로 설계, 적용된 주암호 인공습지 Bio-Park의 경우, 설계시 목표처리효율은 BOD 50%, T-N 50%, T-P 40%였으나, 조성된 2003년 2월부터 6월까지의 처리효율 모니터링 결과(환경관리공단), BOD 55.9%, T-N 59.9%, T-P 76.4%, SS 68.1%의 성과를 나타내었다. 또한 생태복원과 생태공원으로서 모범사례로 꼽혀 인공습지 견학 및 자연학습, 휴식공간으로 이용되고 있다. 그 이후 저류지 생태환경공원, 생태하천, 하수종말처리수 재활용 사업 등에 다양하게 적용되어 성공적 기능이 도출 되고 있다.

그 처리효율 등[1]이 여러 곳에서 검증된 바 있는 국가 공인된 신기술로서, 수생식물에 의한 다단계셀 구조의 수질정화 기능뿐만 아니라, 생물서식처 및 생태공원화 할 수 있는 국내원천기술 시스템(변찬우, 2005)이므로 본시스템을 실제 영구저류지에 적용하였다. 그 결과 저류지 생태공원의 수질관리는 평상시(비강우시)에는 상시저류수의 수질정화가 되도록 하고 강우시에는 〈그림3-25〉와 같이 초기강우에 포함되어 있는 인근 유역의 비점오염원을 수질정화하는 저류지 생태환경공원 시스템을 조성할 수 있었다. 저류지 내부의 생태적 수질정화 비오톱 시스템 계획시 유입수량과 유출수량 및 체류시간을 고려하여 단계별로 수량을 계획하며 유입수의 수질을 측정하여 처리효율을 산정하도록 한다. 저류지 내 생태적 수질정화 비오톱 시스템의 배치방안은 다음과 같이 예시할 수 있다(그림3-26).

대규모 저류지의 경우 on-line형이 대부분이므로 상시저류가 가능한 on-line형 저

그림3-26
저류지 공원 내 생태적 수질정화
비오톱 배치예시도

우리 풍토에 맞는 생태하천

◁ 그림3-27
생태공원에 조성한 생태적 수질정화
비오톱 예시(LEED, 2006)

△ 그림3-28
친수공간으로 활용되는 생태적 수질
정화 비오톱 예시(LEED, 2006)

류지공원의 생태적 수질정화 비오톱을 수변에 조성하여 수질을 정화시키고 생태복원 기능을 갖도록 한다. 유입수량, 유입수의 수질, 체류시간, 목표수질, 유황 등을 고려하고 강우빈도와 강우량에 따른 유입수량의 변화를 고려해야 한다. off-line형 저류지 공원의 생태적 수질정화 비오톱 시스템은 개발유역의 하수처리수, 우수 등을 상시저류지의 유지용수로 활용한다. 이 경우, 비점오염원의 유입이 많아지므로 생태적 수질정화 비오톱으로 유역 내 하수처리수의 2차 처리 및 우수를 정화시킨다. 저류지 면적이 소규모일 경우, 생태적 수질정화 비오톱은 규모에 맞는 소단형, 선형 등으로 계획하고 소생물서식처, 친수공간, 생태적 수질정화 및 경관향상 등의 기능을 수행하도록 한다(변찬우, 2005b).

또한 생태적 수질정화 비오톱 조성을 통해 단지 내 생태 네트워크의 거점ecological core으로서의 역할과 어류, 양서 · 파충류, 조류 서식처 등을 조성하여 적극적인 생태복원지와 환경교육의 장으로 활용이 가능하다(그림3-27, 3-28).

저류지 생태환경공원 설계모형 개발의 의의 및 제언

지금까지 저류지 생태환경공원 설계모형 개발의 일환으로서 기존의 재해방지 기능의 저류지를 생태환경공원으로 계획, 설계하는 방안을 제시하고자 설계방향과 구조 및 시설 유형을 구분하였고, 저류지 생태환경공원 설계를 통한 생태보전 · 복원과 상시저류지의 수환경유지관리 방안을 제시하였다.

그 결과 국내외 사례를 통해 복합적 토지이용을 위한 효율성, 방재를 위한 기능성, 초기강우 비점오염원의 생태적 수질정화, 생물서식처 조성을 통한 생태성 확보 및 경관성을 고려한 저류지 생태환경공원 조성의 방향을 제시할 수 있었다. 저류지

△ 그림3-29
물이 유입되는 구간의 연못가 데크

▷ 그림3-30
물이 유입되는 구간의 소규모 연못

생태환경공원의 평면·단면 구조의 유형구분을 통해 좁은 면적의 저류지의 면적을 확장하는 형태와 유기적 형태 등 2가지 평면유형과 8가지의 다양한 단면구조로 구분하여 저류지 공원의 현황에 따라 다양하게 구조를 조합하고 응용하여 설계할 수 있다. 저류지 생태환경공원의 도입시설은 저류지의 홍수빈도에 따라 구분하여 안전 방재 시스템과 공원의 역할이 조화를 이루도록 해야 하며, 생태적 거점으로서의 역할을 수행할 수 있도록 상시 저류지를 조성해야한다. 저류지가 생태환경공원의 역할을 하기 위해서는 단지내·외 녹지체계와 수체계에 대한 생태네트워크의 거점으로 조성할 수 있도록 해야 하며, 저류지의 생태적 환경에 적합한 식물을 선정하여 다층구조로 식재설계 하는 것이 바람직하다. 상시 저류지는 소생물서식처로서 목표종 또는 중추종을 선정하는 등 체계적인 생태보전·복원 계획이 필요하다. 상시 저류지 유지관리의 가장 큰 문제인 수질환경 개선을 위해서 필자는 생물서식처, 친수공간, 환경교육공간, 경관향상 기능을 제공하면서도 생태적으로 수생식물을 이용하여 다단계로 수질정화하는 생태적 수질정화 비오톱이라는 검증된 시스템 도입을 제시하였다.

최근 저류지 관련설계 실무분야에서는 친환경 설계에 관한 시대적 요구가 많으나 우리나라에서 모델이 될 만한 저류지 생태공원 조성사례는 부족하다. 따라서 여기서 소개하는 내용들이 저류지를 생태공원으로 설계하려는 설계자들에게 기초적인 틀을 제공하였으면 하는 바람이다. 추후 실제 사례를 수행하면서 각기 다른 대상지의 현황 및 여건에 따른 저류지 생태공원 조성방안에 대한 세부적인 설계모형이 몇 가지 유형으로 연구개발 되어야 할 것이며 저류지 생태·환경공원의 특성에 맞는 시설 및 공법개발이 이루어져야 할 것이다. 더 나아가 설계시에 생태환경적 기초

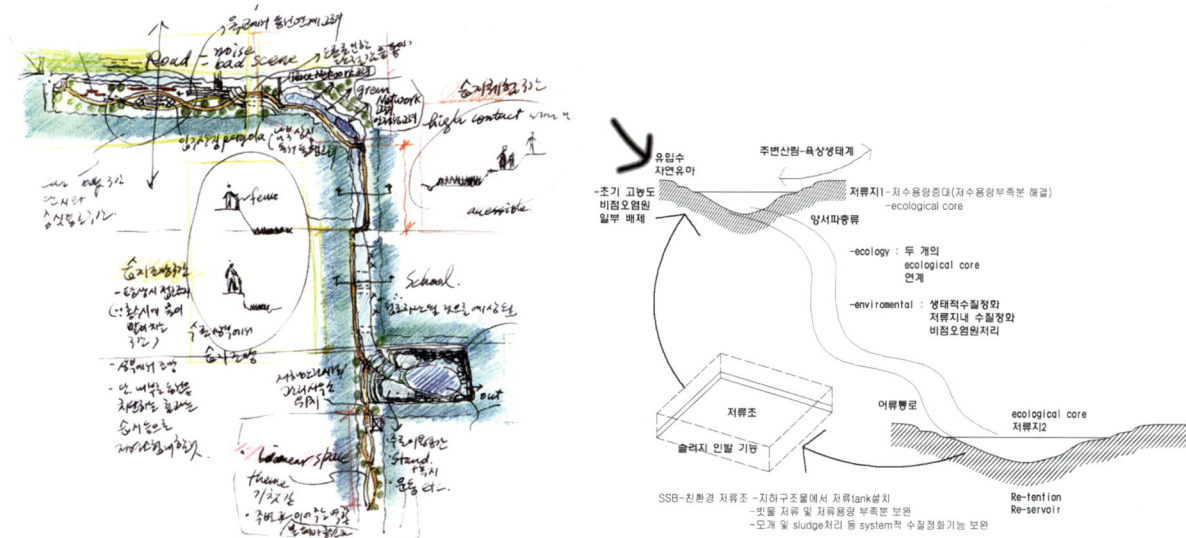

◁ 그림3-31

방재 기능 + 생태복원 + 생태적 수질
정화 + 친수 및 경관성 향상을 위한
저류지 조성을 위한 Schematic
Design(변찬우, 2005)

△ 그림3-32

택지 내 유역분담형 저류지의 물순환
체계(변찬우, 2005)

2) 현재 실험적 조성단계이므로 지면
상 공개는 추후 발주처를 통해서 하
는 것이 바람직할 것으로 판단되어 S
저류지라고만 명칭함

조사와 생태환경복원시공이 될 수 있는 여건이 마련되어야 하며, 모니터링 후 유지
관리에 관한 합리적인 방안이 마련되어야 할 것이다.

유역 차원의 융복합적 복원을 위한 생태 · 환경저류지 조성 :
저류 및 방재, 생태적 수질정화, 생태복원, 친수 · 경관적 기능의 융복합

서울시 양천구 택지개발지역 일원에 조성중인 S저류지[2]는 단지 내 우수 유출량 저
감을 위한 영구저류지 조성시 복합적 토지이용을 통한 효율성 제고와 방재기능 향
상, 초기 강우 비점오염원의 생태적 수질정화, 생물서식처 조성을 통한 생태복원,
매력적인 공원으로서의 경관성을 고려한 근린공원 및 저류지 생태공원 조성을 목적
으로 유역차원에서 택지내의 생태환경공원의 핵심지역으로 조성되었다.

특히, 저류지 기능과 생태복원, 생태적 수질정화 및 친수환경공원의 기능을 복합

그림3-33

택지 내 저류지 생태공원 복원시공
사례 사진(2010)

적으로 수행하는 저류지 생태환경공원으로 조성하기 위해 다음의 네 가지 사항을 중심으로 계획·설계·시공하였다.

첫째, 생태적 저류지로 조성하기 위해 단지 내 발생유량 산정, 수리·수문적 검토를 바탕으로 안정적인 저류기능의 수행뿐만 아니라 주변 생태계와 조화를 이룰 수 있도록 계획하였다.

둘째, 단지 내 뿐만 아니라 사업대상지가 속해 있는 유역차원에서 발생하는 점·비점오염원과 초기강우 비점오염원의 효율적 제거를 위해 검증된 생태적 수질정화 비오톱SSB 시스템을 활용하였다.

셋째, 지속가능한 생태복원을 위해 단지 내 수체계blue network와 녹지체계green network를 보전하는 핵심공간으로 저류지 내 다양한 수생식물군락 및 소생물서식처biotop, 생태복원사면 등 생태복원 시설과 방안을 도입하였다. 특히 최근 단지개발과정에서 발견된 환경부 멸종위기종(멸종위기야생동·식물 2급)을 목표종으로 하여 서식처를 조성하였다.

넷째, 맑은 물이 흐르고 생태계가 살아나는 격조 높은 친수환경공원으로 조성하고, 환경적 영향environmental impact을 저감한 상태에서 비강우시 주민들의 휴식공간, 운동시설, 수변친수공간 등으로 이용할 수 있도록 하였고. 강우강도에 따라 저류공간을 단계별로 운용하여 효율적 저류기능 수행과 이용객의 안전을 확보할 수 있는 공간으로 조성하였다.

3. 거대한 새만금의 저류지 생태·환경용지

2006년 4월 21일 새만금 방조제의 물막이 공사가 완료되면서 새만금사업이 본격적인 궤도에 올랐다. 새만금사업 추진은 2006년부터 2011년까지 내부간척사업, 2011년 이후부터 관광과 산업, 물류단지 등 복합용지로 개발할 계획이다. 그러나 지난 15년의 기간 동안 지루한 법적공방 속에서 과업이 지연되어 온 주된 원인은, 대규모 개발사업에 있어서 지금까지와는 다른 친환경적 개발이라는 패러다임의 변화와 더불어 새만금사업의 수질문제, 농지조성 타당성 문제나 갯벌의 환경적 가치, 해양환경 변화 등과 같은 환경문제에 대한 비전제시 부족과 실천력 부재에 있다. 이제 모든 개발사업은 경제성 등을 고려한 효용성은 물론, 환경성을 동시에 추구해야 한다.

필자는 새만금 간척지의 친환경개발을 위해 정부 후속세부실천계획(2001. 8)에서 제시한 '환경용지(약 3,000ha)'에 대한 친환경적 활용방안에 관해 2005년부터 2년간의 연구 과제를 수행하면서 새만금 사업에 발을 들여놓게 되었다. 그리고 최근 이전의 농지위주 개발에서 다목적 개발로의 전환을 제시하는 새로운 계획안들이 마련되고 있다. 방대한 자연지역인 새만금 환경용지는 동진강과 만경강을 사이에 두고 간척지의 저지대와 방파제, 방수제로 둘러싸인 간척지 내륙의 저류지 기능을 한다. 저류지를 포함한 환경용지는 새만금 전체대상지(40,100ha)와 그 주변 유역을 생태 환경적으로 연계할 수 있다. 이러한 환경용지야 말로 친환경생태복원의 메카가 될 수 있는 곳이다. 이번 절에서는 환경용지를 둘러싼 새만금 간척지 전체 대상지의 생태환경적 특성과 토지이용방향을 짚어보고, 환경용지의 친환경적 활용방안을 중심으로

◁◁ 그림3-34
Oostvaardersplassen
자연생태공원 자연보전구역

◁ 그림3-35
자연지역 관찰, 학습

해양생태계와 연계된 하천 주변의 초대형 규모 저류지의 생태환경적 복원방안과 더불어 대규모 국책사업인 새만금 사업의 생태환경적 비전을 제시하고자 한다.

새만금 간척지의 생태환경적 개발

새만금은 만경강과 동진강이 합류하는 군산과 부안 앞바다에 방조제, 방수제 등으로 둘러싸여 40,100ha에 달하는 간척지가 될 예정이었다. 2006년 당시 필자가 주로 연구하는 대상지는 새만금 간척지 전체에서 3,000ha 규모의 환경용지이다. 환경용지의 생태환경적 활용을 위해서는 그 상위계획으로서 간척지 전체의 생태적 토지이용계획이 선행되어야 한다. 그러므로 필자는 환경용지의 생태환경적 비전을 제시하기 이전에, 새만금 간척지의 친환경적 개발 방향을 가볍게나마 짚어 보고자 한다.

표3-6
기존의 간척지 특성과 새만금 간척지 방향 모델간 비교검토(변찬우, 2005)

구분		기존의 간척지 특성	바람직한 간척지 방향 모델
물리적 측면		바둑판 모양으로 획일적인 형태	유기적 형태로 다양함
환경적 측면	생태성	비생태적임 지형-기존지형 무시, 단조로움 생물상-단편화, 파편화 지질-주변맥락, 땅의 역사 고려 안함 Edge-다양성 미흡, 단거리로서 ecotone 고려 안함	생태적임 지형-기존지형 유지, 다양한 지형 생물상-다양하고 복잡함 지질-주변맥락, 땅의 역사 등 고려함 Edge-다양성 높음, 장거리로서 ecotone 고려함
	연계성	주변의 자연성과 단절	주변의 자연성과 연계되어 천이가능
	경관성	경관 불량, 인공적임	경관 양호, 자연적임
시간적 측면	자연형성과정	자연적 형성과정에 인위적 개입으로 단절시킴	인위적 개입을 최소화하여 자연형성 과정 유지
	역사성	주변지역의 역사성 무시되고 단절	주변지역의 연장선상 역사성을 가짐
기능적 측면	기능성	단일기능	다양한 기능 추구
	수질문제	수질악화 우려	생태적 수질정화 기능
	토지이용	토지이용의 단조로움	토지이용 다양
대표사례			

일반적으로 기존 국내외에 조성된 간척지는 갯벌을 메우는 등 해양생태계를 파괴하고 바둑판 모양의 획일적인 이미지에 단조로운 토지이용을 가진 것으로 인식된다. 그렇지만, 새만금 간척지는 기존지형의 변형을 최소화하여 유기적 형태의 토지이용을 계획하며 생태보전 · 복원 계획을 통해 조성되어야 할 것이다(표3-6). 또한 새만금 간척지는 시간의 흐름에 따라 변화하는 자연형성과정natural process을 토대로 친환경적으로 계획되는 것이 바람직하다. 필자는 새만금 전체부지의 친환경적 토지이용계획을 〈그림3-36〉의 Schematic Design에서 제시해 보았고, 각기 세부 권역별 친환경적 활용구상은 〈표3-7〉에서와 같이 제안해 보았다. 해상생태계와 육상생태계를 연결하는 매개체로서 새만금 간척지의 생태적 맥락 속에서, 각 권역별로 들어가면

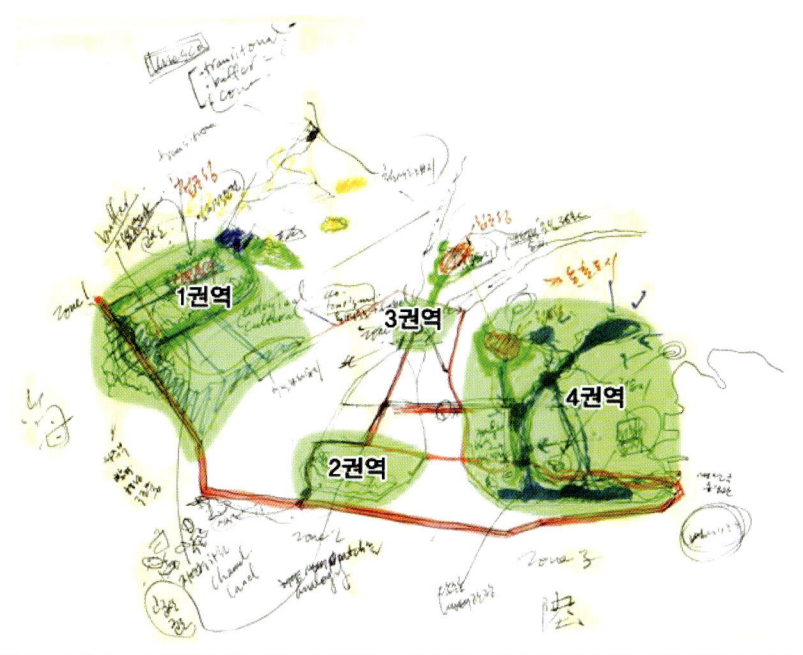

그림3-36
새만금 간척지의 친환경적 토지이용에 관한 Schematic Design
(변찬우, 2005)

표3-7
각 권역별 친환경적 활용구상 방향

1권역 : 해양관광 권역
◉ 해양생태계와 연계된 생태적 창출, 복원 ◉ 기수역 조류서식처 및 담수습지 조성 ◉ 세계적 해양생태관광지로 이용

2권역 : 생태적 보전 권역
◉ 독립적 Island 유형으로 간척지만의 자연을 보전할 수 있는 환경용지 ◉ 방조제 외측 섬의 형상 유추

3권역 : 육상생태연계 권역
◉ 부안군 및 변산반도의 지역성을 가진 지역 ◉ 생태공원 조성과 자연형 수로 조성 ◉ 부안군 내부 지형유추

4권역 : 환경연계 권역
◉ 대상지 중심에서 각 권역과 연계 ◉ 새만금 간척지의 상징적인 공간으로 랜드마크가 될 수 있는 view point 조성

기존 해저지형과 해상지형, 방조제와 방수제 계획을 고려하여 저류지와 환경용지의 위치를 설정하였고, 이에 따른 환경용지의 생태적 복원 방안을 제시해 보았다.

환경용지는 새만금 간척지의 각 권역별 저지대에 위치하여 저류기능을 기반으로, 생물서식처 조성을 위한 생태복원 및 우수로 인해 쓸려내려오는 유역 내 비점오염원을 생태적으로 처리하고, 경관향상과 환경학습 공간을 위한 생태공원으로 조성되는 것이 바람직하다(그림3-37).

환경용지의 인프라 조성: 저류기능+생태적 복구

새만금 환경용지의 저류기능은 새만금 내부에서 발생하는 우수 등을 저류하고 홍수 시에 범람을 막는 완충 역할을 한다. 새만금 환경용지는 저류지의 기능이 우선시되어야 하므로 주변지대보다 낮은 위치에 조성되는 것이 바람직하다. 저류지의 규모와 담수용량은 간척지의 지반고ground level에 따른 토공량 변화 등 매립규모와도 관련되므로 경제성과도 연관된다. 필자는 새만금 환경용지의 친환경적 활용방안 연구를 수행하면서, 환경용지 내 저류지 배치나 친환경적 계획을 다음과 같은 과정을 통해 마련하였다.

〈그림3-38〉에서 보이는 대로 시간의 경과에 따라 열린 간척지 방조제 사이로 나타나는 현재까지의 수문적 특성과 해저지형의 변화에 따른 수심을 관찰하였다. 〈그림3-39〉에서 분석한대로 수심이 가장 깊은 곳을 중심으로 저류지를 포함한 환경용지를 배치하는 것이 바람직하다고 보았다. 필자가 분석해 본 현재 해저지형과 수심

우리 풍토에 맞는 생태하천

은 새만금 각 권역별로 다양하다. 그러므로 환경용지 내 조성될 저류지의 평상시 저수위 또한 다양화 될 수 있다. 새만금사업에서 제시되고 있는 저류지 수위 및 방조제, 방수제 내부 수위조절 수처리 방안 등은 이처럼 권역별로 대상지 특성을 읽어가면서 친환경적으로 계획하여야 한다. 그렇지 않고, 저류지 따로 간척지 따로 생태보전지역 따로 구분하듯이 획일적이고 단순하게 접근하면 환경적 측면에서나 경제적 측면에서도 많은 손실을 초래할 것이다.

그림3-38
2004년도 새만금 해저지형도

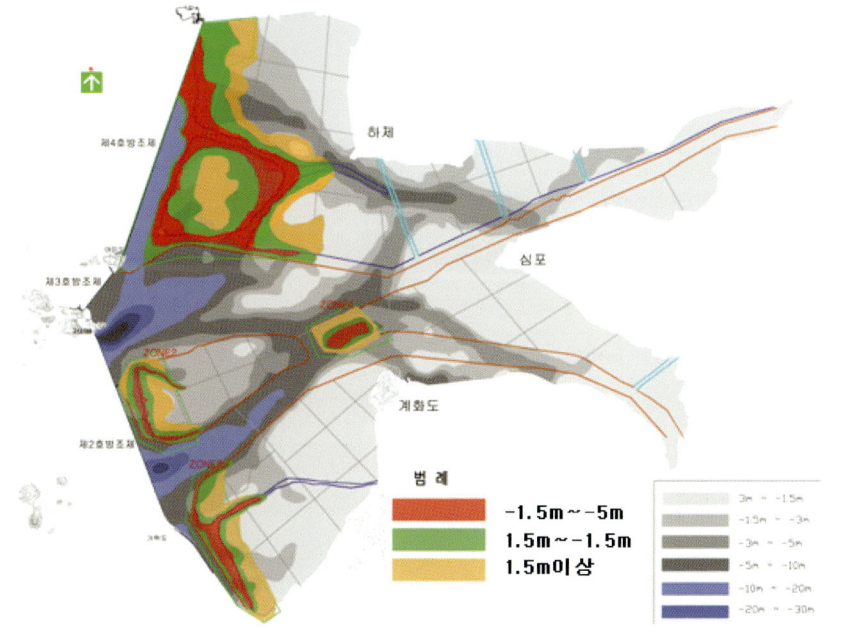

그림3-39
새만금 환경용지의 수심에 따른 지형 형성과정(제안)

〈그림3-40〉은 새만금 전체권역의 환경용지와 저류지의 조성위치를 제안한 것으로, 각 권역별로 조성규모, 위치, 수심 및 저류수위 등을 다르게 계획하였다. 그리고 새만금 4개 권역 중에서 중앙부에 계획 중인 2권역의 저류지 및 환경용지 형태와 단면을 상세하게 예시하였다. 〈그림3-40〉의 2권역 경우처럼 새만금 내 환경용지의

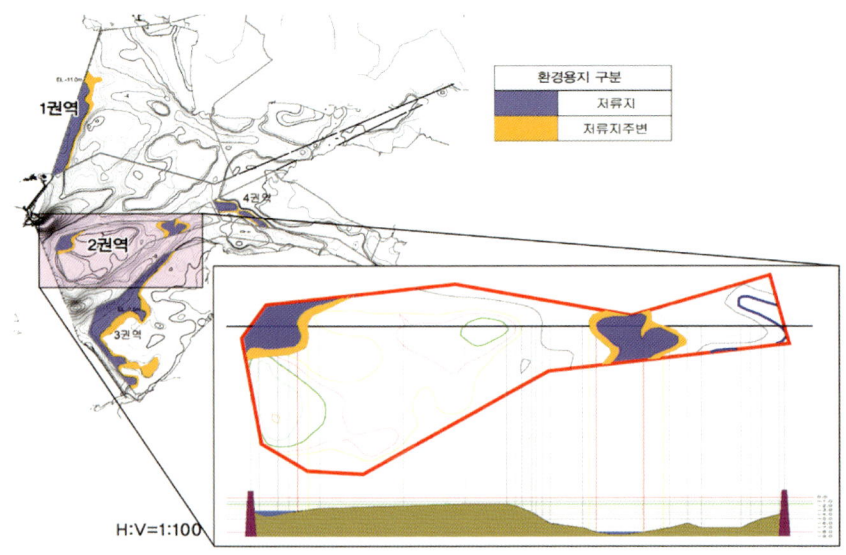

그림3-40
저류지를 포함한 환경용지의 배치 및
2권역 상세사례

풀망둑

몰개

미유기

그림3-41
새만금지구 어류 중추종 예시

저류지는 저류지의 지형형성과정을 고려하여 분산형태로 조성되는 것이 바람직하다. 간척지 전체 토지이용계획 수립 시에도 새만금지구 내 낮은 지대에 저류지를 포함한 환경용지를 먼저 배분하고, 현재 해저지형을 기준으로 나머지 토지이용계획을 수립하는 것이 바람직하다고 본다. 이렇게 분산된 저류지-환경용지는 생태적 핵심ecological core 지역으로 복구reclamation 할 수 있고, 이들을 생태네트워크ecological network를 통해 연결하면, 새만금지구 전체의 저류지 기능뿐만 아니라 생태적 다양성, 순환성 등이 높아지고 간척지의 매립규모도 최소화 할 수 있어 경제성도 증대시킬 수 있다.

특히, 방조제나 방수제와 간척지 경계edge and boundary를 생태적으로 조성하고 연계시켜 간척지 내에 생태적 가치를 향상·복원해야한다. 새만금 간척지의 생태환경 조사결과 선정된 중추종과 야생동물, 수서생물 등의 서식처가 되어야 하며, 환경적으로 수용범위 내의 탐방객들과 공생·공존하는 공간으로 조성되는 것이 바람직하다.

우리 풍토에 맞는 생태하천

생태공학적 접근

네덜란드 Oostvaardersplassen 자연생태공원에서는 간척지 위에 저류지를 조성하고 대규모 습지와 초지, 야생생물 서식처 등을 조성하였다. 저류지와 생태적 보전·복원 지역을 조화롭게 조성하여 친환경적 간척지 조성의 대표적 사례가 되었다 (그림3-42).

그림3-42
네덜란드 Oostvaardersplassen 자연
생태공원

새만금 환경용지는 저류지와 방수제 또는 방조제 주변, 그리고 특히 육지가 맞닿는 수위변동구간에 육상 생태계와 수생태계가 만나는 생태적 추이대ecotone가 형성될 수 있다. 이 구간은 생태적으로 보전가치가 높을 뿐만 아니라, 자연스럽게 습지를 조성한다면 우리나라 어디에서도 찾아볼 수 없는 생물들의 낙원으로 조성할 수 있다. 이를 달성하기 위해서는 계획단계에서부터 생태적으로 다양한 가치를 가지는 전략이 필요하며, 이를 위한 구체적 방안으로서 생태공학적 접근이 필요하다.

이를 위한 예시로서 우선 새만금 간척지 조성을 위한 지형적 측면을 예시해 보자. 대부분의 간척지는 앞의 〈표3-6〉에서 예시한대로 생태적·경관적으로 매우 단조롭고 평면적이다. 이러한 간척지 특성을 현재 형성된 지형형성과정을 분석하여 기존해저지형의 훼손을 최소화하면서 다양한 해안선을 조성하고 자연스러운 절·성토cut and fill를 통해 지형적 다양성topographic diversity을 실현한다. 균형 있는 지형 조작earth manipulating을 통해 생태적·경관적 다양성을 도모할 수 있다. 기존 해저지형의 훼손을 최소화하면서 생태공학적 접근을 통해 조성되는 간척지는 새만금 전체로 확대할 수 있고, 지형변화 최소화를 통한 엔트로피 감소라는 경제적 효과와 경관향상을 통한 관광효과는 물론 생태적 효과 또한 매우 크다(그림3-43).

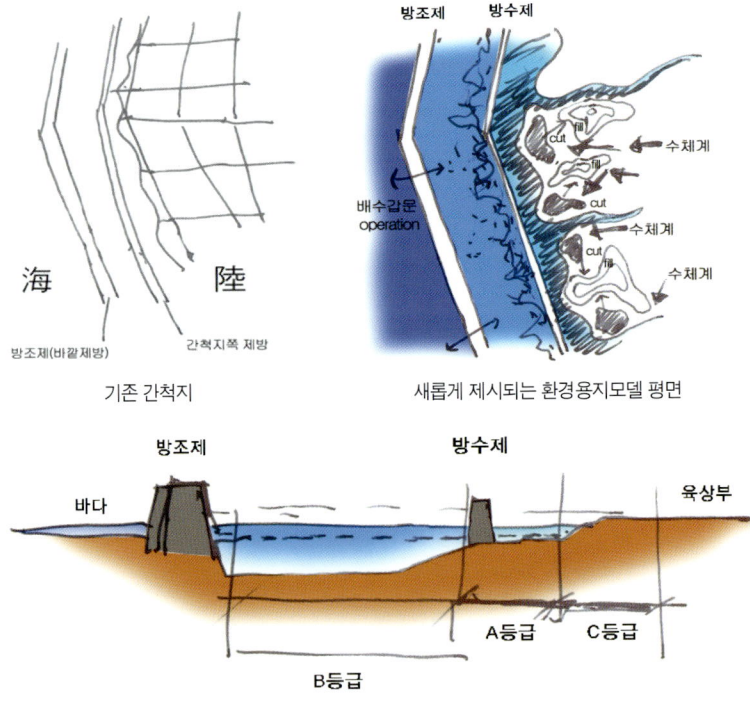

그림3-43
친환경적 이슈를 고려한 환경용지
모델 예시도(변찬우, 2005)

海　陸

방조제(바깥제방)　간척지쪽 제방

기존 간척지

방조제　방수제

배수갑문
operation

수체계

수체계

수체계

새롭게 제시되는 환경용지모델 평면

방조제　방수제

바다　육상부

A등급　C등급

B등급

현재 환경용지 단면에서 생태적 가치 구분 예시

생태적으로 지속가능하고 환경공학적으로 건전한 수질관리

새만금 환경용지 내 저류지는 저지대로서 육상부와 간척지에서 연계된 수로로 연결되어 있어 유역watershed 차원에서 발생하는 점·비점오염원이 최종적으로 집약되는 지역이다(그림3-44). 그 규모의 방대함으로 인해 저류지 전체를 화학적 방법이나 물리적 시설로 수질을 정화하기에는 경제적으로든 환경적으로든 많은 어려움이 따를 것이다. 그러므로 앞에서 제시한 바대로 생태적 지속성을 살려서 친환경적 수질관리를 통해 환경용지의 저류지가 일반 저류지에서 흔히 인식되는 방치된 혐오시설로 전락되는 것을 막아야 한다.

새만금 환경용지에 집적되는 저류지의 수질을 맑게 유지하기 위해, 우선 간척지와 상류 유역차원에서 초기 강우시 쓸려 내려오는 수질을 물리, 화학적으로 저감하더라도, 생태적으로 완충할 수 있는 적지에 인공습지형 저류지, 그리고 연결수로에는 자연하천형 농수로를 조성하여 자연적 수질정화 시스템으로 유도하는 것이 바람직하다. 특히, 저류지 내에는 국내 원천기술로 검증된 생태적 수질정화 비오톱 습지와 같은 시스템을 도입하고 응용하는 것이 바람직하다.

그림3-44

수로를 통해 차집되는 점 · 비점오염
원 유출예상 모식도

생태적 수질정화 비오톱 시스템은 북미, 일본, 유럽 등지에서 일컫는 인공습지 constructed wetland를 우리나라 각 지역의 규모와 특성에 맞게 시스템적으로 적용 · 발전시킨 것이다.[3] 이 시스템은 새만금 대상지의 특성에 맞게 생태공학적 · 환경공학적으로 동시에 접근시킬 경우 유량, 홍수위 등 수리수문학적 요소를 고려한 수생식물을 통해 생태적으로 수질정화 할 수 있다. '저류지-습지-연못-습지-침전지' 의 다단계셀을 거치면서 새만금 각 권역별 환경용지와 저류지 특성에 맞는 식물의 생태적 기작과 친수공간, 생물서식처, 수질정화 기능을 하도록 설계되어야 한다.

생태적 수질정화 비오톱 시스템은, 앞서 소개한 바와 같이 환경부 최초의 점 · 비점오염원 수질정화 인공습지인 주암호 인공습지 생태공원에 도입(그림3-45)된 이래, 2007년 2월에 복원시공이 완료된 생태적 수질정화습지의 경우에는 수질정화효과는 물론 생물서식처 조성을 통한 생태복원, 친수공간 조성, 경관향상 기능을 복합수행하도록 설계 및 시공되었다. 금어천 평수량(8,200m³) 전체의 점 · 비점오염원 수질정화를 위한 생태적 수질정화 비오톱 시스템 및 창포원을 조성한 결과, 준공 직후임에도 불구하고 모니터링된 평균수처리효율은 2006년 12월 20일 BOD 95.9%, SS 33.3%, 2007년 1월 11일 TN 46.3%, TP 87.7%(측정기관: 경기도 지정기관)가 도출되었다(표3-9).

새만금 환경용지 저류지에 생태적 수질정화 비오톱 시스템을 적용할 경우, 저류지내로 원활한 해수유통이 되지 않으면 저류지는 정체되므로 지속적이고 자연스러

3) 변찬우, 2005, 자유수면형 인공습지 생태공원설계에 관한 구조적 연구-생태적 수질정화 비오톱(SSB)공법 적용을 중심으로, 한국환경복원녹화기술학회 춘계학술논문

그림3-45
주암호 생태적 수질정화 Bio-park의
조성 직후 전경

표3-8
주암호 인공습지 유입유출농도 및
처리효율

	BOD	TN	TP	SS
유입농도(mg/l)	3.3~21.1	6.8~12.4	0.40~0.8	6~40
유출농도(mg/l)	1.7~11.1	1.1~6.7	0.08~0.28	1.6~14.8
평균 처리효율	55.9%	59.9%	76.4%	68.1%

*출처: 2003년 2~6월 모니터링 실측결과, 환경부(환경관리공단)

△ 그림3-46
금어천 생태적 수질정화 비오톱
창포원 전경(LEED, 2007)

▷ 그림3-47
금어천 생태적 수질정화 비오톱
습지부 전경(LEED, 2007)

▷ 표3-9
금어천 생태적 수질정화 비오톱
처리효율 결과

구 분	2006년 12월 20일		구 분	2007년 1월 11일	
	BOD	SS		T-N	T-P
유입농도 (mg/l)	4.9	3.0	유입농도 (mg/l)	11.464	1.347
유출농도 (mg/l)	0.2	2.0	유출농도 (mg/l)	6.159	0.166
평균 처리효율	95.5%	33.3%	평균 처리효율	46.3%	87.7%

※ 2007년 1월 11일 측정시에는 통수가 원활하지 않은 상태에서 측정되었음(측정기관: 경기도 지정기관)

우리 풍토에 맞는 생태하천

운 수리수문 체계를 고려한 수질 관리가 요구된다. 이러한 문제를 해결하기 위해 생태적 수질정화 비오톱 시스템의 순환방식[4]을 제시한 바 있다. 새만금 간척지의 경계edge and boundary와 방조제와 방수제로 둘러싸인 수리수문 특성을 고려하여 저류지의 생태적 수질정화 수순환시스템을 구상할 수 있다. 해양지형, 수위, 주변 조류서식처, 생태경관 등을 다각적으로 고려한 생태적 수질정화 비오톱을 조성해야 한다. 현재 이후 시간의 흐름에 따라 형성될 자연형 습지는 수질정화용 습지로 유도가능하며, 생태공학적으로 고려하여 인공식재를 일부 보완하는 것이 바람직하다. 특히 기수역습지를 포함하는 최장의 습지로 조성할 수 있다. 저류지의 순환방식 결정은, 각 권역 대상지의 유역에 따른 생태적 특성과 수질정화 처리 규모 등에 따라 전체순환방식과 세부적인 순환방식으로 결정될 수 있다.

향후 수리수문, 수위, 해저지형 및 토양 등 생태적·지형적 조건을 고려하여 생태공학적이고 환경공학적으로 다학제적인 연구와 분석을 통해 본 시스템을 새만금에 맞게 적용, 발전시킨다면 생태적으로 지속가능하게 저류지 수질을 관리할 수 있다.

자연과 사람에게 풍요로움을 제공하는 친환경적 프로그램

앞서 언급한 환경용지 저류지의 생태적으로 지속가능하고 환경적으로 건전한 인프라를 조성하고 나서 자연과 사람이 동시에 풍요로운 새만금 간척사업이 될 수 있는 계획프로그램이 필요하다. 이를 위해서 새만금 간척지 환경용지에 생태적이고 환경적인 수용능력carrying capacity 범위 내에서 친환경적 프로그램을 발전시켜야 한다. 새만금 간척지 환경용지에서는 거대한 저류지 호수와, 생물서식처 및 생태적 복원기법을 도입하여 생태숲, 생태수로, 기수습지, 조류서식처, 완충지역, 자연천이 관찰지, 야생초화 복원지역 등을 생태관광자원으로 활용할 수 있다. 또한 새만금 유역 내에서 발생하는 비점오염원의 생태적 수질개선을 위해 생태적 수질정화 습지를 계획하여 환경학습을 위해 방문할 수 있는 프로그램을 발전시키고, 자연경관 개선을 통한 생태공원 조성 및 방조제 외측 사주부 형성, 대지예술, 환경교육 등 다양한 계획프로그램을 구상한다. 새만금 간척지 환경용지 초기구상안에서는 2,100ha에 달하는 저류지와 나머지 900ha의 이용방향을 상시저류지역, 추이대, 전이지대로 구분하고 각 구간별 특성에 맞게 친환경적 계획프로그램을 발전시킬 수 있다.

4) 재해영향평가를 기반으로 만들어지는 저류지를 생태복원, 생태적 수질정화, 친수경관을 복합적으로 고려하여 생태공원화 하기 위하여, 저류지 비점오염원의 수질정화를 위한 순환방식의 생태적 수질정화 비오톱 시스템(SSB) 도입에 관한 논문은 "변찬우, 2006, 저류지 생태공원 설계모형 개발에 관한 연구, 한국환경복원녹화기술학회지 9(3), pp.1~16"을 참고 바람

△ 그림3-48
지형훼손 최소화

▷ 그림3-49
자연형 습지

▷ 그림3-50
미국 캘리포니아주 라 호야(La Jolla)
해변의 풍광(ⓒ변찬우, 2006). 천혜의
지질적 특성과 바다, 그리고 바다 식
물들이 약간의 인위적 시설과 어우러
져 멋진 풍경을 자아낸다.

▷ 그림3-51
미국 캘리포니아주 라 호야(La Jolla)
해변의 풍광(ⓒ변찬우, 2006). 새들을
조망할 수 있는 탐조대에서 맑은 바
닷물과 자연을 만끽할 수 있다. 많은
관광객들이 방문하고 이용을 하더라
도 새들과 바다표범 등 특히 동식물
들이 거의 영향을 받지않고 서식하고
있는 것을 조망대(view point)를 통해
관람할 수 있다. 생태관광의 바람직
한 모습이라 판단된다.

새만금 생태 · 환경용지의 규모와 중요성의 확대와 하천 복원과 연계성

2005~2009년까지의 연구 과제에서도 앞서 언급한 바대로 필자는 새만금 내부개발지 농업용지에 인접한 생태 · 환경용지를 대상으로 침수방지 및 수질정화, 기존의 생태공간으로서의 기능 등을 수행할 수 있는 구상안을 마련해 왔다. 이는 새만금 내 수질을 보전 · 관리하고, 생태환경의 복원 · 유지와 생물다양성 확보, 생태경관 · 체험기능 도입으로 녹색명품공간을 조성하고자 하는 새로운 시도였던 것이다.

농업용지 중심으로 개발되었던 새만금 계획이 바뀌면서 2009년 이후, 범정부 차원에서 생태 · 환경용지의 새로운 개발이 추진되고 있다. 특히, 국무총리실, 환경부, 농림식품수산부가 각기 환경용지에 관련되나, 본고에서는 본래 새만금개발의 주체였던 농림식품수산부의 생태 · 환경용지 쪽에 대해 최근 구상을 제시하고자 한다. 필자의 경우 앞서 소개한 생태 · 환경용지의 내용과 유사하게 생태 · 환경용지가 확대되었다 하더라도 생태 · 환경복원과 함께 일관성 있는 계획으로 진행되어야 한다는 판단이다.

새만금의 생태 · 환경용지(총 면적 5,950ha) 중 계획된 농업용지에 인접한 생태 · 환경용지 면적은 929ha로 북부, 중앙, 남부 등 세 권역으로 나누어지며, 이는 만경강, 동진강 수계로 대별되고, 해안평야지구를 심하게 사행하면서 서해로 유입된다. 만경강과 동진강 유역의 수체계는 만경강 유역 24개 하천, 동진강 유역 18개 하천, 청호저수지 6개 하천, 부안군의 바다로 직접 유입되는 6개의 하천으로 이루어져 있어 하천과의 생태적 연결성이 매우 긴밀하다. 특히, 생태 · 환경용지 대부분이 간척지이기 때문에 간척지내 수로로 하천과 바다, 저수지와 연결되어 있어, 북부권역으로는 만경강, 미제천을 따라 유입된 물이 들어오고, 중앙권역으로는 동진강, 원평천, 신평천을 따라 하류수가 들어오며, 남부권역은 신기천, 소포천 등에서 흐른 물이 청호저수지와 조류지에 모아졌다가 생태 · 환경용지로 직접 흘러들어온다.

새만금 생태 · 환경용지 생태복원 방향

새만금 지역이 생태복원의 메카로 발전할 수 있도록 장기적인 비전하에 단계적인 자연천이를 원칙으로, 인위적 복원지역은 최소화하고 수질 개선이 담보되는 범위 내에서 최소한의 시설물을 도입하여 새만금 환경용지뿐만 아니라 만경강과 동진강 유역 및 전북지역 전체를 포함하는 하천 생태네트워크가 구축되도록 하였다. 특히 만경강, 동진강으로부터 새만금 환경용지까지 이어지는 습지공간 및 수변림을 활

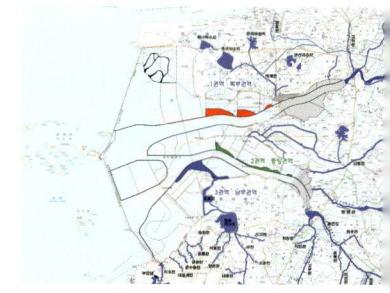

그림3-52
새만금 생태환경용지의 위치 및 유역 수체계 현황

그림3-53
새만금 광역생태네트워크 개념도

용하고 수체계 및 녹지blue-green 네트워크(광역생태네트워크)를 구축하여 생태계를 유기적으로 연결하고 야생동물 서식공간을 제공하며 주민에게 자연을 접할 수 있는 기회를 제공해주고자 하였다. 또한, 만경강, 동진강의 수질개선 및 어도정비로 희귀성 어종의 이동통로를 확보하고, 백두대간-호남·금남정맥-만경강, 동진강-새만금의 녹지공간 연계를 통해 동물군의 이동통로 확보를 통해, 수공간과 녹지공간의 생태적인 연결성이 원활히 진행될 수 있도록 함이 바람직하다.

지역성과 장소성에 기초한 수질정화+생태복원+생태네트워크 조성을 위한 큰 밑그림

새만금 지역은 현재 세계적으로 주목받고 있는 생태계 복원지역으로, 새만금만의 다양한 생물 서식처 복원 및 생태네트워크 연계와 새만금의 특성을 고려한 장소성·지역성에 기초하였다. 각 지역별 생태 특성과 인접용지와의 연계성을 고려하여 입지별 중점기능 및 배치계획을 마련함으로써 생태계 복원을 중점으로 한 치수적 안정성, 수질환경개선, 생태관광적 역할을 복합적으로 수행하는 지역이 되도록 아래와 같이 북부, 중앙, 남부권역 등 세 지역을 계획하였다.

　생태·친수공간 활용권역인 북부권역은 생태·환경 이슈와 인문적 이슈의 교차구간으로 농업용지에서 발생하는 점·비점오염원을 생태적으로 처리하여 만경강으로 방류함으로써 안정적으로 새만금의 수질환경을 보호할 수 있도록 하였다.

　수질정화·생태복원권역인 중앙권역은 동진강과 농업용지를 완충하는 선형적 경계linear edge & boundary를 형성하여 새만금 중심지역에 위치한 생태적·환경적 연계구간으로서 생태계 종다양성 확보와 홍수시 저류기능을 수행할 수 있는 배후 습지로 조성하였다.

　육상생태계 연계권역인 남부권역은 청호저수지, 계화도, 변산반도 등 주변지역과 전이지대ecotone, 생태이동통로 등 생태적 연결로로 복원하여 농업용지와 원예단지에서 유입될 점·비점오염원을 정화하고, 다양한 생물서식처 제공과 생태학습 및 체험을 하며 재해를 방지할 수 있는 저류 기능 등 복합적인

그림3-54
새만금 생태·환경용지 관련 지역별
기본구상 및 계획 Schematic
Design(변찬우, 2009)

기능을 수행할 수 있는 공간으로 조성하였다.

　대형 저류지 규모의 생태·환경복원과 관광 기능도 동시에 갖추어 초대형 재해 평가저류지의 개발·복원 방향이기 때문에 시사하는 바가 클 것으로 판단된다. 다만 위의 구상은 대규모 면적을 다루는 커다란 밑그림이기 때문에 보다 실천력있는 세부 실행 방안과 설계, 그리고 생태환경복원 프로그램개발이 필요하다.

생태환경복원의 메카가 되길 기대하며

새만금 간척지는 여의도 면적의 140배에 달할 정도로 넓다. 이렇게 넓은 면적을 활용하기 위해 고려해야할 사항은 이루 말할 수 없을 정도로 많다. 그 중에서 경제적 효율성과 환경성을 동시에 추구할 수 있는 최적의 해법을 찾아내는 것이 새만금 간척사업의 핵심일 것이다. 지혜롭게 잘 짜인 친환경계획은 이해관계의 충돌을 최소화시키면서 경제적인 낭비 없이 사업을 추진할 수 있고, 생태적 건강성과 생물다양성 등을 증진시킬 수 있을 것이다.

　친환경 간척지 개발로 세계적 명성을 얻은 암스테르담 북쪽의 Noord-Holland는 네덜란드 전체 초지에서 중요한 역할을 하고 있고, 주다치 간척지(350,000ha) 내 Oostvaardersplassen 자연생태공원(3,600ha)은 약 1% 규모로 조성하였지만 그 생태환경적 가치는 세계적인 자랑거리가 되고 있다. 새만금의 경우 2006년 당시 환경용지 규모는 3,000ha로서 새만금 전체면적 40,100ha의 7%에 달하지만, 최근에는 환경부까지 확대 분담한 실정이므로, 더욱 커진 규모의 생태환경용지를 다루어야 한다. 저류지 환경용지를 자연생태보전, 복원지역으로 조성하여 앞에서 제시한대로 단순한 저류기능 이상의 생태복원의 메카로 만든다면, 새만금은 세계적인 친환경복원의 모델지가 될 것이다.

　새만금의 시계를 뒤로 돌려 환경적 문제를 야기함과 동시에 경제적 손실을 초래할 것인가? 새로운 시대의 비전을 향해 자연과 인간에게 매력적인 생태환경적 공간으로 만들 것인가? 세계적인 규모의 저류지에 관한 현명한 비전과 현실성 있는 해법 제시는 현시대를 살아가는 우리 국민 모두의 관심사가 되고 있다.

4장

하천의 생태적 자정능력 강화

본 장에서는 우리나라의 생태하천 조성에서 가장 주요한 요소가 되는 하천의 수질오염문제를 생태 · 환경적 측면에서 다루었다. 생태적 자정능력 및 비점오염원 처리, 생물서식처 복원 등에서 기존 선진사례보다 뛰어난 기능과 효율이 도출된 생태적 수질정화습지 및 이를 적용한 생태하천 복원에 관한 기능과 특성, 효과, 성공사례를 소개하였다. 이를 위해 필자가 국내 특성에 맞게 연구개발한 원천기술인 생태적 수질정화비오톱(SSB: Sustainable structured wetland biotop)을 중심으로 성공적인 수질처리효율과 생태적인 지속가능성을 보장받고 점 · 비점오염원의 생태적 수질정화시스템 조성 방안을 제시하고자 하였다. 특히, 이 장에선 여러 사례지 중 국내 최초로 환경부에서 추진된 농경지 비점오염원 처리 습지인 주암호 바이오파크 등을 중심으로 수질을 개선하고 생물서식처를 복원하여 지역주민의 친수공간 및 환경교육장으로 활용된 사례를 소개하면서, 생태 및 환경과학적 접근을 통한 자유수면형 수질정화 인공습지의 기능, 구조 등에 관한 설계과정을 제시하면서 최근에 조성된 생태적 수질정화 비오톱의 다양한 사례지를 예시하였다. 또한, 생태하천 조성은 상류유역의 수질오염과 수량 확보가 중요하므로 도시 및 택지 지역 개발에 있어 생태 · 환경적으로 좋은 영향을 주는 복원을 바탕으로 한 개발(EEID)방안이 제시되어야 함을 강조하였다.

1. 생태적 수질정화 비오톱

수질정화인공습지 이론 및 기술

수질 보전을 위한 오염물 관리의 전통적인 접근방법은 하천과 호수의 유역에서 발생하는 생활하수, 산업폐수 등 점원오염물 처리에 중점을 두어왔다. 그러나 토지이용의 고도화와 도시화로 불투수층면적이 확대되고, 이로 인한 비점오염원의 증가는 수질 악화의 주원인이 되고 있다. 하천수로 유입되는 비점오염원은 그 농도 범위나 특성이 다양하여 저감 방안 마련이 무척 어렵다. 자연 생태계의 힘을 이용하여 수질을 생태적으로 정화하는 습지는 강우 유출수 및 하천수에 함유되어 있는 영양염류를 제거하여 부영양화를 최소화할 수 있는 수질정화시설이다. 해외의 경우 인공습지 조성과 관련해서는 비교적 많은 사례가 있으나 강우에 의한 비점오염원 처리에 대한 경험은 비교적 많지 않고, 국내의 경우 농경유역과 하천유역의 비점오염원 수질정화를 위한 조성사례는 실험적인 단계이다. 이런 상황에서 필자(변찬우, 2006b)[1]는 기존 선진외국의 사례들을 토대로 한국적 상황에 맞는 원천기술인 생태적 수질정화습지의 구조와 기능을 개발함으로서, 기존 선진 사례보다 뛰어난 수질정화 기능 및 생태복원효과, 자연·생태 교육, 친수·경관적 기능을 갖춘 생태적 수질정화 비오톱 시스템SSB: Sustainable Structured wetland Biotop system을 연구·개발하였다.[2]

수질정화인공습지의 구분

수질정화인공습지는 습지식물이 존재하지 않는 곳에 인위적으로 습지식물 군락을 조성하고 수질정화에 필요한 수문학적 조건들을 갖추도록 인위적으로 조성한 습지로, 오염 처리에 주로 이용되는 습지시스템은 수문학적 특성에 따라 자유수면형습지Surface Flow Wetland 혹은 Free Water Surface Wetland와 지하흐름형습지Subsurface Flow Wetland로 크게 구분할 수 있다. 환경부(2003)에서는 수질 개선을 위한 인공습지로 부유식물 습지를 추가하였다.

지하흐름형 습지는 표면으로 유입수가 흐르지 않아 냄새와 해충 발생이 적으며

1) 변찬우, 2006a, 저류지 생태공원 설계모형 개발에 관한 연구, 한국환경복원녹화기술학회 9(3): pp.1~16

2) 변찬우, 2006b, 자유수면형 인공습지 환경·생태공원 설계-생태적 수질정화 비오톱 공원의 구조설계를 중심으로, 한국환경복원녹화기술학회 9(5): pp.1~9

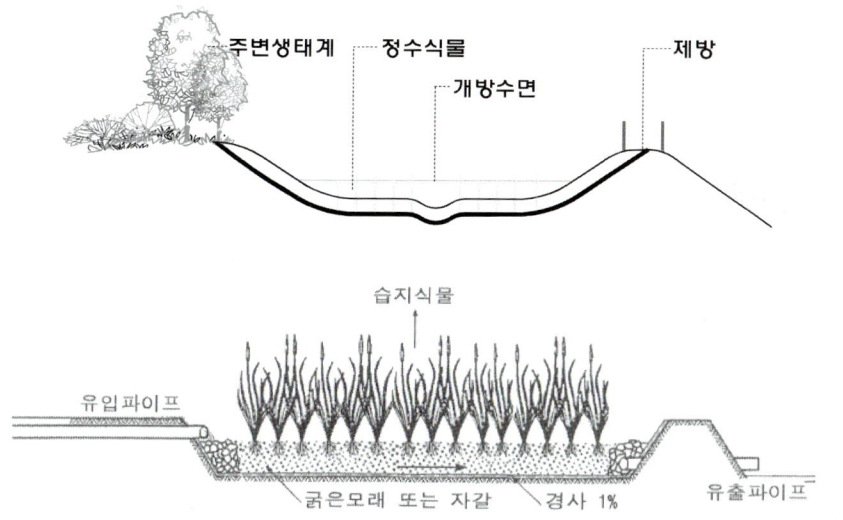

그림4-1
자유수면형 습지 개념도

그림4-2
지하흐름형 습지 개념도

사람에게 오염물 접촉의 기회가 낮아 생활하수, 산업폐수, 축산폐수의 정화에 상대적으로 많이 이용되었으나, 폐색현상Clogging이 발생하면서 처리용량이 점차 줄어드는 문제점이 있어 이용 빈도가 떨어져 왔다. 반면에 자유수면형 습지는 야생동물 서식처 제공, 비오톱 조성, 시민휴식 및 자연학습 공간 제공 등 친환경적 기능의 제공이 지하흐름형 습지보다 용이한 장점이 있다. 또한 지하흐름형 습지에 비해 조성비용이 저렴하고 수리조작이 용이하나, 면적이 다소 많이 소요되고 생태복원기능+수질정화 효율을 높이기가 매우 어렵고, 이를 위해서는 고도의 생태 · 환경공학적인 융복합적인 기술이 필요하다.

수질정화인공습지의 기작

그림4-3
금어천 생태적 수질정화 비오톱에
조성된 여울과 소(LEED, 2007)

생태적 수질정화 기작의 기본적 원리는 물리적 작용, 화학적 작용, 생물학적 작용이

독립적 또는 복합적으로 이루어지는 과정을 통해 수질이 개선되는 것이다. 기본적 처리 기작은 첫째, 물리적 작용으로 희석, 확산, 혼합, 침전, 흡착, 여과 등 수중오염물질의 농도가 감소하거나 포기, 산화, 침투, 침전 등에 의해 자정작용이 일어나는 여울과 소에 의해서 공기 중의 산소가 용해되어 유기물의 분해를 촉진한다. 둘째, 화학적 작용으로 산소와의 반응에 의한 산화 또는 오염물질의 분해에 의하여 생기는 탄산가스가 물의 pH를 높여 수산화물의 생성이 촉진되어 화학적으로 응집이 진행되거나 화학적으로 결합하여 흡착된다. 셋째, 생물학적 작용으로 미생물의 대사에 의해 수중오염물질이 분해되어 미생물의 생물량으로 전환되거나, 비오염물질로 변환된다.

습지생태계는 물을 매개로 수리적 특성과 물리 · 화학적, 생물학적 기작에 의해 생산자와 소비자의 종류가 특징지어지고 상호작용을 통해 물질이동과 에너지의 흐름을 가지는 독립된 생태계이다. 유입되는 외부 유기물이 미생물의 작용으로 분해됨에 따라 습지 내 오염 상태가 평형을 유지하게 된다. 또한 수변전이대의 식생대와 토양은 인접한 토지에서 흘러드는 비점오염물질을 분해하여 물을 정화시키고 높은 생산성을 가지며 다양하고 풍부한 생물 서식처로서의 역할도 할 수 있다. 특히 생태

그림4-4
금어천 생태적 수질정화 비오톱 내에
조성된 생태적 수질정화 미디어
(LEED, 2008)

우리 풍토에 맞는 생태하천

적 수질정화 미디어와 같이 다양한 수면 형태 및 배석, 식재 등은 야생동물 서식공간을 제공한다. 그러나 습지 자체의 수질정화 기작과 효율은 고농도 부하량에 대한 수처리 효율을 위한 시설로서는 매우 한계가 많다.

생태적 수질정화습지의 특성

자연형 습지natural wetland는 자연적으로 형성된 습지는 보전하면서 유사한 형태로 조성하는 유형으로서 훼손된 습지와 생물서식처의 복원을 수반한다. 그 중 대체습지mitigation bank는 손실되거나 훼손된 습지를 복원 및 대체하는 유형으로서 생태복원 및 생물서식처 증진 효과를 기대할 수 있다.

앞서 언급한 수질정화인공습지는 점·비점오염원 수질정화를 주목적으로 하기 위해 조성되는 유형으로서 인공적인 구조 위에 수질정화 효율을 높일 수 있도록 조성되는 특징이 있다.

생태적 수질정화 비오톱SSB: Sustainable Structured wetland Biotop은 필자가 국내 특성에 맞게 개발한 특허시스템으로 수년간 다양한 기능을 보완하여 국내 유일의 환경부신기술(제258호)로 연구·개발한 생태적 수질정화 시스템이다. 이는 자연습지 기능+대체습지 기능+인공습지 기능을 복합적으로 수행할 수 있는 유형으로 인공습지의 주요 기능인 수질정화 효율이 매우 높을 뿐만 아니라 대체습지, 자연습지에서의 생태복원 기능을 수행하고, 습지에서 가능한 친수공간 기능에 주변경관과 조화될 수 있는 경관향상 기능까지 다양한 가치를 충족시킬 수 있도록 조성된다.

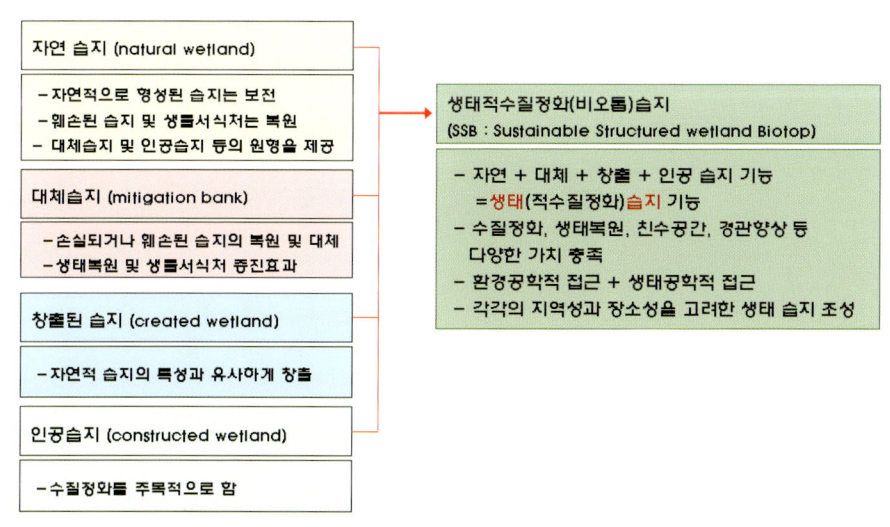

그림4-5

생태적 수질정화 비오톱 조성 배경이 되는 다양한 습지 기능.
생태적 수질정화 비오톱(SSB: Sustainable Structured wetland Biotop)은 특허 및 환경부 신기술(제258호)일뿐만 아니라 상표등록(제0637914호)된 명칭이다. 시스템 내부에 수년간 연구개발한 여러 개의 세부 특허가 있다.

이러한 복합적 기능을 수행하기 위해 생태적 수질정화 비오톱은 환경공학적 environmental engineering 접근과 생태공학적ecological engineering 접근을 수행하며, 조성되는 대상지의 지역성과 장소성Site-specific을 고려하여 연구 · 개발하였다.

생태하천에 적용되는 국내 유일의 원천기술인 생태적 수질정화 비오톱의 개요

인공습지를 성공적으로 설계할 수 있기 위해서는 우리나라의 자연풍토natural feature 에 맞아야 하며, 지역성을 고려한 생태공학ecological engineering적 연구와 수질처리 효율을 높이기 위한 환경공학environmental engineering적 이해, 그리고 이를 실제로 조성하고 모니터링 할 수 있는 선진공법이나 실무기술이 축적되어야 한다.

생태적 수질정화 비오톱은 평면구조, 처리유량, 목표처리농도, 용량 및 유속, 수리학적 체류시간, 배치 및 형태, 배수 및 수위, 식재밀도, 토양 등을 고려하여 좁은 토지를 효과적으로 이용하면서 수질정화기능을 향상시킬 수 있고 국내 환경에 맞는 습지 시스템의 필요성에 의해 개발되었다.

이러한 측면에서 생태적 수질정화 비오톱, 일명 SSBSustainable Structured wetland Biotop system는 생태적으로 다양한 습지 생태계가 복원되며 환경부 시범사업에서 성공적인 수질처리 효율을 검증받고 있는 국내 유일의 점 · 비점오염원 생태적 수질정화 시스템이다. 이는 초기 강우시 유역에서 발생하는 점 · 비점오염원 처리를 위한 다단계셀 습지 시스템이며 유역의 산림 및 농경지에서 발생하는 비점오염원의 생태적 수질정화 뿐만 아니라 생물서식처, 생태공원 등을 조성하여 자연학습 기능, 생태복원, 친수기능 등을 수행하고, 홍수조절을 통한 재해방지 기능을 수행할 수 있도록 적용개발 되었다.

주암호 생태적 수질정화 Bio-park(2002년 준공)는 환경부 최초 점 · 비점오염원 수

▽ 그림4-6
주암호 생태적 수질정화 Bio-park
(LEED, 2003)

▷ 그림4-7
금어천 생태적 수질정화 비오톱
(LEED, 2007)

우리 풍토에 맞는 생태하천

질정화 사례로 성공적인 처리효율로 당초 목표 처리효율을 상회하는 결과가 도출되었으며, 그 이후 조성된 금어천 생태적 수질정화 비오톱(2006년 12월 준공) 등과 같은 적용사례에서는 초기 적용사례인 주암호 Bio-park의 수질처리효율과 겨울철 처리효율 및 BOD 처리효율 등을 보완·향상시켰다.

생태적 수질정화 비오톱의 구조 및 기능

생태적 수질정화 비오톱은 유입원이 강우시기에 따라 유량 및 수위가 일정하지 않고 처리유량이 비교적 많다는 점을 고려하여 자유수면형습지의 네 가지 시스템 중에서 Extended Detention Wetland 시스템으로 선정하였다. 도시의 오염하천 내에서도 도입되어 그 효과를 인정받은 이 습지 시스템의 구성은 크게 침강저류지 forebay와 수생식물 습지wetland / open - water / pond 등의 영역으로 나눌 수 있다.

그림4-8
신도시의 생태하천 조성에서 수질정화 및 수생태계 복원을 위해 활용된 생태적 수질정화 비오톱의 처리기작. 신기술명: 다단계셀 습지·연못 구조와 생태적 수질정화 미디어 시스템을 활용한 습지 비오톱 복원기술

기본적인 수처리 방식은 1차적으로 고형물질을 침전시키고 유속을 저하시켜 수생식물 습지로 유입시킨 후 수생식물에 의한 자연형 수질정화 기작을 거친 다음, 산소재부유·부유물질 제거 등의 기능을 하는 개방수면을 통과하여 방류되는 구조이다. 생태적 수질정화 비오톱은 주변 지형과 부지내 지형, 습시의 득성 등을 고려하

표4-1
생태적 수질정화 비오톱 구조 및
기능 개요 예시

구 조		내 용
침강저류지(forebay)		• 호수에 유입되는 물을 일시 저류하여 유속을 저하시키고 침전시킴
습지 (wetland)	수생식물지 (marsh)	• 식생에 의해 오염물의 침전, 흡수를 통한 정화 • 수처리 기능: BOD, SS, 금속물질, 병원균(pathogens), 복합유기물, 암모니아화 작용(ammonification), 탈질화 작용(denitrification) • 수심이 얕고 정수식물이 주로 높은 밀도로 생육함
	개방수면 (open water)	• 습지에 이어 추가적으로 BOD 개선 • 습지 통과후 낮아진 DO 개선, 악취제거 • 주로 질산화 및 인산염 제거 • 탈질화를 통한 수질정화
	연못(pond)	• 용존산소 보충, 부유물질의 침강 • 침수식물과 부수식물이 주로 생육함 • 수심은 0.75~1.5m가 적합함

그림4-9
생태적 수질정화 비오톱 전경
(안터저수지 사례, 2007)

여 외곽부 절토를 최소화하도록 하였으며, 습지 내 식생수로, 침강저류지, 습지 및 연못 등을 거쳐 체류시간 및 흐름이 이루어지도록 계획한다.

생태적 수질정화 비오톱의 효과

생태적 수질정화 비오톱은 국내의 다양한 장소적 특성에 맞게 연구·개발·적용된 자연수면형 다단계셀 인공습지로서 성공적인 수질처리 효율과 생태적인 지속가능성을 가지고 있다. 그리고 생태적 수질정화 비오톱이 가지고 있는 효과는 생태, 수질, 친수 및 환경교육, 미기후, 경관 등 다음에 제시될 5가지로 구분해볼 수 있다.

첫째, 생태적 효과로, 생태적 수질정화 비오톱은 다양한 생물의 서식처를 제공하기 위해 시스템적으로 수생식물을 식재하고 개방수면(연못 또는 습지 내 물길)의 균형을 맞추어 다양한 생물서식처로 활용된다. 또한 생태적 수질정화 비오톱이 주변 수생태계와 연계될 경우, 휴식 및 은신을 위해 다양한 수심으로 조성하고, 웅덩이나 연안의 가장자리 부근에 침수식물이나 돌틈 등을 조성하여 어류서식 및 산란장으로 활용된다. 이를 위해선 여름철 수온 상승과 겨울철의 동결 심도를 고려하여 1m 내외의 깊은 수심의 저류지가 조성되어야 한다. 습지 하상도 모래, 자갈, 진흙 등 다양한 재료를 사용하여 저서생물의 서식처 역할을 수행한다. 또한 습지 내에 식물섬, 모래톱, 횃대(통나무박기) 등 조류가 가볍게 앉아 쉴 수 있는 공간이 조성되어 조류 휴식처를 제공한다.

◁◁ 그림4-10
금어천 생태적 수질정화 비오톱
복원 사례

◁ 그림4-11
안터 생태적 수질정화 비오톱에서
복원된 환경부 법적 보호종(금개구리)

　둘째, 수질정화 효과로, 생태적 수질정화 비오톱은 지역자생수종 갈대, 부들, 줄 등의 수생식물을 주로 도입하여 식생 활착이 용이하고, 생태적 수질처리 효율이 높다. 처리수에 포함되어 있는 오염원 중 토사, 침전물은 여과, 흡착, 중력침전을 통해 제거된다. 특히 생태적 수질정화 미디어SSM: Sustainable Structured Media와 전처리 시설, 생태정화섬, 배석형 웨어 및 자연형보 등이 설치되어 자유수면형 습지의 겨울철 처리효율 및 BOD 처리효율이 보완된다.

그림4-12
침강저류지(forebay). 오염원 중
토사, 침전물을 여과 · 흡착 · 침전
시키는 기능을 함

셋째, 친수 및 환경교육 효과로, 생태적 수질정화 비오톱을 통해 물이 맑아지고 생물서식처 복원이 되면서 자연스레 습지 내외가 공원화 또는 환경교육장소로 활용될 수 있다. 다양한 수생식물지를 건너면서 복원된 습지환경을 학습하고, 다양한 수변생물을 관찰할 수 있다. 또한 경관향상 효과로, 습지셀에 조성되는 밀도 높은 수생식물군락은 넓은 개방수면과 어우러져 주변경관을 격조 높게 향상시킨다.

그림4-13
금어천의 개방수면 조절을 통한
도시 미기후 조절사례

넷째, 미기후 조절 효과로, 대기 중에 노출된 수면이 많을수록 시스템의 각 구조 간에 물의 흐름이 지속될 수 있도록 사수역, 웅덩이 등이 발생하지 않도록 조성하고, 웨어 전후에는 수위차를 두기 때문에 포기작용이 지속적으로 일어나 주변의 미기후를 조절하는 효과가 있다.

그림4-14
금어천 생태적 수질정화 비오톱 경관
향상 사례

2. 비점오염원 처리를 위한
생태과학과 환경공학기술의 융합

위기의 호수, 그 녹색 희망을 만나다

　…아직은 맑아 보이는 우리의 호수…호수의 수질을 위협하는 것은 대부분이 농지의 농약, 비료, 흙, 퇴비 같은 비점오염원.

　…한번 악화된 수질과 훼손된 생태계는 복원할 수 없는 것인가? 세계에서도 경이적인 수질복원의 기록을 가진 일본 비와호. 최근 국내에서 습지를 통해 성공적으로 점·비점오염원을 수질정화한 주암호 인공습지 생태공원 *Bio-park*[3]를 통해 '녹색 희망'을 찾아본다. 여기서 우리가 더욱 주목하는 것은 주암호 인공습지가 수질정화는 물론 생태복원과 공원 기능을 만족시킬 수 있는 가능성을 보여주고 있다는 점이다.

- '위기의 호수, 그 녹색 희망을 만나다'에서 발췌

'위기의 호수, 그 녹색 희망을 만나다'는 MBC 3개 방송사의 창사특집 다큐멘터리 '호수'(2부작)의 1부 타이틀이다.[4] 지난 2003년, 이 다큐멘터리는 경관 쪽의 필자 외에도 수질 전문가, 생태학자, 조류학자, 관광학자 등의 전문가들이 참여하여 제작되었다. 이들은 거의 반년에 걸쳐 여러 번 현장을 답사하고 자문하여 다큐 '호수'의 내용적 깊이를 더해 주었다.

그림4-15. MBC 특집 다큐멘터리 '호수'

　위기의 호수를 구할 희망은 진정 없는 것일까? 본 다큐의 제작팀은 호수로 유입되는 비점오염원을 자연친화적으로 정화하여 수질 악화의 위기를 극복한 대안으로서 일본의 비와호 인공습지를 소개했다. 이어서, 국내의 주암호 인공습지를 '위기

3) 수질정화를 위한 '인공습지'를 통상 북미에서는 'constructed wetland'라고 하지만, 필자는 북미와 일본의 관련사례연구를 통해 국내 여건에 맞는 생태적 수질정화 비오톱(SSB: Sustainable Structured wetland Biotop)을 연구개발 하였다. SSB공법은 생태과학과 환경공학적 기반을 통해 유역차원의 비점오염원을 친환경적으로 수질정화할 뿐만 아니라 생태체험을 공원화할 수 있는 국내 최초의 특허공법이다.

4) 참고로 본 다큐멘터리 '호수'의 제2부 타이틀은 '호수와 사람, 그 공존의 길'이며 제작방송국과 방영일은 아래와 같다. 홈페이지에서 다시 볼 수 있다. 공동제작사: 충주MBC(http://www.cjmbc.co.kr), 청주MBC, 대전MBC / 방영일: 2003년 11월 9일(일) 오후 11:30 1부, 2003년 11월 16일(일) 오후 11:30 2부, 2004년 1월 13일(화) 오전 11:00 1, 2부 통합, 전국권 / 연출: 오규익 PD

의 호수'에 대한 '녹색 희망'의 성공적인 사례로 소개하였다. 특히, 다큐멘터리 '호수'는 주암호 인공습지의 성공적인 수질정화 처리 효율뿐만 아니라, 생태공원으로서의 생태복원과 친수공간의 성공 여부에 카메라 앵글을 클로즈-업 시켰다.

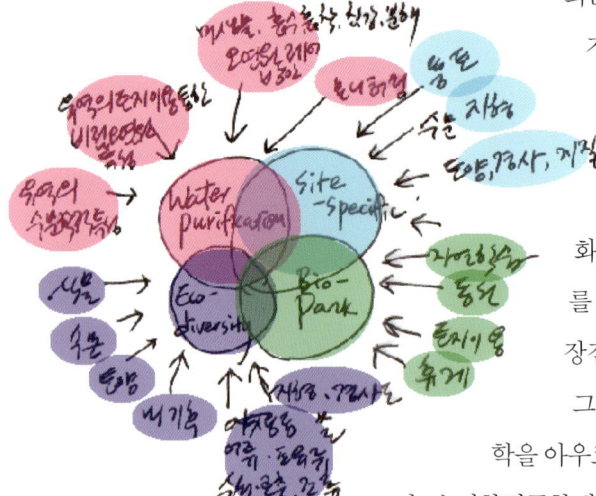

그림4-16
다학제적인 접근의 도식화

최근 북미나 일본에서는 자연적인 수질정화기법으로서 인공습지constructed wetland를 확대도입하고 있다. 단순히 수질처리 효율만을 따진다면, 인공습지의 수질정화 처리효율이 물리적이고 화학적인 수질정화 처리방법보다 반드시 효율적이라고 볼 수만은 없다. 그러나 인공습지가 자연친화적인 처리 방법을 통해 수질정화효율이 높다면, 자연 생태계를 복원하고 친수공원으로서의 역할을 동시에 수행할 수 있는 장점이 있으므로 그 가치는 매우 크다고 볼 수 있다.

그러므로 인공습지 생태공원은 환경, 생태학, 토목공학, 조경학을 아우르는 다학제적인 분야를 다루는 환경계획·설계가 되어야 한다. 수질환경공학에 관한 깊은 지식과 생태복원에 관한 계획 설계과정을 통해 수질처리 효율과 생태공원으로서의 가치를 더욱 높일 수 있어야 한다.

다음 절에서는 경관생태학Landscape Ecology과 환경디자인Environmental Design의 융합점을 통해 국내 최초로 환경부의 자연형 비점오염원 수질정화 사업에 참여하여 설계총괄한 주암호 인공습지 생태공원을 소개하고자 한다.

그림4-17
'호수' 다큐멘터리 2부작을 위해 호수 현장에서 수질 조사하는 방송국 제작팀의 모습과 주암호 인공습지를 촬영하는 모습(사진: MBC 방송제작팀)

우리 풍토에 맞는 생태하천

3. 국내 최초 농경지 점 · 비점오염원 생태적 수질정화 처리사례인 주암호 바이오파크

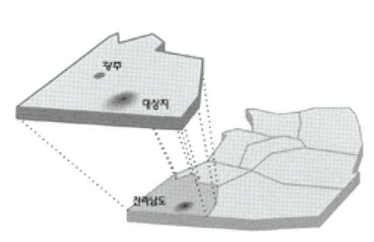
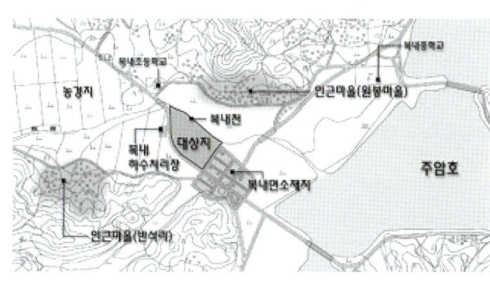

그림4-18

주암호 생태적 수질정화 Bio-park 대상지

국내 최초로 환경부에서 추진된 비점오염원 습지조성 사례로서 주암호 바이오파크 Bio-park를 소개하며 생태하천 조성에 있어 주변 농경지에서 유입되는 비점오염원 제어 방안을 제시하고자 한다. 주암호 인공습지의 추진배경 및 목적은 우선 주암호 유역의 하수처리장 방류수에 포함된 유기물 및 영양염류 처리와 초기 강우시 발생하는 인근지역의 비점오염원 처리를 위한 시범적 시설을 조성 · 운영하는 것이다.[5] 더 나아가, 주암호의 수질을 개선하고, 지역주민의 친수공간 및 환경교육장으로 활용

5) "영산강수계 물 관리 종합대책" 에 제시되어 있다.

그림4-19

주암호 생태적 수질정화 Bio-park 조감도

하는 동시에 운영현황 및 R&D(연구개발)결과는 향후 타수계 소규모하수처리장에 적용하려는 것이 두 번째 목적이었다.

인공습지시설의 규모는 유입되는 물의 양과 체류시간을 주요변수로 고려하여 산정하였다. 특히, 표면적과 수심은 국내외 연구결과를 검토하여 처리효율을 극대화하고 식물생육조건을 반영하였다. 유출량 산정을 위해서 유역별로 SCS법Soil Conservation Service Method을 이용하였고 표면적 산정은 국내외 산정모델의 계산값을 검토하고 다음과 같이 산정하였다. 국내에서 환경부 최초로 조성된 인공습지였으므로 습지의 표면적 산정은 Kadlec, Knight, Reed 등이 제시한 처리효율 산정모델의 계산값을 BOD, T-N, T-P로 나누어 검토하여 12,98m²로 결정하였다. 습지의 수심은 식물의 생태적 특성에 의해 0.2～0.4m로 결정하였다.

	설계용량	체류시간	습지 수심	표면적
평상시	385m³/d	약 15일	0.2～0.4m	12,981m²
강우시	7,022m³/d	약 18시간		

습지 형태는 처리효율을 극대화하고 지형과 주변 자연경관에 순응하며, 생태적인 면과 공원으로서의 기능적인 면을 동시에 고려하였다. 그 평면적 형태는 Persson의 습지형태연구에서 가장 고효율로 제시한 길이와 폭의 비를 계산하여 대상지 지형에서 효율적이고 자연스럽게 설계했으며, 최소의 에너지투입을 위해 현지형을 이용하여 유입수가 자연유하 되도록 하였다.

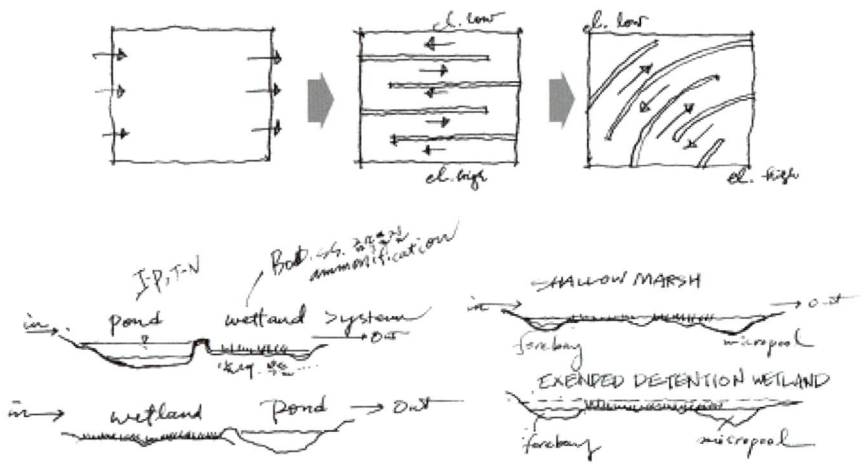

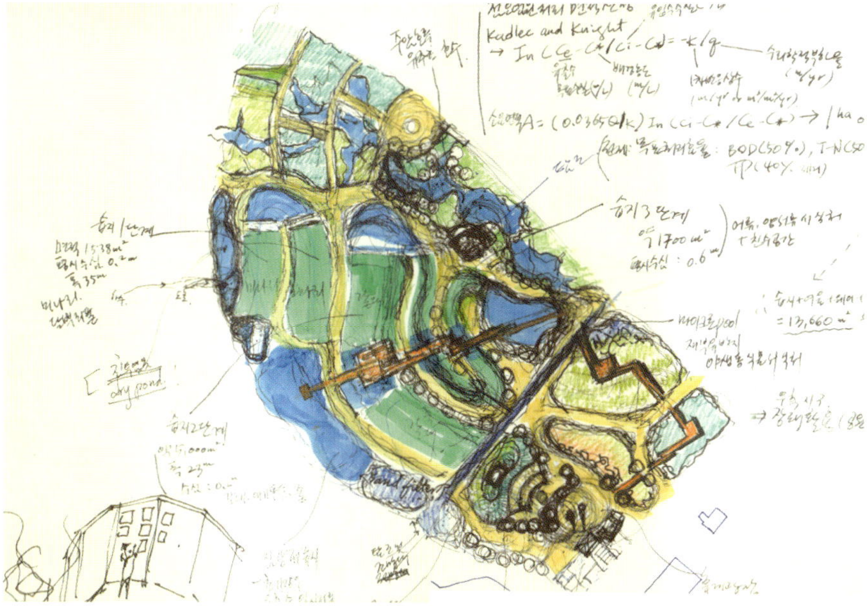

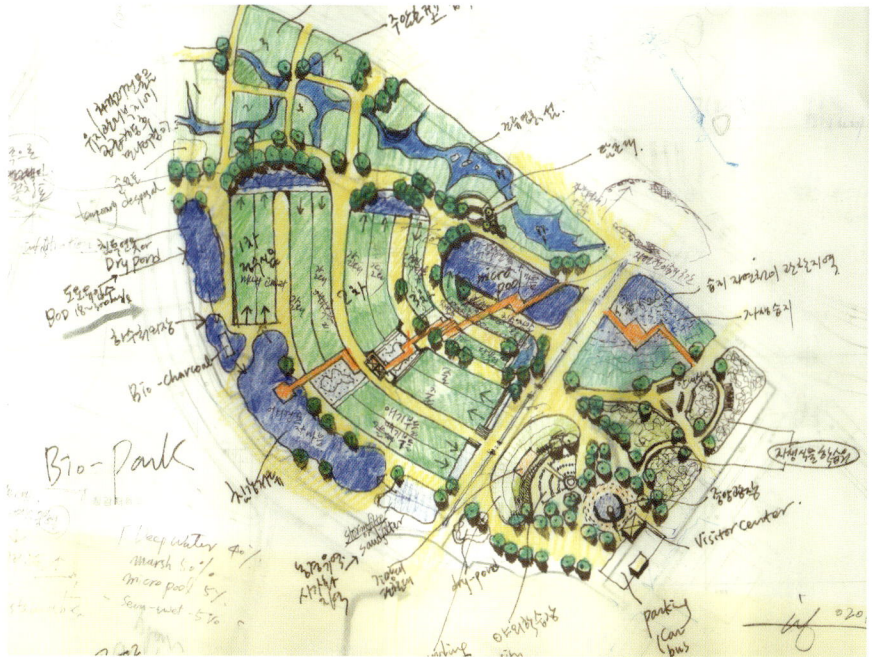

그림4-21

Schematic Design 1단계
(변찬우, 2001)

그림4-22

Schematic Design 2단계
(변찬우, 2001)

습지의 형태나 구조, 규모 결정과정은 매우 합리적인 생태 및 환경과학적 접근을
요한다. 동시에 이러한 정밀한 과학성과 고도의 정밀한 기술성은 물론 대상지의 잠
재력을 직감적으로 읽고 반영할 수 있는 환경디자인의 예술성[6]이 요구된다. 하이데
거가 존재의 본질을 규명하면서 과학기술과 예술이 본질적으로 만남을 규명하였듯

6) 여기서의 '예술성' 이란 대상지의
생태적 사물(things)을 총체적이고 직
감적으로 보고 생태복원을 위해 새로
운 생태계를 창출하는 것을 의미한다.

7) 환경계획설계에서의 '과학성' 과 '예술성' 의 융합에 관해서는 필자의 아래 글을 참고 할 수 있다. 변찬우, 1997, 생태적 환경복원설계에 관한 현상학적 고찰, 한국조경학회지 25(3), "생태공원 어떻게 조성해야 하는가?", 환경부 생태강좌 14회

이, 과학적 기반이 강한 인공습지 설계과정에 있어서 역시 종합과학예술로서의 환경계획설계 원리[7]에 바탕을 두어야 성공적인 인공습지 생태공원을 설계할 수 있다.

그림4-23
주암호 생태적 수질정화 Bio-park
마스터플랜

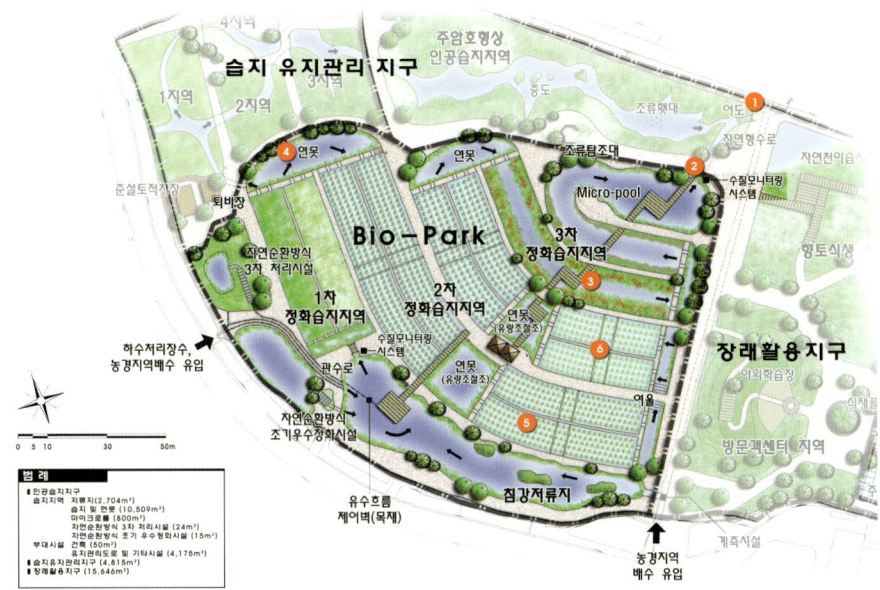

▷ 그림4-24
어도 및 해설판

▷▷ 그림4-25
수질 모니터링 시스템 설치

▷ 그림4-26
자유수면형(FWS)습지와 연못은
기본셀(cell) 단위로 조성

▷▷ 그림4-27
3차 정화습지 지역의 줄군락과
목재데크

도입식물은 오염물질 흡수 및 제거능력, 지역의 자생식물, 재배관리 용이, 수집 운반 용이성 등을 검토하여 수종을 선정하였는데 수심에 따라 미나리, 고마리, 갈대, 애기부들, 줄, 달뿌리풀 등으로 구성하여 다양한 경관형성과 친수공간을 마련하였다.

도입시설은 친수 공간 및 인공습지 관찰을 위한 목재데크와 인공 언덕, 야외학습장, 안내시설, 휴게시설, 조류탐조대, 어도, 중도, 여울, 자연형 하천 등이다. 또한 습지에서의 교육 및 관찰을 극대화하기 위해 3가지 유형의 안내시설을 21개소에 설치하여 습지에서 일어나는 다양한 생태적 기능을 이해할 수 있도록 하였다.

주암호 인공습지 생태공원은 2002년 5월경에 실시설계 완료 후, 그 해 12월에 완공되었다. 그 후 2003년 2월부터 6월까지 환경관리공단이 실측 모니터링한 결과, 당초 목표처리효율로 설정한 BOD 50%, T-N 50%, T-P 40%를 모두 상회하여, BOD 평균 56%, T-N 평균 60%, T-P 평균 76%의 처리효율을 나타내었다. 수질 처리효율 면에서도 성공적인 인공습지사례로 평가 받을 뿐만 아니라, 생태적 측면에 있어서도 생물서식처 복원을 통해 어류와 양서류, 곤충의 유인은 물론 기타 생물 종 다양성이 증대되었다. 공단 측이 모니터링을 위해 공원이용 측면에서 부분적인 통제를 하고 있으나, 환경생태 학습을 위해 많은 사람들이 방문 견학하고 있다.

주암호 Bio-park에서 적용된 생태적 수질정화 비오톱을 실제 다양한 대상지에 입지선정, 계획, 설계, 복원시공, 유지관리, 모니터링 해오면서 많은 연구개발을 하였다. 이에 관한 다양한 사례가 있어 다음의 표를 통해 유형별로 소개하고자 한다.

표4-3

생태적 수질정화 비오톱 사례지

유 형	사례지	개 요

하수처리수, 농경지 비점오염원, 하천본류수, 수질정화 및 생태복원 습지	경안천 하류 하천 홍수터 및 팔당호 부근의 농경지	• 위치: 경기도 광주시 퇴촌면 광동리 일원
		• 면적: 약 35만평
		• 발주처: 경기도 팔당수질개선본부
		• 계획 및 설계 및 시공, 유지관리 :
		   변찬우 교수+LEED Society+(주)삼성에버랜드+(주)SR
		   - 팔당상수원의 유입하천 중 가장 오염농도가 높은 경안천의 수질개선을 통해 팔당상수원의 수질환경을 개선
		   - 생태복원 및 자연생태학습, 경관 향상을 복합적으로 수행하는 습지로 조성

6지역 Schematic Design(변찬우, 2008)

6지역 조성 직후 사진(LEED, 2010)

1지역 Schematic Design(변찬우, 2008)

1지역 조성 직후 사진(LEED, 2010)

2지역 Schematic Design
(변찬우, 2008)

2지역 조성 직후 사진(LEED, 2010)

표4-4

생태적 수질정화 비오톱 사례지

유 형	사례지	개 요

하천본류
홍수터에 오염된
하천(지천)수질정화
습지 조성 및
수생태계 복원
	지천인 금어천과
	만나는 경안천
	홍수터
		• 위치: 용인시 포곡면 둔전리 우안 고수부지
		• 면적 : 23,271㎡(습지 면적 약 9,559㎡)
		• 용량 : 금어천 평수량 8,200㎥/d, 점 · 비점오염원
		• 발주처: 용인시
		• 계획, 설계, 시공, 유지관리 · 모니터링(2007~2008년) :
		  변찬우 교수+LEED Society+효성에바라엔지니어링(주)
		• 특징
		  - 수리적 안정성을 확보하여 홍수 문제 해결
		  - 오염하천인 금어천의 수질을 정화
		  - 대상지 주변의 비점오염원 수질정화
		  - 생태복원, 경관향상 및 생태학습공간 조성

Schematic Design(변찬우, 2005)

조성사진(LEED, 2007)

표4-5

생태적 수질정화 비오톱 사례지

유 형	사례지	개 요
멸종위기종 생물서식처복원	안터저수지: 금개구리 (멸종위기야생 동·식물 II급) 서식처 보전·복원	• 위치: 광명시 하안 1동 327-3번지 안터저수지 일원 • 면적: 20,294㎡ • 발주처: 대한주택공사, 광명시 환경부 생태계보전협력금 지원사업 • 계획, 설계, 시공, 유지관리·모니터링 : 변찬우 교수+LEED Society+한국환경복원학회+신한건설(주) • 주요내용 - 택지내 훼손된 생태계복원, 생물 서식처 보전 복원 - 수질을 생태적으로 정화하여 금개구리 서식 환경을 개선 - 금개구리 대체 서식처 조성 - 지역주민이 이용 가능한 생태공원 조성 - 계획적 친수공간 계획에 따른 생물서식처 복원과 인간의 활동을 동시에 수행할 수 있는 복합적 기능을 제시

Schematic Design(변찬우, 2007)

조성사진(LEED, 2009)

유 형	사례지	개 요
하수처리장 방류수재활용 및 생태하천 복원	제민천 상류 하천 및 인근 농경지	• 위치: 충남 공주시 금학동 제민천 상류 • 면적 : 부지면적 12,441㎡(습지면적 8,127㎡) • 용량 : 공주하수종말처리장 방류수 10,000㎡/일 • 발주처 : 공주시(환경부 지원사업) • 계획, 설계, 시공, 유지관리·모니터링 : 변찬우 교수+ LEED Society • 특징 - 제민천 하수종말처리수인 유지용수를 하천 및 습지에 생태적 수질정화 비오톱으로 수질정화 - 건천화된 제민천 유지용수 확보·생물서식기반 및 수생태계 복원 - 지역민들에게 생태공원조성으로 휴식처 제공

Schematic Design(변찬우, 2005)

조성사진(LEED, 2009)

표4-6

생태적 수질정화 비오톱 사례지

유 형	사례지	개 요

택지내 저류지 생태공원	신정 택지개발 지구내 저류지	• 위치: 서울특별시 양천구 일원 • 면적: 34,660㎡(연계공원 포함)
		• 저류용량: 39,366㎡(유지용수포함 총 저류용량)
		• 발주처: SH공사
		• 계획, 설계, 시공, 유지관리 · 모니터링 :
		  변찬우 교수+ LEED Society+현대건설(주)
		• 주요내용
		  - 택지 내 저류지 생태환경복원에 관한 연구를 통해서 기존 저류지 구조물을 분산형의 저류형태로 조성
		  - 순환형 시스템을 적용하여 초기강우 비점오염원의 생태적수질정화비오톱으로 활용함
		  - 택지 내 생물서식처 조성 및 거점 생태계들을 연결하는 생태 네트워크 기능을 수행함
		  - 상시 저류연못으로 조성하여 생태공원으로 활용함

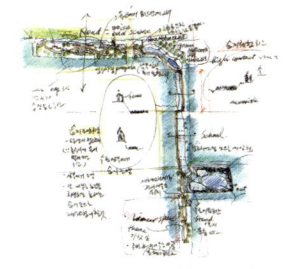

Schematic Design(변찬우, 2005)

복원시공중 사진(LEED, 2010)

| 하천본류 및 지천 수생태 복원 및 수질정화습지 | 지천인 금학천과 만나는 경안천 고수부지 | • 위치: 경기도 용인시 경안천 좌안 고수부지 금학천 합류부
• 면적: 2,711㎡ • 처리용량: 2,500㎡/d
• 발주처: 경기도 + 신세계 MOU구간, 용인시
• 계획, 설계, 시공, 유지관리 · 모니터링 :
  변찬우 교수+ LEED Society
• 특징
  - 생태적 수질정화 비오톱을 도입하여 금학천의 점비점오염원을 정화
  - 생태습지를 조성하여 생물서식처를 복원
  - 생태학습, 자연관찰 등의 친수공간을 조성함
  - 치수적 안정화 될 수 있도록 수리적 특성에 맞는 구조로 조성 |

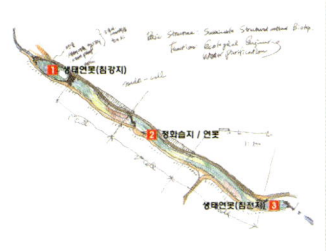

Schematic Design(변찬우, 2007)

조성사진(LEED, 2009)

표4-7
생태적 수질정화 비오톱 사례지

유 형	사례지	개 요
방수로 자연형하천 복원	굴포천 (경인운하/ 아라뱃길)	• 위치: 인천광역시 계양구 굴포천 방수로 • 연장: 3공구 4.5km 생태하천 • 발주처: 한국수자원공사 • 계획 · 설계 · 시공: LEED Society+(주)대우건설 • 주요내용 　- 굴포천 하상에 다양한 생물서식공간 창출 및 복원 　- 비점오염원 수질정화를 위한 생태적수질정화비오톱 조성

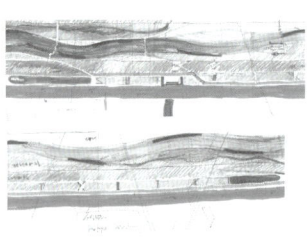

Schematic Design(변찬우, 2004)

복원시공중 사진(LEED, 2009)

표4-8
생태적 수질정화 비오톱 사례지

유 형	사례지	개 요
점 · 비점오염원 처리시설	주암호 Bio-park	• 위치: 전남 보성군 복내면 복내리 • 면적: 23,092㎡(습지 13,660㎡+부대시설 9,432㎡) • 처리용량: 　- 평상시 처리용량: 마을하수 처리수 385㎡/d 　- 강우시 농경지 비점오염원수 처리용량: 7,407㎡/d • 발주처: 환경관리공단(환경부) • 계획 · 설계 : 변찬우 교수+LEED Society 　- 하수처리수, 농경지 비점오염원 수질정화, 수생태복원, 　　bio-park

Schematic Design(변찬우, 2002)

조성사진(LEED, 2003)

유 형	사례지	개 요

신도시 생태하천	광교신도시 생태하천	• 위치: 경기도 수원시 영통구 일원, 경기도 용인시 수지구 상현동 일원
		• 면적: 12,794㎡
		• 습지용량: 8,444㎥
		• 발주처: 경기도시공사
		• 계획, 설계: 변찬우 교수+LEED Society+현대건설(주)
		  - 생태적 수질정화 비오톱 조성으로 신도시 생태하천의 수질환경 개선과 목표종 복원으로 생태계 복원
		  - 대상지 풍토에 맞는 치수안정성+수질환경개선+생태복원+친수경관 등 다양한 기능을 수행함

표4-9

생태적 수질정화 비오톱 사례지

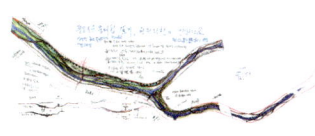

Schematic Design(변찬우, 2010)

조감도(LEED, 2010)

4. 생태하천 복원을 위한 우리 풍토에 맞는 생태·환경적 영향의 개발 :
EEID Ecological and Environmental Impact Development

친환경적 도시개발을 위한 생태환경적 접근방법

생태하천을 성공적으로 조성하는데 있어 보다 근본적인 문제를 해결하기 위해서는 미래의 지구환경변화에 따른 이상가뭄과 홍수 또한 도시화에 따른 유역차원의 비점오염원 증가 등에 대비한 각종 시나리오를 수립하고 그 대응책을 마련해야 한다.[8] 특히 우리나라는 협소한 국토 면적과 과다한 인구로 토지나 수자원 등 국토자원 이용의 강도가 다른 나라에 비하여 현저하게 높기 때문에 지구온난화에 따른 기후변화와 같은 약간의 기후변동으로도 심각한 수자원 문제가 발생할 가능성이 있다.[9] 홍수, 가뭄 등 교란으로 인한 기후 변화와 토지사용 변화, 자연 파괴 등 다른 기후변화 동인들의 전례 없는 결합이 하천 생태계의 복원력을 초과할 가능성이 있으며, 특히 하천 유역은 급속한 도시사회화가 일어나는 곳인 만큼 그 취약성이 더욱 크다.[10]

국내 도시화율은 1960년 35.8%, 2005년 86.5%로 해마다 지속적으로 증가하고 있으며, 이러한 도시화율은 단기간에 세계 최상위 수준에 도달했으나,[11] 도시화에 따른 불투수층 면적비율의 증가는 지표유출량 및 첨두유량의 감소, 지하수 함량의 감소, 용천수 고갈에 의한 하천 건천화 등의 물순환 장애를 초래해 왔다.[12] 또한 수생태계 측면에서 불투수층 면적비율의 증가는 하천 내 어류의 종 다양성 및 풍부성 감소, 하천수로의 형태 변화, 저류 미생물의 감소뿐만 아니라 생물서식공간의 감소로 인한 도시생태계의 파괴, 토양의 자연정화 처리 기능의 감소로 인한 도시 비점오염원 문제, 지하수 함량 감소로 인한 지표면의 지반 침하현상 등 다양한 문제를 유발하고 있다.

생태하천 조성의 가장 어려운 문제라고 할 수 있는 도시유역의 비점오염원의 경우 국내의 지형 및 기후에 적합한 저감기술의 개발이 필요한 실정으로 수변완충지대, 인공습지와 같은 생태공학적인 방법을 적용한 자정능력의 향상 및 안정적인 하

8) 기상청, 2009, 기후변화에 따른 물 관리 정책방향, 기상기술정책 2009년 6월호, pp.16~27

9) 건설교통부, 2008, 기후변화 대비 국가 물안보 확보 방안(1차년도), p.3

10) 기상청, 2008, 기후변화의 이해와 기후변화 시나리오 활용(1), pp.16~17

11) 이원섭, 2006, 2005년 인구총조사 결과를 통해 본 우리나라 도시화 트렌드와 특성, 국토정책 106호, 국토연구원

12) 전지홍, 최동혁, 김태동, 2009, 지속가능한 도시개발을 위한 LID평가모델(LID MOD)개발과 수질오염총량제에 대한 적용성 평가, 환경물환경학회지 25(1), pp.58~68

천수질의 유지·관리와 함께 생태계 서식처 확보가 가능한 종합적인 통합유역관리 기법의 필요성이 제기되고 있다.[13]

13) 환경부, 2008, 상수원 수질 안전성 확보를 위한 수질관리기술 개발

생태환경복원을 통한 EEID의 필요성

이러한 요구 속에 최근 제시되고 있는 생태도시Ecocity는 생태적으로 건강하고 자연과 조화롭게 공존하는 지속가능한sustainable 도시로 선진 외국에서 개발되어 국내 풍토에 맞게 성공적으로 적용 개발된 사례는 드물지만 생태하천 조성을 위한 바람직한 개발 방향을 제시하고 있다. 또한, 친환경적 단지는 환경을 중요하게 배려하여 환경에 미치는 악영향을 최소화시키고자 하는 목적을 가진 단지이며, 생태도시와 더불어 훼손된 현대 도시지역에 적용되어야 할 시도와 개념이다. 생태도시나 친환경단지 조성에서 하천의 경우 기존 자연하천의 흐름을 보전하고, 훼손된 하천은 다시 창출creation하여 생태하천으로 복원restoration하는 계획이 필요하다.

이안 맥하그Ian McHarg 교수는 수문hydrology, (미)기후, 토양, 지질, 식생과 같은 생태적 요소를 주요 목록inventory으로 하는 생태적 적지분석론ecological land suitability analysis을 통한 생태적 결정론ecological determinism을 주창하였다.[14] 하지만 우리나라와 다른 미국적 스케일이나 풍토에서 개발된 생태계획적인 기법을 보완하여 우리나라의 자연풍토와 대상지 특성에 따른 설계방법론 제시가 요구된다.

14) Ian L. McHarg, 1995, Design with Nature, Wiley

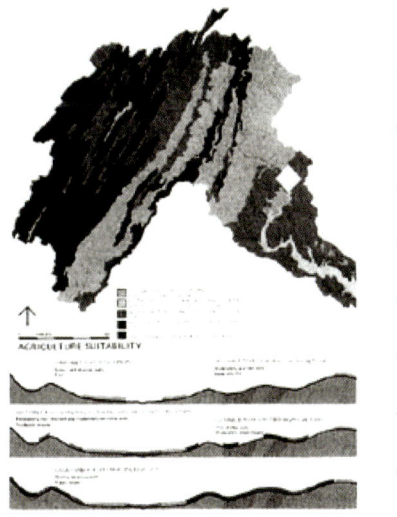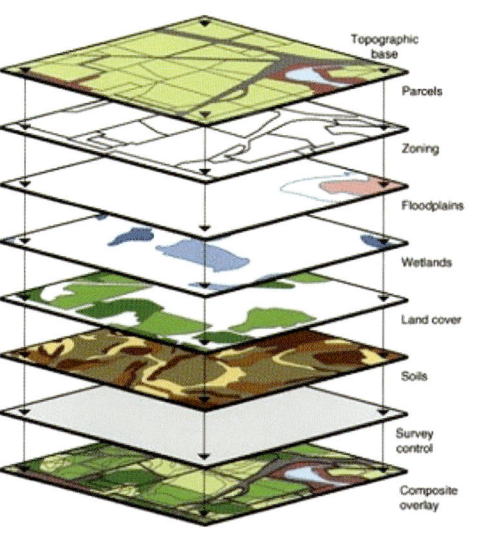

그림4-28
McHarg의 도면 중첩법(map overlay method)을 활용한 GIS(geographic information system) 기법

특히 선진사례와 달리 집약적인 도시 개발과 생태·환경적 훼손으로 인하여 생태적 인프라와 수질악화 등 근본적인 환경적 기반까지 열악한 국내 도시지역에서 생태와 환경 전체를 복원하는 균형적 개발을 도모하기 위해서는 개발시부터 생태적 적지분석ecological suitability을 적용하는 것이 바람직하다. 더 나아가 친환경적으로 검증된 비점오염원처리 방안을 통해 수질환경을 개선해야 하며, 생태적 네트워크를 위한 하천수량 확보가 이루어져야 할 것이다. 또한 수질정화 효율과 생태복원 기능이 검증된 형태로 복원될 수 있는 접근 방안도 필요하다.[15]

15) 변찬우, 2010, 환경부 차세대핵심사업 3차년도 보고서 - 택지개발지역에서의 훼손된 수생태계 복원, 창출, 향상 기술 개발, pp.325~330

16) Nian She, Michael Clar, 2009, Low Impact Development for Urban Ecosystem and Habitat Protection, American Society of Civil Engineers

17) 변찬우, 2010, 환경부 차세대핵심사업 3차년도 보고서 - 택지개발지역에서의 훼손된 수생태계 복원, 창출, 향상 기술 개발, pp.325~330

최근 자연의 기본적인 원칙을 적용하는 강우유출수 관리방법인 LIDLow Impact Development에 관한 원칙이나 기술이 소개되고 있으나[16] 응용 연구의 시급성에 비해 실제 우리나라에 성공적으로 연구 개발적용된 사례는 거의 없으므로, 통합적 시각으로 한국적 도시지역의 특성에 맞게 분석된 새로운 융복합적 생태환경적인 영향을 미치는 개발 EEIDEcological and Environmental Impact Development에 관한 연구가 필요한 상황이다.[17]

우리 풍토에 맞는 생태하천 복원을 통한 EEID

도시지역의 생태환경 특성을 면밀히 검토하고 최적지 성격과 정당성을 검증하는 생태·환경적 적지분석을 통해 도시지역 내 생태환경을 통한 EEID기술의 융복합적 연구를 도모하는 것이 바람직하다. 최근 서울대 한무영 교수에 의하면 현재의 물 관리 추세는 자연친화적인 설계방식인 "Low Impact Development(LID)"에서 더 나아가 추후 지속적인 개발시 기후변화에 적응하고 개발 전의 상황보다 더욱 나은 환경을 조성하기 위해서 영향을 전혀 없게 하는 "No Impact Development(NID)"의 개념을 강조하고 있다. 또한 이를 넘어서 긍정적 영향을 미칠 수 있는 개발 "Positive Impact Development(PID)" 패러다임을 도시 물관리 체계에 도입해야 함을 제시하였다.[18] 하지만 PID 개념에서 개발에 있어 긍정적 영향Positive Impact을 미칠 수 있는 구체적 방법이란, 더 나아가 생태적 환경ecological environment을 조성해야 한다고 보는 것이 바람직하다. 이를 위해서는 관련 선진국 사례의 도입도 필요하지만, 이러한 선진이론을 바탕으로 우리 풍토에 맞는 다양한 생태환경 복원관련 실천사례가 있어야 한다. 필자는 도시지역의 생태환경복원으로 실천하기 위해서는 PID를 넘어선 생태적 적지분석ecological suitability을 통한 융복합적 차원의

18) (주)한설그린, 2009, 지속가능한 도시물관리를 위한 레인가든, 도서출판 조경, p.11

"Ecological and Environmental Impact Development(EEID)"를 추구해야 할 것을 강조한 바 있다.[19] 즉, 생태적으로 건강한 기반infrastructure과 유역차원에서의 생태복원 및 수질관리를 통해 유역의 하천으로 그 수량을 방류하는 것이 생태하천 조성에 있어서 한국적 상황에서 가장 절실한 과제라고 본다. 이러한 목표를 달성하기 위해 필자는 앞에서 소개한 바대로 그동안 경기도 역점사업으로서 팔당수질개선사업의 일환인 경안천 하류 수환경 생태복원, 환경부 생태계보전협력금 지원사업인 멸종위기종 서식처 복원, 환경부 차세대핵심지원사업인 택지개발지역 내 수환경생태계 복원사업, 택지 내 저류지 생태환경공원을 조성한 홍수저류 비점오염원 저감 및 수생태계 복원 등을 수행하면서, 우리 풍토에 맞는 생태환경복원 모델을 모색하고자 이론 뿐만아니라 실무적 방안까지 연구개발 하고자 노력하였다. 앞으로 관련 이론과 위와 같은 국내에서의 실천사례들의 면밀한 조사 분석을 바탕으로, 한 차원 진화된 한국적 환경과 특성에 맞는 새로운 융복합적 EEIDEcological and Environmental Impact Development 기술개발이 진척될 수 있도록 해야 할 것으로 본다.

19) 변찬우, 2010, 환경부 차세대핵심사업 3차년도 보고서 - 택지개발지역에서의 훼손된 수생태계 복원, 창출, 향상 기술 개발, pp.325~330

5장

하천댐 주변과
상류하천 및 저수지
보전·복원

1. 한탄강 친환경공원 및 자연생태하천 공원

2. 안동·임하댐 상류저수지 및 상류 자연생태하천 보전·복원

본 장에서는 최근의 정책 사업 중 이슈가 되었던, 대형 보나 댐, 그리고 운하 등이 만들어지면서 변화되는 하천 생태계의 조사·분석 내용을 제시하였다. 특히 신규댐과 기존 댐 상류 저수지(호수)와 하천의 훼손된 생태계 복원방안 및 친환경적 지역 활성화 방안을 예시하였다. 대상지의 지역성과 장소성을 고려하여 주변 생태·환경을 복원할 수 있는 거대한 유역적 스케일의 생태·환경계획에서 소규모 대상지역, 특히 댐 조성으로 발생되는 홍수터 설계에 이르기까지 여러 경우를 보여주고자, 댐 상류하천 및 저수지 설계 프로세스를 직접 수행한 다음 두 가지 사례를 통해 소개하였다. 먼저, 2002년 당시 거대규모의 토목사업으로서 신규로 조성될 한탄강댐의 직하류에 친환경공원을 조성하고 댐상류 하천 주변의 대규모 홍수터를 대상지로 한 생태공원설계(2002년 턴키 당선작) 사례에서는 댐 조성 후 변화될 생태계를 예측하고 지역성을 살린 하천 주변 홍수터 복원의 생태디자인(ecological design) 과정을 예시하였다. 둘째, 안동·임하댐 상류저수지 및 상류 자연생태하천 보전·복원사례에서는 기존에 조성된 댐으로 인한 훼손된 하천 생태계와 낙후된 지역을 대상으로, 생태환경조사 및 보전가치평가를 통해 선정된 보전 및 복원 목표종을 친환경적으로 부활시키고자 대규모 상류하천의 유역차원에서 진행된 생태보전·복원계획방안을 소개하였다.

1. 한탄강 친환경공원 및
자연생태하천 공원

1-1. 한탄강댐 직하류 친환경공원 설계 : 친수경관에 대한 친환경적 표상

2002년 대규모 국책 턴키 사업으로 홍수 조절과 수도권 인접 지역의 용수 수요를
충족시키기 위해 추진되었던 한탄강댐은 댐 기능과 관련된 환경적 이슈 때문에 한
동안 사업 추진이 지연되었다. 2006년 중반에는 홍수조절용 기능으로 바뀌어 재착
수될 계획도 있었다. 여기서는 2002년 당시 한탄강댐 직하류부에 조성될 예정이었
던 한탄강댐 친환경 공원(184,000m²)의 설계과정을 소개하고자 한다.

　한탄강댐 직하류 친환경공원의 조성 목표는 댐 조성으로 인해 사라지거나 변화
되는 한탄강 주변지역의 생태계와 문화역사 자원을 대체·복원하고, 방문객에게
매력적이고 흥미 있는 레크리에이션 공간을 제공하고자 함에 있다. 본 친환경공원
설계과정을 통해 하천 주변의 대규모 토목 구조물과 주변 경관과의 관계를 환경디
자인에서 어떻게 다룰 수 있는지, 앞에서 언급하였던 지역성이나 장소성을 어떻게
디자인에서 반영하는지, 그리고 경관드로잉이 구체적으로 어떤 과정을 거쳐서 진
행되는지 등을 엿볼 수 있을 것이다.[1]

1) 자세한 경관드로잉 사례는 『조경
디자인 프로세스』(2003), 담디 출판
사 참조

그림5-1
한탄강댐 친환경공원 부지와
상류 자연생태공원 부지의 위치

우리 풍토에 맞는 생태하천

현황조사를 통한 기본구상

우선, 설계의 주요 단서clue인 대상지가 지닌 경관 생태적 잠재자원을 적극 활용하고
자 한탄강만이 가지고 있는 '물water과 지질학적 구조geological tectonics'를 주요 주제
로 설정하였다.

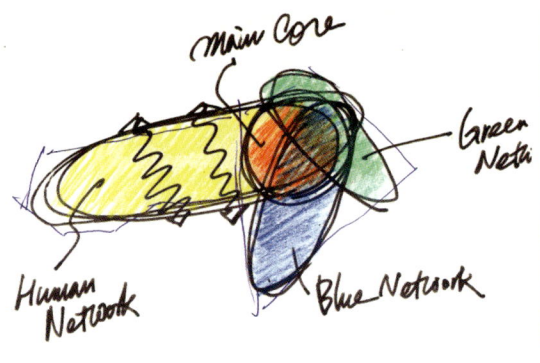

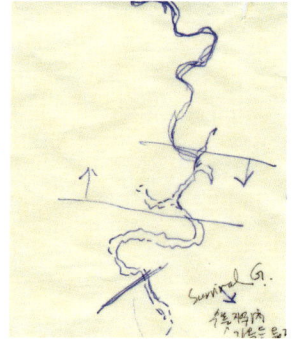

◁◁ 그림5-2
한탄강 친환경 공원 초기 스케치1
(변찬우, 2002)

◁ 그림5-3
한탄강의 물길을 통해 설계단서를
찾고자 하였던 초기 드로잉
(변찬우, 2002)

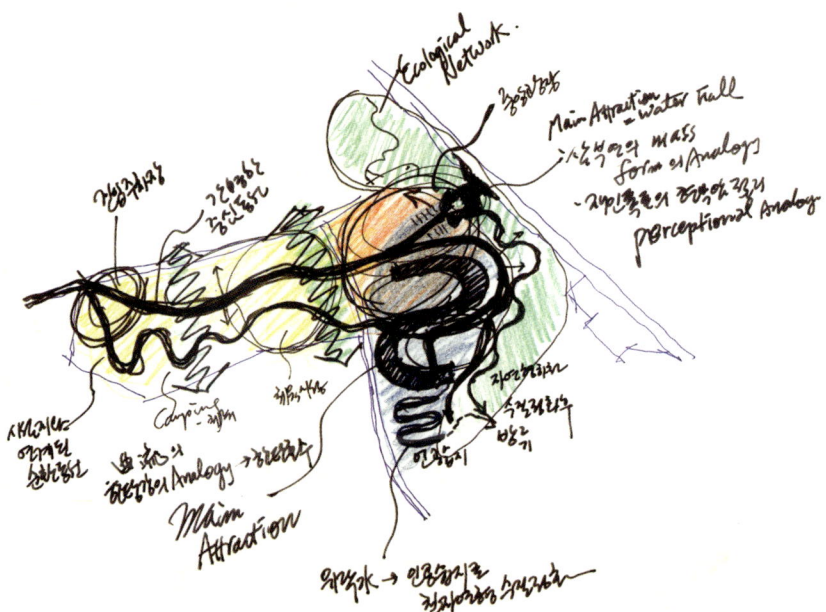

그림5-4
한탄강 친환경 공원 초기 스케치 2
(변찬우, 2002)

◁◁ 그림5-5
친환경 설계의 주요 단서가 되었던
"물"과 "지질학적 구조"

◁ 그림5-6
한탄폭포 설계의 주요 단서가 뇌었던
삼부연폭포에서 "지질학적 구조"와
"물"의 특성을 연구함

인근 지역의 삼부연폭포를 유추하여 한탄폭포의 외형을 설계하였고, 대상지 내 현무암 절리, 기암괴석 바위 등의 재료에서 읽혀지는 지질학적 구조geological tectonics를 디자인 모티브로 발전시켜나갔다. 한탄강 주변지역에서 경관을 지배하는 한탄강 유역의 실루엣을 통해 종자산, 직탕폭포, 순담계곡, 고석정 등 지역 관광자원을 유추analogy하여 대상지 설계에 표상表象, re-presentation하였다.

그림5-7
기본설계에서 중앙광장지구 주변 명소인 삼부연과 재인폭포를 유추함

댐 조성 후 훼손되는 산림생태계, 수변생태계, 패치patch 등을 연결하는 핵심지역으로서 생물이동통로와 생태적 수질정화습지를 조성함으로써 지역차원의 생태네트워크가 연결되도록 하였다. 댐 배면에는 종자산을 유추한 인공 언덕, 자연형 계류 등과 같은 친수시설 및 생태복원시설을 조성하였다. 또한 사람들이 위락한 물의 일부가 인공습지를 통과하여 정화되도록 하여 생태적, 환경적 기반을 마련하고 수생식물과 소생물의 서식처가 됨으로써 대상지 내 생물이 다양해지고 교육의 장이 될 수 있도록 하였다.

대안 도출을 위한 3단계 과정

제1단계에서는 한탄강의 곡류형 수체계와 지질학적 구조를 주소재로 하여 여러 시설들을 유기적으로 구성하였다. 제2단계에서는 1단계의 디자인 단서clue를 토대로 주제를 구체적인 시설로 발전시켰다. 이 경우, 주동선을 보다 안정적이며 기능적으로 배치하고, 지역성을 체험할 수 있도록 지역 명소를 소재로 하여 설계안을 구체화시켰다. 특히 물을 중심으로 폭포, 계류, 생태적 수질정화 비오톱 등을 도입하였다.

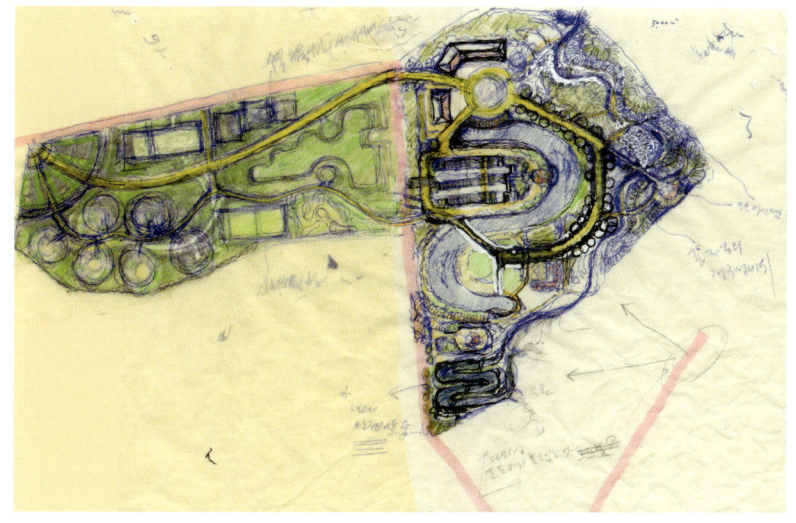

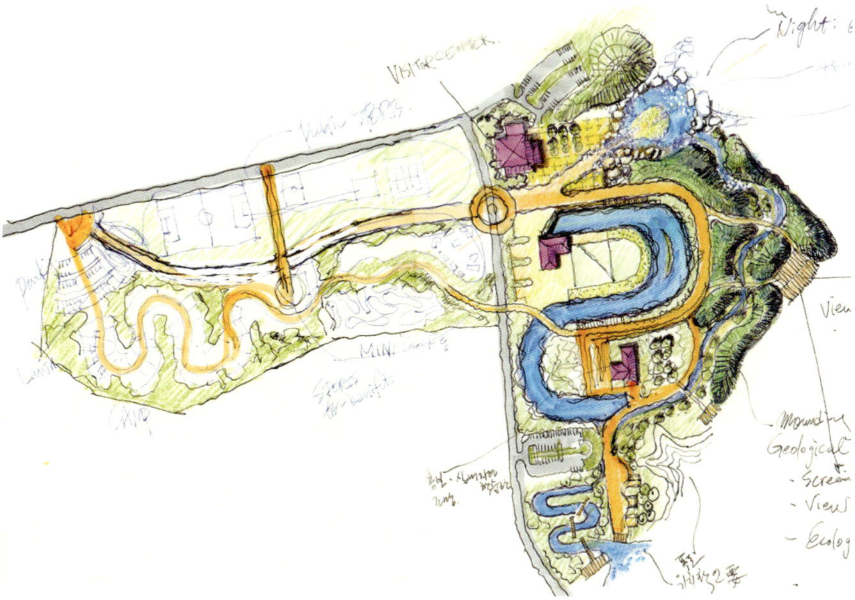

◁ 그림5-8
제1단계(변찬우, 2002. 6. 11)

△ 그림5-9
제2단계(변찬우, 2002. 6. 15)

◁ 그림5-10
제3단계(변찬우, 2002. 6. 16)

제3단계에서는 주제와 소재를 확정하고 방문객들이 실제로 체험할 수 있는 세부 시설로 구체화하였다. 시설물은 공간의 형태, 스케일, 지각perception, 질감tectility 등을 고려하여 기능성이 높으면서도 지역성과 장소성을 느낄 수 있는 매력적인 요소로 발전시켜 나갔다.

기본 계획과정

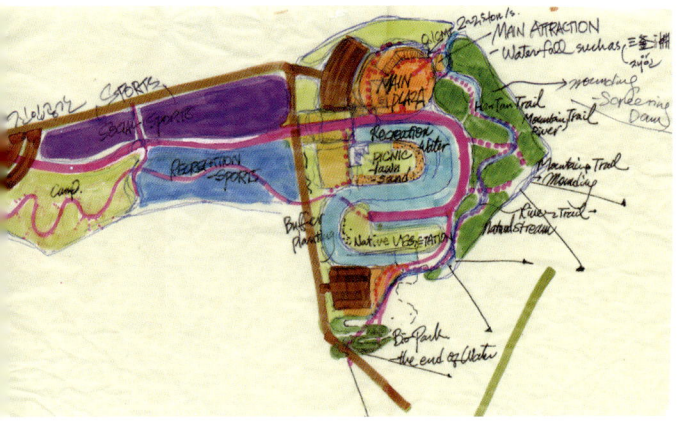

당초 한탄강댐 친환경공원 부지는 하나의 시설이 여러 가지 기능을 겸할 수 있도록 복합적인 토지이용이 가능한 다기능 중층토지이용 multi-layered land use planning 계획을 수립하였다. 공간적으로는 댐 배면에 한탄강의 물과 인접한 지역과 육상부의 진입부, 그리고 이 둘이 만나는 핵심부를 고려하여 주시설지역, 진입지역, 중심지역 등 크게 3개 지역으로 나누고, 이를 다시 6개 지구로 세분하였다. 또한 댐 조성 후 일부지역을 장래활용부지로 연계할 수 있도록 계획하였다.

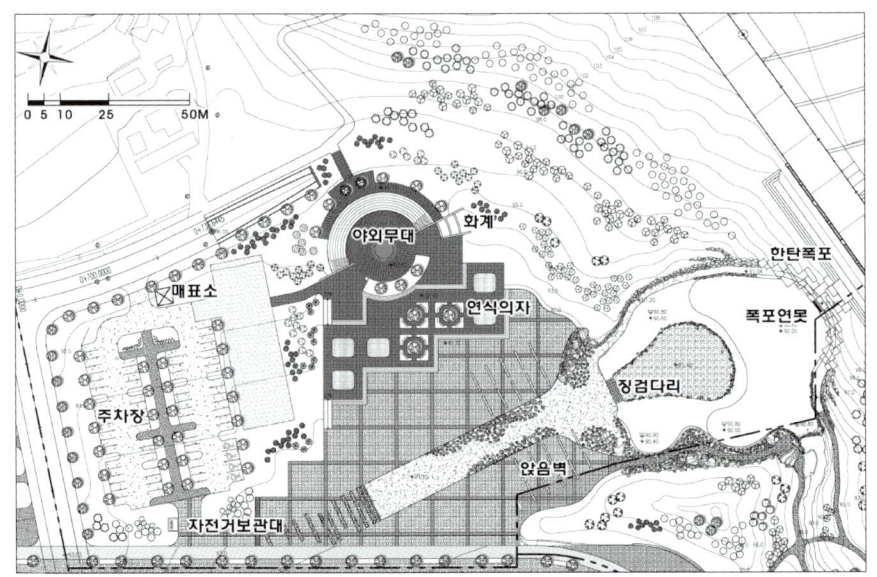

지역성을 유추한 설계

필자는 한탄강댐 직하류 친환경공원 설계를 하면서 한탄강댐 부지의 지역성을 최대한 살리려고 노력했다. 일반적으로 댐 건설을 생각하면 대상부지의 자연환경이 완전히 바뀌는 것으로 여겨지고 있으며, 설계 역시 새로운 틀을 만들어서 하는 경우가 일반적이다. 그러나 댐 건설이 된다고 해서 그 대상지의 지역성이 바뀌는 것은 아니다. 필자는 댐 건설 후에도 지역성이 최대한 유지되도록 노력하였다. 지역성을 고려한 계획을 할 경우에는 극심할 것으로 예상되는 환경파괴를 최소화 할 수 있으며,

우리 풍토에 맞는 생태하천

생태계의 복원도 빠를 것이라고 판단했기 때문이다.

1-2. 한탄강 자연생태공원 설계 : 하천댐 상류 홍수터의 생태환경적 활용방안 예시

'환경적으로 건전하고 지속가능한 개발ESSD' 원칙에 의해, 수자원 개발 및 관리 방안에 있어서도 자연환경과 생태계의 보전이 갈수록 중요해지고 있다. 한탄강 댐 설계 당시, 상류 저수지에 분포된 홍수터 지역의 친환경 설계 목적은 댐 조성으로 훼손된 생태환경을 복원하며, 지역성 및 장소성을 살려 해당지역 주민들의 삶의 질을 높이고 지역경제를 건전한 방향으로 활성화하는 것이었다.

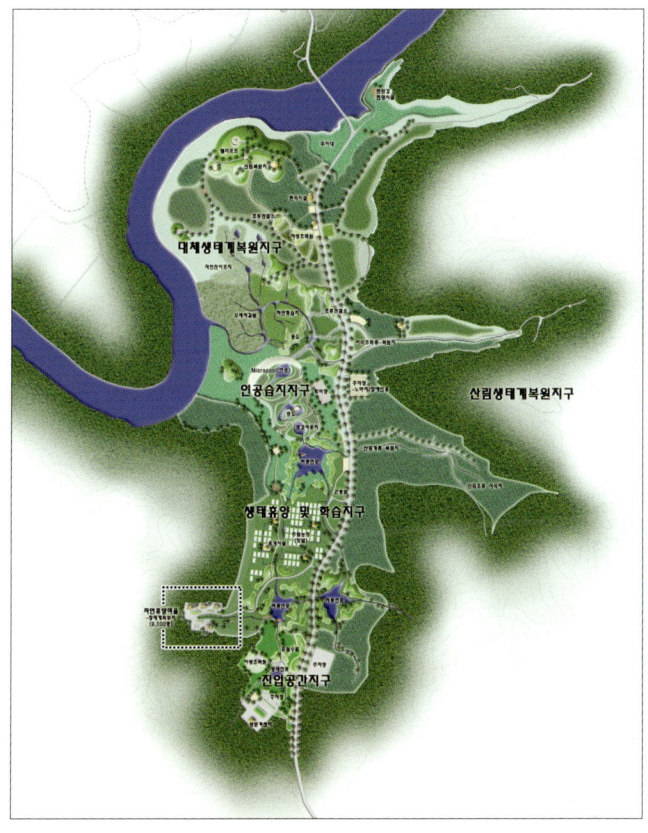

그림5-13
전체 배치도(기본 설계)

 댐 조성으로 인한 커다란 변화는 생태계뿐만 아니라 댐 상류 지역의 홍수위 변화로 인해 거주민들의 삶을 변화(농경 패턴 등의 변화)시킨다. 또한 자연생물의 서식지 이동으로 인한 대체 서식지 복원은 본 프로젝트 설계에서 매우 중요한 부분이었다. 그러나 본 설계 과정에서 겉으로 드러나지는 않았지만 저변에 깔린 고민들은 보다 본질적인 것에 있었다. 그것은 한탄강 댐 조성으로 인한 계획홍수위만큼이나 마을과 생물들이 우리들과 지역 거주자들의 마음속에서 사라지는 것에 대한 아쉬움이었다. 그래서 필자는 단순히 생태학적 접근으로 훼손된 생태계를 복원시키고자 하는, 인간의 계산에 의한 논리 이상의 무언가를 찾고자 했다. 그동안 하이데거를 통해 찾고자 했던 장소성을 토대로 한 생태적 복원을 이곳에서 꾀해보고자 했던 것이다.

여기서는 필자가 진행한 생태디자인 프로세스 전반을 실무적 측면에서 설명하고자 한다. 이러한 고민들은 본 디자인 과정에서 보이는 필자의 스케치 곳곳에 스며있을 것이다.

운산리 자연생태공원의 생태디자인 수행과정은 현황, 사례, 관련기술에 대한 분석과정과 함께 대상지의 장소적 특성에 대한 이해를 바탕으로 하는 환경설계과정이 동시에 진행되었다.

Process 1. 계획의 목표 설정
한탄강 댐 상류 홍수터인 운산리 일대에 생태공원을 조성하기 위한 설계의 목표는 다음과 같다. 우선 광역적인 차원에서는 한탄강 생태공원이 그 유역의 생태적 거점 역할을 하도록 조성하며, 대상지역 차원에서는 홍수터의 특성을 고려하여 계획홍수위와 상시만수위에 친환경 시설을 조성한다. 둘째, 기존의 농경지를 활용한 잠재 자연생태자원을 보존하고 생태적 수질정화 비오톱SSB을 조성하여 멸종위기 및 희귀동식물의 서식처를 제공한다. 셋째, 생태관광지로서 지역사회의 건전한 경제 활성화 발전에 기여하며 지속가능한 운영 관리를 도모한다.

Process 2. 대상지 현황 파악
운산리 생태공원은 지역적 차원에서 임진강 제1지류인 한탄강 유역 내에 위치하며, 행정구역상으로는 경기도 포천군 창수면 운산리 일대로 전체 규모는 약 924,000m²에 해당된다. 이 중, 핵심조성 사업지는 약 200,000m²에 해당되며, 외곽지역은 댐 조성 후 자연천이를 유도하고 추후 산림생태계를 복원할 수 있는 방안을 마련하였다.

대상지는 농경지가 주를 이루고 있으며 소규모 하천들과 기존의 취락지가 산재해 있고 325번 지방도가 대상지를 통과하고 있다. 지형적으로는 농경지에 의해 형성된 완만한 평탄지로, 주변이 산지로 위요되어 있다. 계획홍수위(E.L. 116.8m) 내에

그림5-14
대상지 종합분석

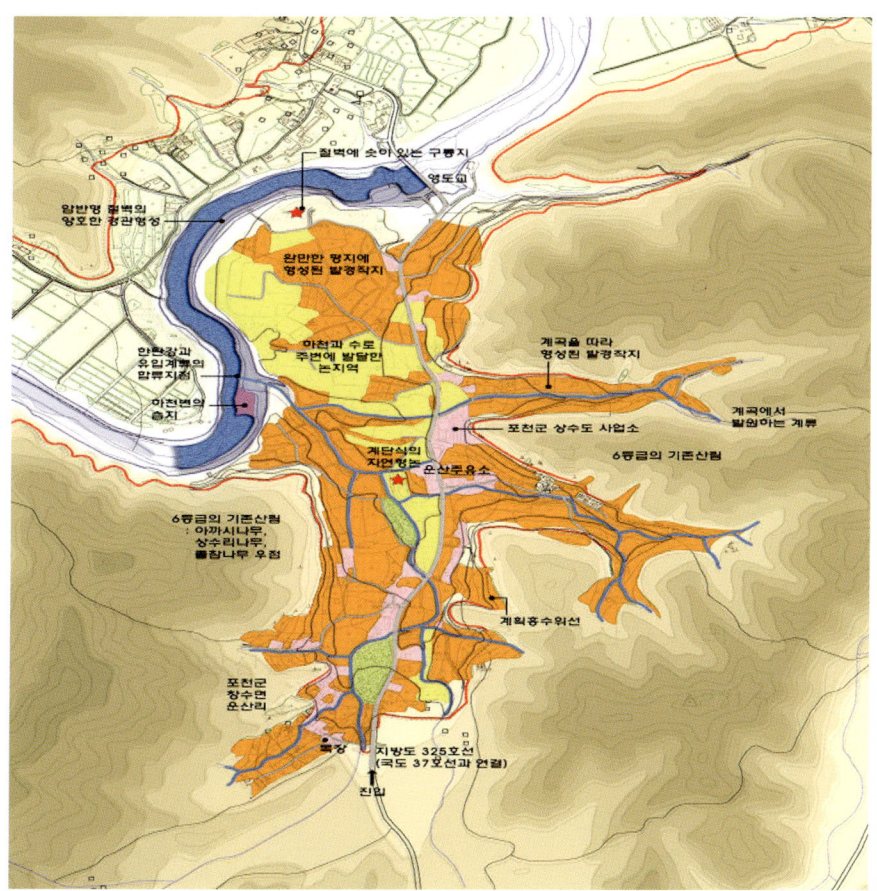

위치하여 하절기 홍수의 영향을 받는 지역이다. 녹지자연도상 대상지는 1~2등급이
며 주변의 산림은 6등급으로 나타났다. 대상지 내는 보호종이 없으나 주변지역에
다양한 종들이 서식하고 있다.

Process 3. 장소성을 고려한 생태디자인 4단계

1단계에서는 생태적 구조와 기능을 고려하여 주요 시설인 인공습지를 조성하여 유
역의 점·비점오염원 처리와 서식처 기능을 부여하였다. 토지이용, 동선 등에 대한
구상은 주요 자연자원인 농경지, 산림 등의 현황을 활용하였다.

2단계에서는 1단계에서 마련된 생태적 골격을 토대로 자연형습지, 습초지 등 인
접시설을 연계 발전시켰다. 평면적 지형 특성이 강한 곳은 인공언덕을 통하여 경관
적, 생태적 다양성을 높이도록 하였다.

3단계에서는 시설의 규모, 방문객의 행태, 서식처 요건habitat requirements 등을 고려

운산리현황분석도

〈자연환경〉

-수체계현황-

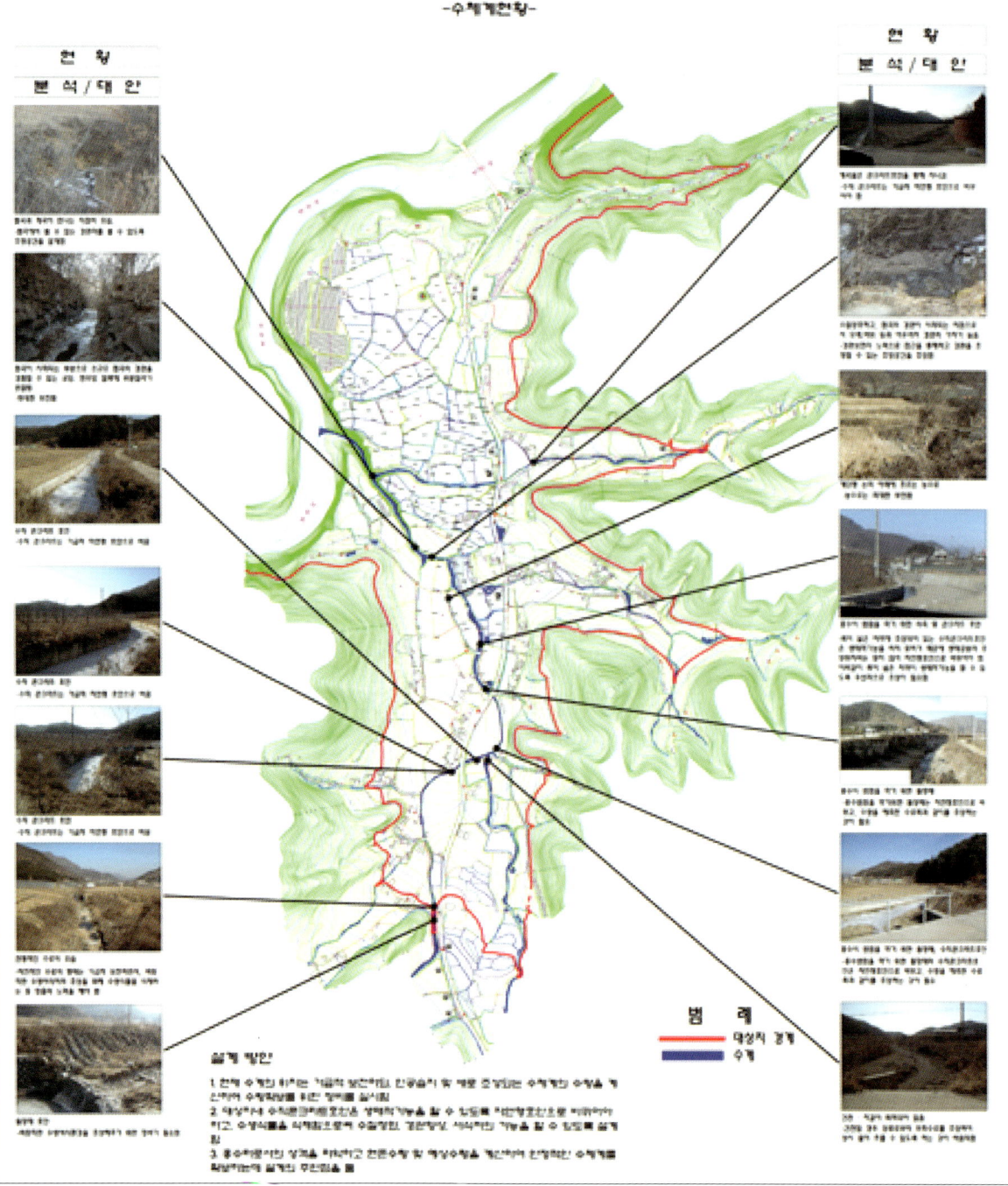

우리 풍토에 맞는 생태하천

운 산 리 현 황 분 석 도

〈자연환경〉

-경관-

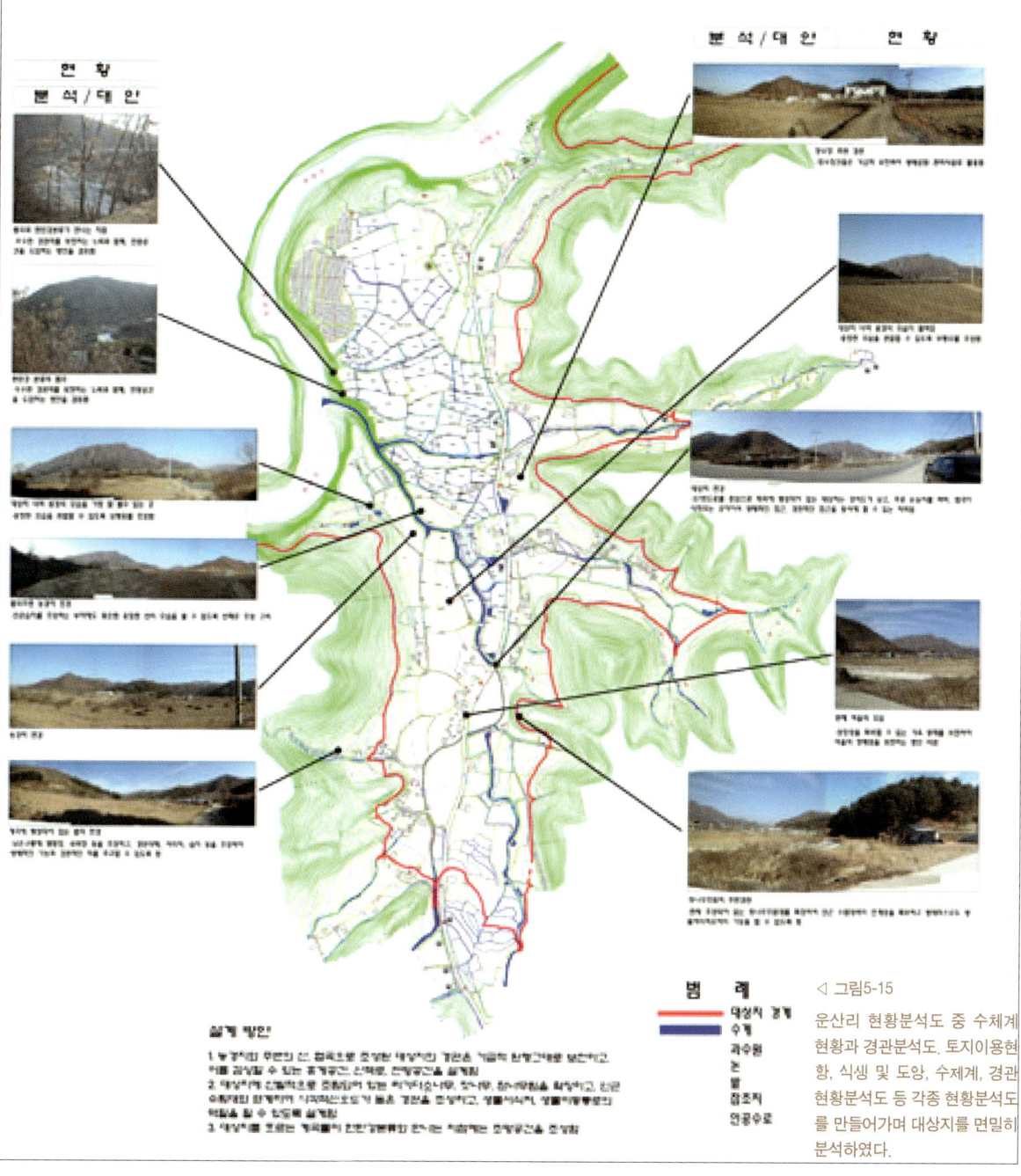

◁ 그림5-15

운산리 현황분석도 중 수체계
현황과 경관분석도. 토지이용현
황, 식생 및 도양, 수체계, 경관
현황분석도 등 각종 현황분석도
를 만들어가며 대상지를 면밀히
분석하였다.

하여 생물서식공간으로서의 기능과 생태학습 기능을 부여하고 시설을 더욱 기능적
이고 세부적으로 발전시켰다.

　4단계에서는 실시설계 측량 이후 현장여건을 감안한 세부적인 프로그램, 시설의
대안이 마련되었고, 실시설계 결과에 가장 근접한 대안이다.

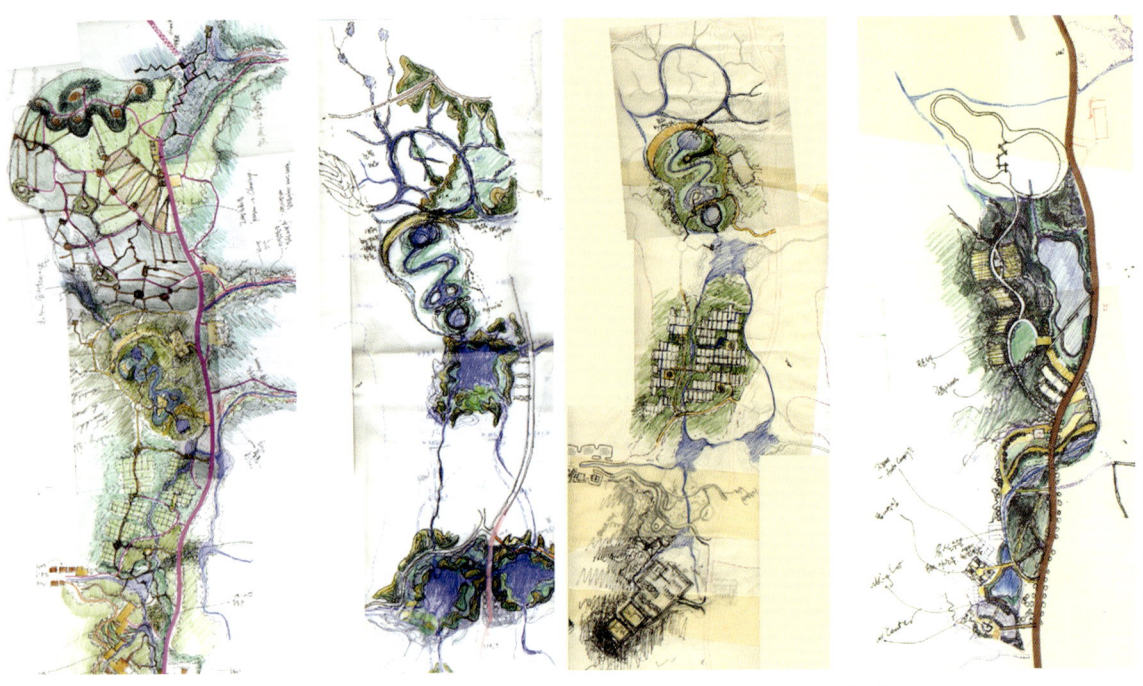

그림5-16
Schematic Design 1단계(좌)~2단계(우)

그림5-17
Schematic Design 3단계(좌)~4단계(우)

Process 4. 생태 구상 프로그램

생태 네트워크 시스템을 구성하는 하부요소로 서식처를 핵소생물권Core Biotope, 거
점소생물권Spot Biotope, 점소생물권Point Biotope의 3개 소생물권으로 구분하였다. 또한
이동통로는 크게 수생태계 이동통로Water Corridor와 육상생태계 이동통로Green Corridor
로 구분하였다.

　에코 네트워크Eco-network 구상도를 살펴보면, A는 핵소생물권으로 인공습지, 자
연형습지, 조류서식처를 구상하였으며, B는 거점소생물권으로 핵소생물권과 연계
되는 각각의 단위 소생물권인 생태연못, 저류연못, 초지, 산림복원지로 이어지도록
하였다. 점소생물권인 C는 거점소생물권을 기반으로 하는 물웅덩이, 야생초화원,
개구리연못, 채원 등으로 거점을 연결하는 점이 되도록 계획하였다.

이동통로의 구상은 수생태계 이동통로⑩로 인공습지, 자연형습지, 계류, 생태연못, 저류, 연못 등을 연결하는 물의 코리더로서 구상하였으며, 육상생태계 이동통로ⓔ 는 기존산림과 산림복원지, 초지, 텃밭 등을 연결하는 생 태통로로서 연계하였다.

생태적 수용능력을 산출하는 방법에는 여러 가지 방법 이 있으나 본 대상지가 생태적으로 민감한 생태공원지역 임을 감안하여 Cifuentes(Ceballos-Lascurain, 1996)가 제시한 방법을 사용하였다. 이 방법에 의해 물리적 수용능력 physical carrying capacity; PCC, 실제수용능력real carrying capacity; RCC, 허용수용능력effective /permissible carrying capacity; ECC을 산정하였다.

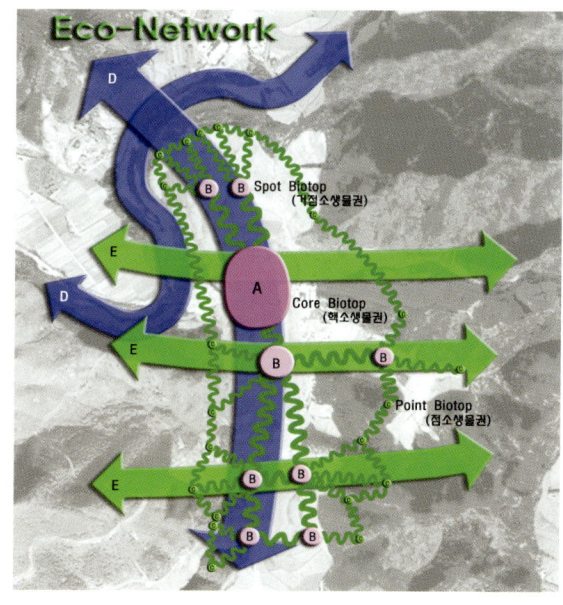

그림5-18
에코 네트워크 구상도

전체면적 924,052m²중에서 방문객들이 실제적으로 이용가능한 면적은 24.2% 인 223,492m²이다. 이용가능한 면적에 3시간의 회전율을 적용하여 물리적 수용능 력을 1일 6,705명으로 산정하였다.

Process 5. 생태복원 계획의 뼈대 세우고 피 돌리기
야생동식물 서식처 제공과 방문객의 생태 학습기회 제공 기능을 효과적으로 수행할 수 있도록 제한적 이용지역과 개방적 이용지역으로 구분하였다. 제한적 이용지역은 대상지의 야생동식물 서식처를 보전하기 위해 방문객들의 이용이 제한적으로 개방 되는 지역이며, 개방적 이용지역은 산란기, 번식기 등의 특수한 기간을 제외하고는 방문객의 접근이 허용되는 지역이다.

기존의 토지이용으로 인해 훼손된 지역에 대해서는 장소가 가지는 생태적 특성 을 고려하여 생태적 핵ecological core인 인공습지를 중심으로 한탄강과 인접한 지역에 는 대체생태계 복원 및 자연천이지역으로 복원하였다. 진입공간과 인접한 곳은 개 방적 이용이 이루어지는 곳이며, 생태학습장 및 자연휴양시설을 조성하였다.

식물 서식처 보전 및 복원을 위해서는 각 종의 서식처 특성에 맞는 식생을 도입하 되 수몰지구의 식생을 우선 활용하도록 하였다. 한탄강댐 환경영향평가서(한국수자원 공사 등, 2001) 검토와 현장조사 결과, 대상시에서 보존가치가 높은 수종으로는 돌단풍 군락, 일월비비추군락, 다층림의 참나무 군락, 매자나무, 삼지구엽초, 바위틈에서 자라는 소나무 등이었다. 보전가치가 높은 종들을 이식하여 보호하기 위해서 서식환경 측면에서 기존의 계곡부위와 구릉지의 농경지 일부지역에 대체서식처를 조성하고 주변의 양호한 산림 및 초지를 모델로 복원하고자 하였다. 다락대 사격장 부근을 포함한 홍수터의 습지는 자연천이를 유도하며, 기타 수몰지구의 습지식물은 자연형습지에 이식하도록 하였다.

또한 지형적 특성을 활용하여 자연유하가 가능한 수체계 시스템을 구성하였다. 일정한 유량공급을 통해 안정된 수생태계가 유지될 수 있도록 기존의 수체계를 고려하여 적절한 지점에 생태연못과 저류연못을 조성하였다. 또한 인공습지 시스템을 도입하여 유역의 오염원을 정화하며 핵심서식처로 역할을 할 수 있도록 하였다. 자

그림5-19
수환경 계획도

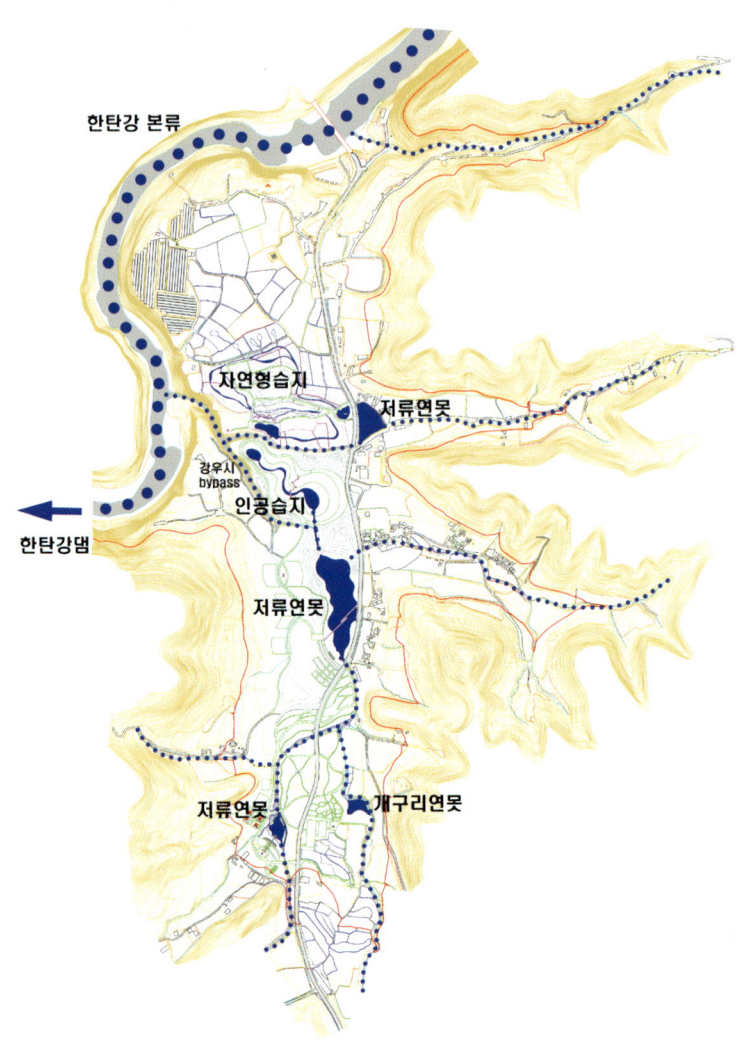

우리 풍토에 맞는 생태하천

연형습지, 생태호수, 생태연못 등의 수생 비오톱은 수몰지구의 대체서식처 기능을 제공한다. 따라서 수체계는 자연유하가 가능한 수체계 시스템으로 2,931,645m²의 유역면적에서 강우시 초기에 직접 유출되는 양은 26,561m³/d으로 환산되며, 평상시 발생유량은 2,782m³/d로 추정되어 이 규모를 소화하여 유역의 오염원을 정화할 수 있는 인공습지constructed wetland를 도입하였다. 인공습지의 목표처리효율은 BOD 30%, SS 60%, T-N 30%, T-P 30%로 산정되었다.

2. 안동·임하댐 상류저수지 및 상류 자연생태하천 보전·복원

전력을 공급하기 위해 세운 댐 앞의 나무들이 쓰러져 물이 산성으로 변했다. 이로 인해 물고기도 죽고 터빈은 부식되었다. 말라리아가 창궐하자 부족주민들이 여러 명 사망하고 토지는 물에 잠겼다. 700만불을 외국은행에서 빌리는 경제적 재난뿐만 아니라 전력량도 턱없이 부족하여 또 다른 댐이 필요하였다(그림5-20 참고).

위는 브라질 마나우스Manaus에서의 일이다. 댐 조성 전 생태환경적 입지의 적정성이나 개발계획 이전에 선환경계획의 중요성은 물론, 댐 상류 유지관리의 중요성을 일깨우는 사례라고 할 수 있다. 한편, 지구상 많은 나라에서 가족이 하루에 사용할 물을 긷기 위해 매일 6시간씩을 소비한다고 한다. 가나의 칸디가Kandiga의 경우, 식수시스템이 갖추어지기 전까지 대부분의 여성들은 새벽 3시에 일어나 4킬로미터 떨어진 강으로 물을 길러 가야 했다(그림5-21 참고).

▷ 그림5-20
브라질의 Balbina Dam의 생태적, 경제적 재난에 관한 콜라주(『지구적 환경으로서의 도시』, Herbert Girardet 지음, 반상철 옮김, 미건사, p.91)

△ 그림5-21
"수많은 사람이 사랑 없이 살아가고 있다. 그러나 물 없이 살아가는 사람은 한명도 없다"(『지구의 생명, 물의 위기』, 애니타 로딕 지음, 황해선 옮김, 시간과공간사, p.111)

우리 풍토에 맞는 생태하천

불가피하게 만들어지는 대규모 토목사업들과 그를 치유하기 위한 생태 환경적 복원은 새삼 강조하지 않아도 될 정도로 그 중요성이 크다. 하지만 많은 인구의 생명과 직결되는 물의 현명한 이용이야말로 그 중에서도 가장 중요한 요소라고 할 수 있다.

필자가 그간 참여해 왔던 새만금, 한탄강, 굴포천 등의 대규모 토목사업이나 신도시 개발과 같은 대규모 유역 차원의 신규개발의 경우, 생태환경적 이슈로 인해 개발이 저지되거나 지연되는 일들이 적지 않았다. 또한 생태 환경적 보완자료 작성으로 소모되는 막대한 경비와 전문 인력 낭비, 환경단체와 개발업자간의 갈등, 그 밖에 숱한 정쟁으로 인해 소모되는 에너지 낭비는 큰 사회적 문제로 대두되고 있다.

그렇다면 이미 조성된 대규모 댐과 같은 수자원 개발사업은 어떤가? 과거 치수, 이수 목적으로 지어졌고 국가 물 부족 해소 및 수자원 확보정책의 원활성을 도모하기 위해 진행되어 온 댐 건설사업은 유수생태계를 정수생태계로 변화시킴으로써 유량, 수질 및 기후변화 등을 초래하였다. 이는 댐 상류의 대규모 유역 및 하류 유역생태계에까지 영향을 미치고 있어 환경단체 등의 댐 환경파괴 주장과 지역 주민들의 강력한 반대로 신규 댐 건설이 지극히 곤란한 실정이다.

따라서 댐 건설사업은 환경보전과 개발이 조화된 새로운 전형을 제시하고, 댐 저수지 및 주변지역의 생태복원사업을 적극적으로 추진할 필요가 있다. 다행히 이런 인식이 점차 확산되면서, 생태계 변화에 대한 해결책과 국민적 합의 도출을 동시에 제시하기 위한 방안으로 댐 건설 장기계획(2001. 12) 수립, 댐 건설 및 주변지역 지원 등에 관한 법률(2003) 개정과 더불어 댐 주변지역 생태자원의 지속가능한 보전, 오랜 세월동안 훼손된 지역의 환경친화적 복원을 추진하는 방안이 대두되게 되었다.

여기서는 안동·임하댐을 대상지로 하여 대규모 유역차원에서의 생태보전·복원계획을 제시해 보고자 한다. 이를 위해 우선 환경 및 생태계를 조사·분석하고 광대한 안동·임하댐 상류 유역의 생태보전·복원계획을 위하여 댐 상류에 기 수행된

◁◁ 그림5-22
생태보전 복원 계획에 있어서 필수 사항은 대상지 특성(site specific)을 조사 분석하는 일이다. 이 프로젝트의 생태 조사 및 자문위원은 양서·파충류(심재한 박사), 곤충류(이종은 교수), 수생식물(조강현 교수), 식물상(정흥락 박사), 조류(김수일 교수), 어류(변화근 박사) 등이었다. 생태보전 복원계획의 종합 코디네이터(coordinator)인 필자는 생태전문가들의 생물상 조사 내용을 해석하고 대상지의 미기후, 지형, 수리 수문, 토양, 지질 등과 수질환경 및 주변 토지 이용까지 파악하고 생태보전 복원계획의 방향을 제시하였다. 환경설계가로서 최종 결과물을 도출해야하는 필자는 최대한 현장에서 방향을 확정하고자 사진에서처럼 맵핑(mapping) 구상을 시도하는 경우가 많다(2004년 9월 11일 현장답사).

◁ 그림5-23
생태계획의 세계적 권위자 이안 맥하그(Ian McHarg) 교수가 매주 금요일 수행하였던 미국 University of Pennsylvania 대학원의 생태계획 스튜디오의 생태조사 분석을 위한 현장답사(왼쪽에서 지도하는 사람이 맥하그 교수이고 오른쪽 전면이 학생이었던 필자). 필자의 유학시절인 18년 전에 맥하그 교수는 이미 적지분석을 위한 서식처 개념의 생태학자들을 현장답사에 동행시켜서 현장강의를 수행하게 하였다. 최근 우리나라에서 생물상을 중심으로 이루어지는 생태조사 방법도 단순히 생물종에 관한 조사 분석으로 끝나서는 안 되며, 보전 생물학적 측면에서 서식처 보전 및 복원 개념으로 연계되어야 한다. 이를 감안하여 우리나라의 환경설계가는 생태 조사분석 결과를 해석하여 보전 복원계획에 적용할 수 있는 역량까지도 갖추어야 한다.

생태조사(한국수자원공사, 2002)를 바탕으로 일차적인 문헌 조사를 시행하였다. 그 다음 답사지역을 중심으로 주요지역별 생태현장조사를 더욱 구체적으로 재실시하였다. 이를 근거로 상류하천지역의 보전·복원을 위해 소유역별로 생태적 가치를 평가하였고, 이를 통해 적지를 선정하여 생태보전·복원계획을 수립하였다.

대상지 개요

대상지는 안동·임하 다목적댐 지역으로 경상북도 안동·임하댐 저수지 및 상류하천권역으로 정하였다. 이곳은 경상북도 중앙에 입지하고 있으며, 안동시 동쪽 낙동강 상류에 안동댐, 낙동강의 지류인 반변천에 임하댐이 조성되어 있다.

구체적으로 안동댐은 낙동강 본류를 가로막아 1976년 10월에 준공된 사력砂礫댐이며, 대상지역인 안동댐권역은 총저수량 12억 5천만톤, 유역면적 1,584km²으로 형성되어 있다. 또한 임하댐은 총저수량 5억 9500만m³, 유역면적 1,461km²으로 4대강 유역 종합개발계획의 하나인 다목적 수자원개발사업에 의해 건설된 다목적 사력댐으로, 1984년 12월에 착공하여 1993년 12월 31일에 준공되었다.

필자를 비롯한 연구진은 대상지의 생물상조사결과(한국수자원공사, 2002)를 바탕으로 보전·복원계획의 기본구상을 마련하였고, 대상지 특성을 고려한 복원계획을 수립하였다. 보전가치에 대한 평가를 통해 수환경 인프라 조성을 위한 수질환경계획과 수생태복원계획을 수립하고, 환경생태적 수용능력ecological carrying capacity 범위 내에서 생태학습장을 조성하여 생물과 인간이 어우러질 수 있는 바람직한 대규모 유역의 생태보전 복원계획 모델을 제시해보고자 한 것이다.

그림5-24
대상지 위치도

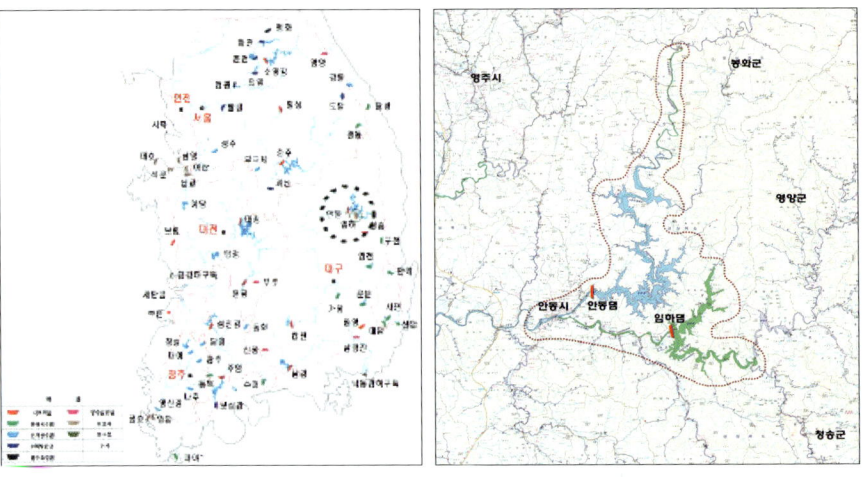

우리 풍토에 맞는 생태하천

생태적인 현황자료를 우선시하기 위해 시행된 안동·임하댐 저수지 및 주변지역 생태환경조사는 2002년 5월부터 2003년 4월에 이미 수행된 바 있었다. 2004년 9월 본 계획의 수립을 위해 현장조사를 수행하였고, 그 결과를 토대로 생태적 현황과 인간의 이용을 고려한 보전가치평가[2] 기준(표5-1)을 마련하여 대상지 구간에 보전가치평가를 수행하였다. 〈표5-1〉은 보전가치평가의 계량화된 수치를 생략한 것으로 생태자연도의 경우 등급별로 차이를 두었으며, 보호지역 지정현황은 생태계보전지역, 수변구역, 상수원보호구역, 국립공원/도립공원 등을 기준으로 하였다. 생태환경 조사 결과와 보전가치 평가 결과를 종합하여 주요 대상지를 선정하고 생태보전·복원계획을 수립하였다.

2) 생태적인 현황자료들을 바탕으로 생태계의 건강성을 평가하는 기법으로 이를 통해 대상지역을 보전할 것인지 복원할 것인지 등을 결정한다.

현황조사분석: 생태환경 조사 및 보전가치 평가

생태환경 조사 결과는 〈표5-2〉와 같으며, 식물상의 경우 안동·임하댐 상류지역에 신갈나무군락이 양호하였으며, 안동호 주변의 관목림이 양호한 상태로 나타났다. 포유류의 경우에는 안동호 주변에 멸종위기야생동식물 I급인 수달과 II급인 하늘다람쥐, 삵이 조사되었으며, 조류는 천연기념물 7종과 멸종위기야생동식물 I급 3

표5-1
보전가치 평가 기준

구분	항 목		
문헌자료	생태자연도		
인간의 간섭	보호지역 지정현황		
	주변 토지이용		
	도로 점유비율		
생물종 자료	식물상	식생군락 출현상황	자생성 산림식생군락 출현상황
			하천변 관목성 자연식생군락 출현상황
			하천변 초본성 자연식생군락 출현상황
		희귀성(보호종) 출현상황	
	동물상	어류	출현 종수
		조류	출현 종수
			희귀성(보호종)
		양서파충류	출현 종수
			희귀성(보호종)
		포유류	출현 종수
			희귀성(보호송)
		육상곤충	출현 종수

종, II급 1종이 발견되었고, 상류지역에 백로가 집단 서식하는 지역이 있는 것으로 나타나 습지 보전대책이 필요한 것으로 사료되었다. 안동댐의 어류상의 경우, 상류는 유수생태계, 중류는 유수·정수생태계, 안동호는 정수생태계의 특성을 보이고

표5-2
생태환경 조사 결과

구 분	출현종수	주 요 종
식물상	85과 282속 453종	신갈나무군락, 망토군락, 소매군락
포유류	5과 11속 20종	고라니, 족제비, 멧돼지, 고슴도치, 노란목도리담비, 하늘다람쥐, 수달, 삵
양서파충류	10과 13속 21종	남생이, 참개구리, 구렁이, 무당개구리, 줄장지뱀, 두꺼비, 쇠살모사 등
조류	29과 59속 88종	먹황새, 매, 원앙, 황조롱이, 검독수리, 백로, 새홀리기, 붉은머리오목눈이 등
어류	11과 29속 34종	모래무지, 은어, 참몰개, 돌고기, 뱀장어 등
저서성대형 무척추동물	57과 82속 107종	물자라, 물잠자리, 장구애지, 꼬마민강도래, 줄날도래 등
육상곤충류	56과 143속 167종	꼬리명주나비, 호랑나비, 흑백알락나비 등

그림5-25
안동 임하댐 주변의 조류 분포도
(김수일+LEED, 2004)

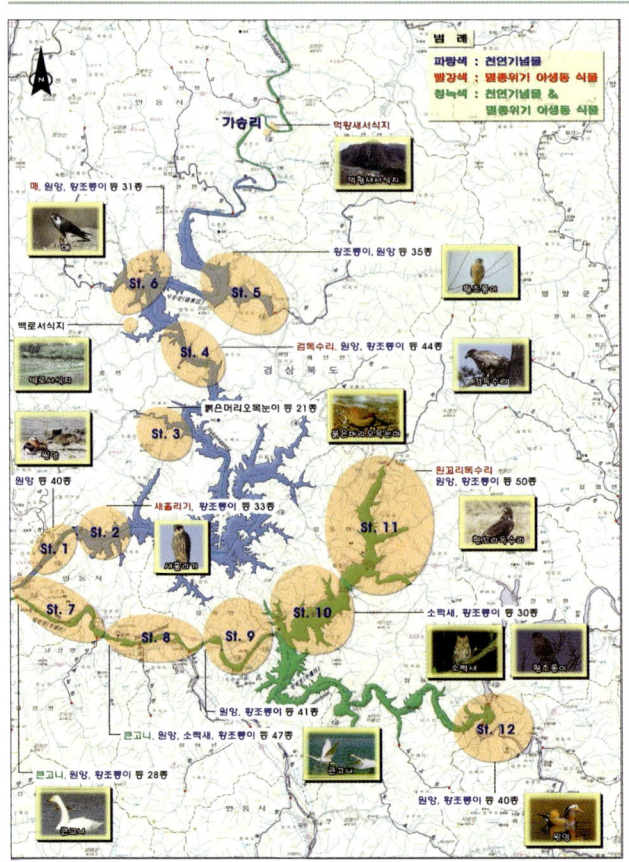

우리 풍토에 맞는 생태하천

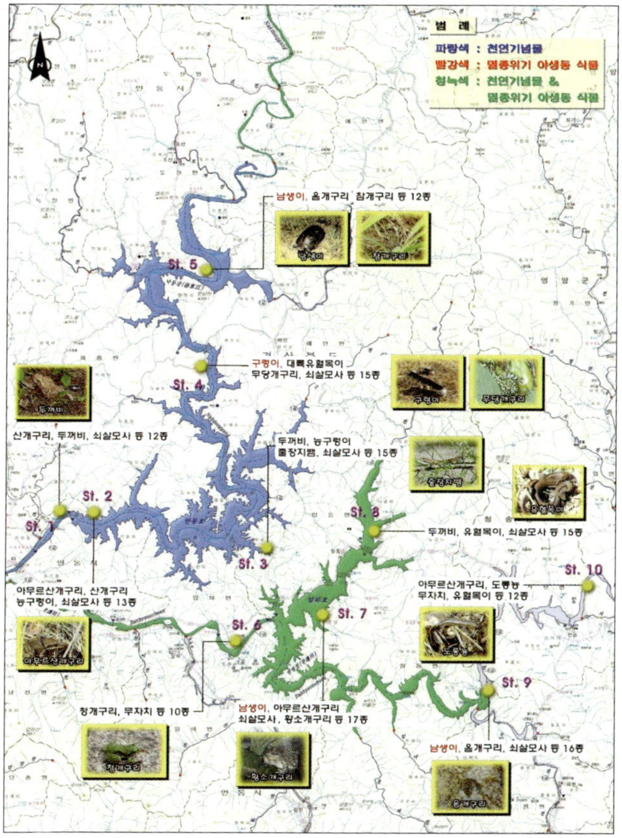

범 례
파랑색 : 천연기념물
빨강색 : 멸종위기 야생동 식물
청녹색 : 천연기념물 &
멸종위기 야생동 식물

St. 5
남생이, 옴개구리 참개구리 등 12종

St. 4
구렁이, 대륙유혈목이
무당개구리, 쇠살모사 등 15종

산개구리, 두꺼비, 쇠살모사 등 12종

두꺼비, 능구렁이
줄장지뱀, 쇠살모사 등 15종

St. 2
St. 1
St. 8
St. 3
두꺼비, 유혈목이, 쇠살모사 15종

아무르산개구리, 산개구리
능구렁이, 쇠살모사 등 13종

St. 7
아무르산개구리, 도롱뇽
무자치, 유혈목이 등 12종

St. 10

St. 6

St. 9
남생이, 옴개구리, 쇠살모사 등 16종

청개구리, 무자치 등 10종

남생이, 아무르산개구리
쇠살모사, 황소개구리 등 17종

◁ 그림5-26
안동 임하댐 주변의 양서파충류
분포도(심재한+LEED, 2004)

▽ 그림5-27
보전가치 평가회의

그림5-28
보전가치 평가 결과(안동댐)
(변찬우+LEED, 2004)

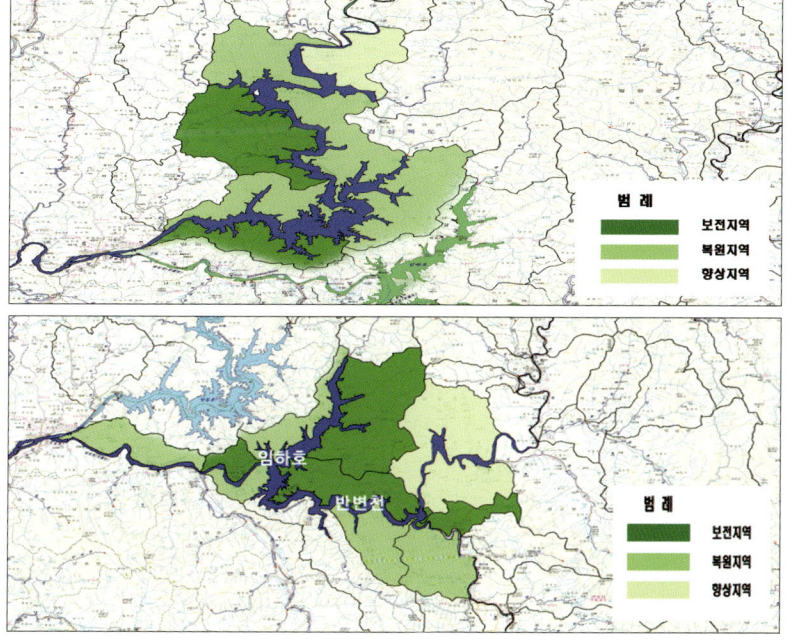

범 례
보전지역
복원지역
향상지역

임하호
반변천

그림5-29
보전가치 평가 결과(임하댐)
(변찬우+LEED, 2004)

범 례
보전지역
복원지역
향상지역

있으며, 참몰개, 모래무지 등 총 34종이 분포하고 있는 것으로 조사되었다. 특히 임하호의 상류에는 어류의 종다양성이 높은 것으로 나타났다.

보전가치 평가 결과, 보전지역으로 설정된 안동호 상류지역을 절대보전하기 위한 오천리 생태복원지로 구상하였으며, 향상지역으로 설정된 지역인 시사단주변은 대규모 생태복원지를 구상하여 수생태계를 향상시키고자 하였다. 임하댐 주변은 임하호와 반변천이 합류하는 지역이 보전지역으로 나타났다.

생태보전 구상 프로그램

생태환경 조사 결과에 따라 보전가치가 있는 주요종 분포는 〈그림5-30〉과 같이 나타났다. 보전가치가 있는 생물상을 목표종으로 하고, 분포지역을 생태보전지역으로 선정하여 생태보전·복원계획을 수립하였다. 목표종의 적극적 보전을 위해 현지외 보전방안Ex-Situ Conservation을 적용하고자 하였으며, 그 방안으로 합강리 생태복원지에 야생초화원을 조성하고, 목표종뿐만 아니라 지역자생초화류를 도입하여 생태

그림5-30
주요종 서식분포지역

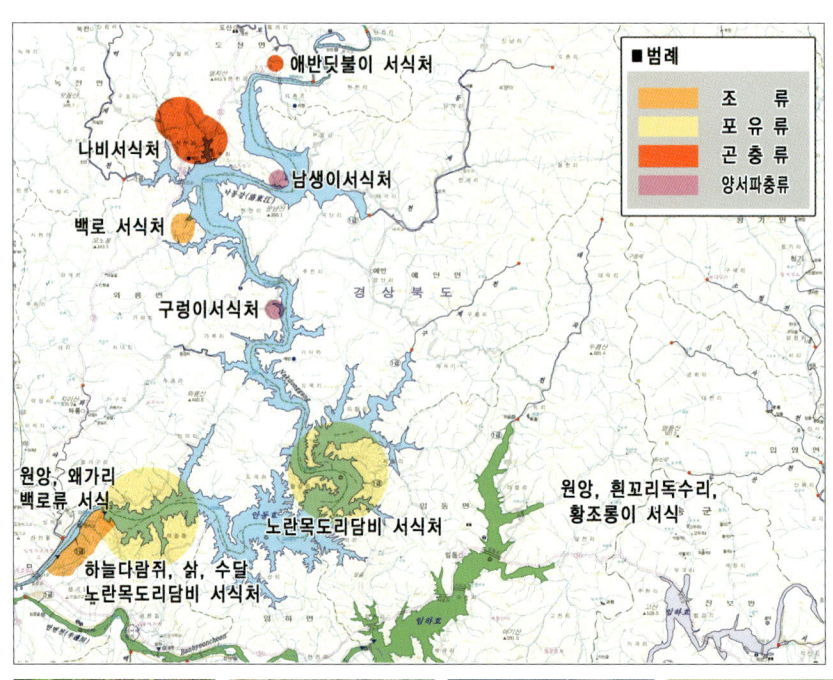

그림5-31
주요 생물종

솔나리　　　　황조롱이　　　　쉬리　　　　애반딧불이

우리 풍토에 맞는 생태하천

적 종다양성을 보전하고자 했다.

　2002년 생태환경 조사 결과를 바탕으로 2004년 조사된 권역을 중심으로 평가하여 보전가치 평가기준을 Place-unit별로 적용한 결과는 다음과 같이 나타났다. 안동호 남쪽의 하늘다람쥐, 삵, 수달 등이 서식하는 지역과 상류지역의 백로와 구렁이가 서식하는 지역이 보전가치가 매우 높은 것으로 나타나 보전지역으로 설정하였고, 안동댐 상류지역을 향상지역으로 설정하였다.

　수생태계는 물과 하상, 주변 토지와 계를 이루고 있고 물의 오염도와 하상구조, 주변식생과 매우 밀접하므로 수질의 오염도 저감과 생물다양성 증진이 필요하다. 본 계획에서는 수생태계 보전을 위한 생태적 수질정화 비오톱, 자연형 습지, 습초지 등 다양한 공법을 제시하고 인하댐 주변지역 특성에 맞는 공법과 프로그램을 적용하도록 하였다. 특히 인공구조물 설치나 벌채에 의한 산림손상지역은 시간이 흐르면서 확대되는 경향이 있으므로 벌채는 금지하도록 하며, 인공구조물 설치시 산림 훼손이 없도록 하고 불가피하게 훼손될 경우 대체산림mitigation forestry을 조성하며 훼손지와 산림 주연부에 소매군락과 망토군락을 조성하였다. 이런 지침에 따라 대상지 내 산림생태계 보전·복원입지로 안동댐 주변지역, 합강리 생태복원지, 오천리 생태복원지를 선정하였다.

　한편 식생조사에서 나타난 지역의 식생, 군락지 특징을 바탕으로 산림생태계 보전유형 구분이 필요한데, 보전유형은 대규모 산림의 생태적 천이 등을 고려하여 거시적인 차원에서 안동댐의 산림생태계 보전의 기초 모델을 제고해야 하며, 세부적인 공법과 조성에 있어서는 목표종의 서식처, 먹이공급원, 지형과 바람의 영향, 주변생태계의 연결 등을 고려해야 한다.

　초지는 조성 후에 하고현상夏高現狀과 동해凍害의 피해가 발생할 수 있으므로 홍수시에 침수되지 않도록 안정적인 정지고를 두고 겨울철 동해에 잘 견딜 수 있는 야생초화류를 식재하여 초지생태계를 보전해야 한다. 초지 지역의 경사는 15° 이하로 식생의 안정화를 유도하여야 하며, 천이를 억제하여 초본성 식물을 유지시키도록 한다. 초지생태계 보전입지는 주로 경사도가 낮은 지역으로서 습지생태계와 산림생태계를 연결

그림5-32
소유역 단위(placeunit)로 서식처를 구분하고 보전 복원 평가지표를 도출하여 작성한 구상 결과를 제시하면서 생태 전문가 그룹의 의견을 모으는 필자(LEED환경연구원에서 2005년 2월 26일)

그림5-33. 구체적인 생물서식처 복원 계획 이후 생태전문가들의 의견을 수렴하는 필자(2005년 7월 2일)

해주는 입지가 적절하다. 본 과업대상지에서는 시사단 생태복원지, 안동댐 주변지역, 합강리와 송강리, 동부리 생태복원지를 초지생태계 보전 사업지로 선정하였다.

생태보전 · 복원계획

생태환경 조사 결과와 보전가치 평가 결과를 종합하고 각 생태계 보전구상프로그램들을 적용하여 안동댐 상류지역 4개소와 안동댐 주변, 임하댐 상류지역 2개소로 생태복원지를 구상하였으며, 목표종과 생태계 특성에 따라 생태보전 · 복원계획을 수립하였다(표5-3). 반딧불이와 나비 등 곤충류가 서식하는 지역으로 오천리 생태복원

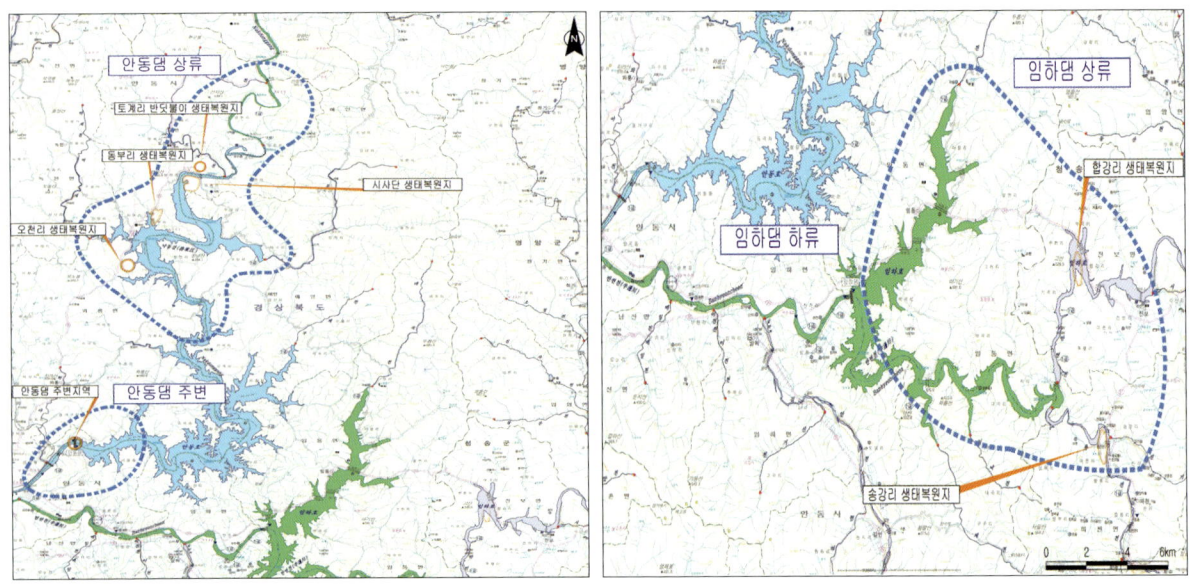

△ 그림5-34
안동댐 생태보전복원계획 수립대상지
선정(변찬우 외 생태조사팀, 2004)

▷ 그림5-35
임하댐 생태보전복원계획 수립대상지
선정(변찬우 외 생태조사팀, 2004)

지와 시사단 생태복원지를, 네트워크 연결 지역으로 동부리 생태복원지와 토계리 반딧불이 생태복원지를, 홍수조절지로서 절대보전지역인 합강리 생태복원지를, 비점오염원관리지역으로 송강리 생태복원지 등을 구상하여 계획하였다.

오천리 생태복원지는 생태환경 조사 결과, 농경지와 저습지로서 백로가 서식하는 것으로 조사되었으나, 수환경생태계의 교란과 농경지의 비점오염원 유입, 도로단절로 인한 영향으로 인해 서식처 이동이 우려되는 지역으로 분석되었다. 따라서 안동호로 흐르는 소하천과 연계된 생물서식처를 조성하고 수환경을 보전 · 복원시키는 계획수립이 요구되는 지역이다. 또한 백로서식처와 더불어 목표종에 따른 서식처를 계획하였으며, 생물서식에 방해되지 않는 범위 내에서 관찰 시설을 배치하였다.

우리 풍토에 맞는 생태하천

대상지		면적(m²)	목표종	생태보전	복원계획 방향
안동댐 상류	오천리 생태복원지	445,840	백로, 검독수리, 황조롱이, 청서, 하늘다람쥐, 남생이, 꼬리명주나비	절대 보전지역 조성(저습지), 목표종에 따른 생태보전기반 조성, 생태적 수질정화 대체습지 조성, 생태숲, 완충 수림대 조성, 지천복원 및 수로 조성
	시사단 생태복원지	913,960	참몰개, 돌마자	자연형 습초지 보전, 어류서식처(생태연못) 조성, 생태적 수질정화 비오톱 및 식생수로 조성, 완충수림대, 하반림 조성, 습초지 복원
	동부리 생태복원지	161,980	꼬리명주나비	생태적 수질정화습지 및 생태연못 조성, 생태숲 · 완충 수림대 조성, 초지 및 습초지 복원
	토계리 반딧불이 생태복원지	92,400	애반딧불이	반딧불이 서식처 조성, 청정수질 보존 방안 마련, 다슬기 채취 행위 규제
안동댐 주변	안동댐 주변	775,460	수달, 하늘다람쥐, 황조롱이, 새홀리기	댐체배면녹화, 훼손비탈면/하반림/습초지 복원, 생태숲 조성, 생물서식처 조성
임하댐	합강리 생태복원지	457,100	세뿔투구꽃, 솔나리, 청서, 남생이, 도요물떼새, 황조롱이, 참몰개, 돌마자	절대 보전지역 조성(자연형 습지) 목표종에 따른 생태보전기반 조성 생태적 수질정화 비오톱 조성 식물종 복원(야생초화원 조성) 생태숲, 하반림 조성
	송강리 생태복원지	386,550	원앙, 황조롱이	저습지, 어류서식처 조성 생태적 수질정화 비오톱 및 VFS 조성 습초지, 훼손지 및 지천 복원 생태숲 조성 수위변동구간 비탈면 복원

표5-3
생태보전 · 복원계획 대상지별 계획

어류서식처는 여울, 소, 웅덩이를 다양하게 조성하고, 다양한 미소서식지(배후 습지, 사행여울, 거석소, 하중도 사구, 천수만, 샛강), 다양한 하상구조(돌, 자갈, 모래 등), 수변부에 목본(버드나무류) 및 초본(줄, 애기부들, 갈대 등) 식물 군락을 조성한다.

생태적 수질정화습지는 어류 서식처와 더불어 유기적인 저습지 형태로 생태적 수질정화 비오톱SSB 시스템으로 계획하였다. 본 시스템은 농경지와 지천에서 발생하는 비점오염원을 상시만수위와 계획홍수위 사이에서 자연정화하고, 기존의 생태적으로 교란된 농수로를 생태수로로 정비 계획하였다. 또한 생태적 수질정화 비오톱의 식생수로, 수생식물대 등은 어류서식 및 산란에 적합한 구조, 기능을 가지도록

△ 그림5-36
백로 서식지를 가로지르는 지천

▷ 그림5-37
오천리 생태복원지 전경

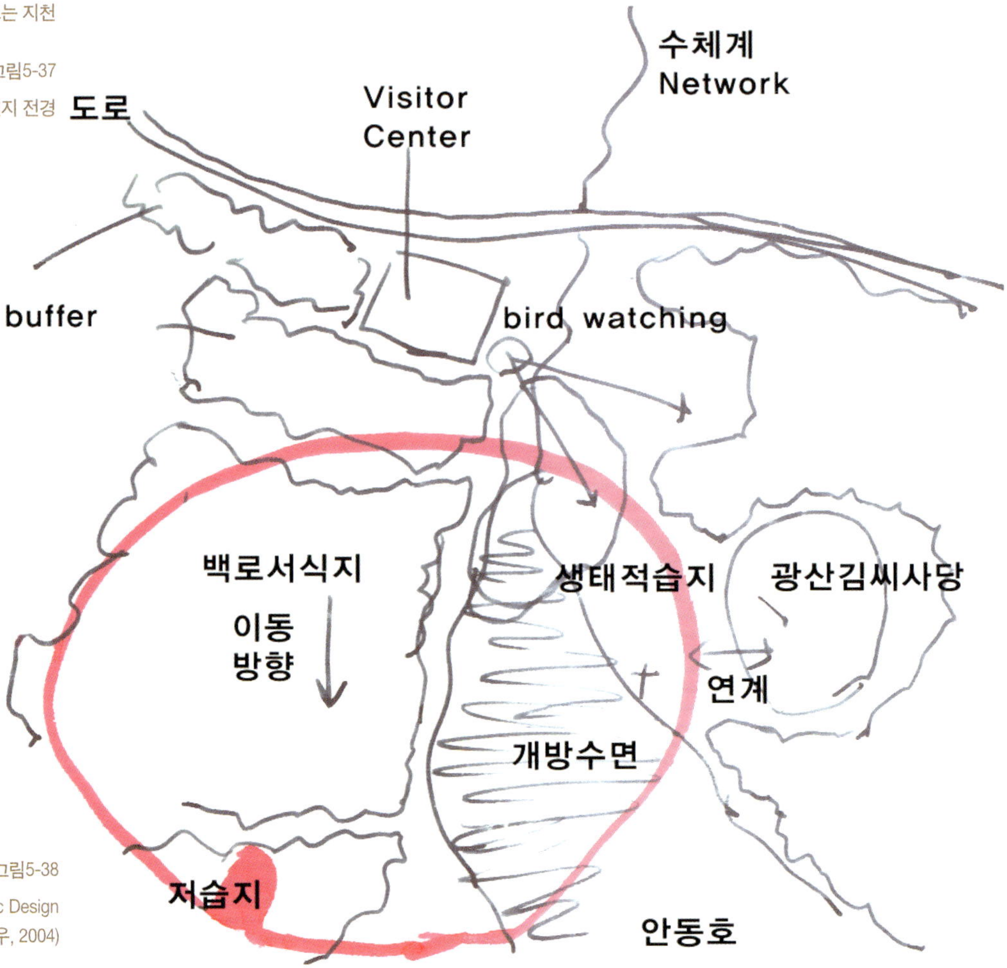

도로

Visitor
Center

수체계
Network

buffer

bird watching

백로서식지
이동
방향

생태적습지

광산김씨사당

연계

개방수면

저습지

안동호

그림5-38
오천리 생태복원지 Schematic Design
(변찬우, 2004)

우리 풍토에 맞는 생태하천

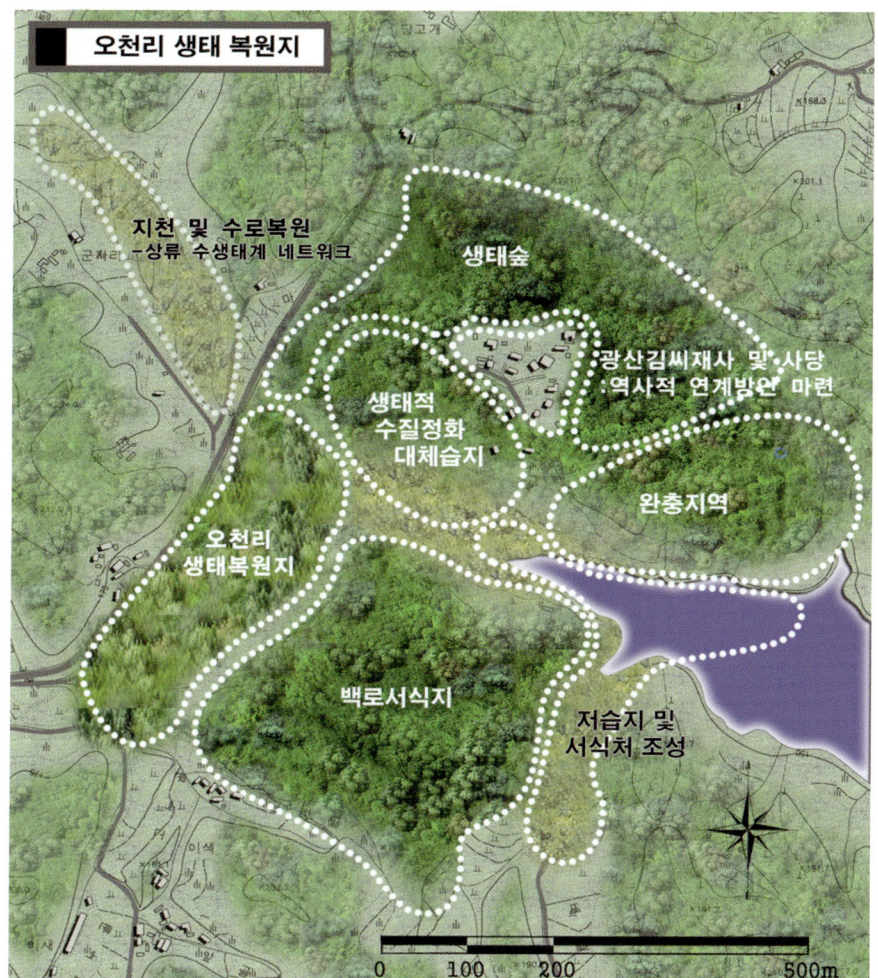

그림5-39
오천리 생태복원지 기본계획(안)
(LEED, 2004)

하며, 습지 내 생태적 수질정화 비오톱은 여울형 수로와 연결되고, 수로는 급여울 형태로 조성하고 하상은 자갈이나 돌로 구성한다. 더욱이 생태적 수질정화 습지는 인근 조류와 수생생물 서식처, 산란장 및 양서파충류, 포유류의 서식공간으로 이용 되도록 계획하였다.

시사단 생태복원지는 완만한 경사에 자연스러운 하도 형태로 식생이 안정화되어 있었으나, 시사단 주변 수질은 오염부하가 높아 녹조가 발생되고 있었다.

따라서 자연적 수질정화와 경관향상을 할 수 있는 자연형 습지를 계획하고, 시사 단에서 안동호로 유입되는 수질을 정화하는 생태적 수질정화 습지를 조성하여 녹조 현상을 방지하고 생물서식처 기능을 겸하도록 하였다. 또한 습지 내 연못과 안동호 수변부를 연결하는 식생수로는 여울 형태로 계획하고, 주변부에는 하반림을 복원

그림5-40
조류 서식을 위한 수공간

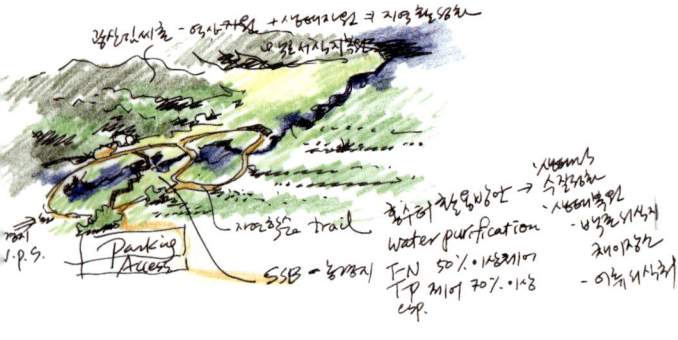

△ 그림5-41
오천리 생태복원지 스케치
(변찬우, 2004)

▷ 그림5-42
오천리 생태복원지 조감도

하고 완충수림대를 조성하여 주연부 효과edge-effect를 가지도록 하였다.

동부리 생태복원지는 계곡에 다단계 농경지가 형성되어 있는 홍수터 부지로서 수변으로부터 나지-습지-초지-밭-숲의 서식처가 분포되어 있다.

따라서 생물다양성을 증진하고 안동호로 유입되는 수질의 관리를 위해 생태연못과 생태적 수질정화 습지를 계획하였으며, 나비 등 곤충류의 서식환경으로 대상지에 발달한 초지와 습초지를 보전·복원하도록 하였다. 주변부에는 주연부 효과와 생물의 서식공간 기능을 가진 생태숲과 완충수림대를 조성하도록 하였다.

그림5-43
시사단 전경

그림5-44
시사단 생태복원지 스케치

190

토계리 반딧불이 생태복원지는 생태환경 조사 결과 애반딧불이 유충이 관찰되었으며, 주변 환경이 산림, 농경지, 소하천과 미소서식처가 어우러져(그림5-46, 그림5-47) 애반딧불이 서식에 적합한 것으로 나타나 반딧불이 서식처를 계획하였다.

애반딧불이의 일반적인 서식조건인 '산기슭의 깨끗한 개울가 또는 잡목림이 우거지고 그늘진 풀숲, 논 등'을 보전하고 청정수질과 서식환경을 보존하도록 구상하였다. 다슬기 채취 행위를 규제하고, 서식지 외부의 빛과 소음을 차단하도록 하였다. 또한 생물서식처의 교란을 최소화하는 범위에서 교육, 관찰 및 체험할 수 있는 방문센터를 계획하였다.

안동댐 주변지역은 2002년 생태환경 조사 결과 멸종위기야생동식물 I급인 수달, 구렁이, 멸종위기야생동식물 II급인 하늘다람쥐, 삵, 남생이 등이 다수 서식 확인되었다. 이에 따라 생태숲을 조성하고, 습초지, 하반림, 훼손비탈면을 복원하여

그림5-45
동부리 생태복원지 생태복원계획
(LEED, 2004)

◁◁ 그림5-46
미소서식처-물웅덩이, 다층식재구조
보전 복원지

◁ 그림5-47
소하천과 미소서식처 보전 복원지

그림5-48
반딧불이 서식처 설계사례
(변찬우, 2003)

그림5-49
안동댐 주변지역 생태복원지
생태복원계획(LEED, 2004)

그림5-50
합강리 생태복원지 전경

생물서식처를 확보하고 댐체의 녹화, 시민생태공원으로 친환경성을 높이고자 하였
다(그림5-49). 또한, 안동댐 주변지역에 한국수자원공사 안동댐관리단, 안동댐 민속

우리 풍토에 맞는 생태하천

박물관, 시민공원 및 선착장, 드라마 세트장으로 방문하는 관광객의 이용성을 고려
하였다.

　합강리 생태복원지는 광활하고 완만한 경사의 홍수터로서 대상지내 자연제방이
있으며(그림5-50), 생태환경 조사 결과 육상곤충의 종 다양도가 높은 것으로 나타났고
남생이, 황조롱이, 참몰개, 돌마자 등을 목표종으로 선정하였다.

　조류, 수생식물의 서식처, 산란장 및 양서파충류, 포유류의 서식공간으로 자연형
습지를 조성하여 절대 보전지역을 계획하였으며, 습초지를 보전·복원하며 식물종
의 목표종으로 선정한 세뿔투구꽃, 솔나리와 초화류를 복원하기 위해 야생초화원
을 구상하였다(그림5-51, 그림5-53). 또한 어류서식처, 소생물서식처를 계획하였으며, 유

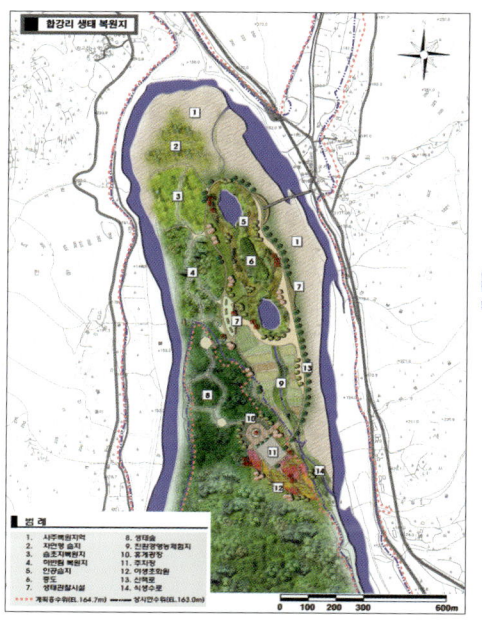

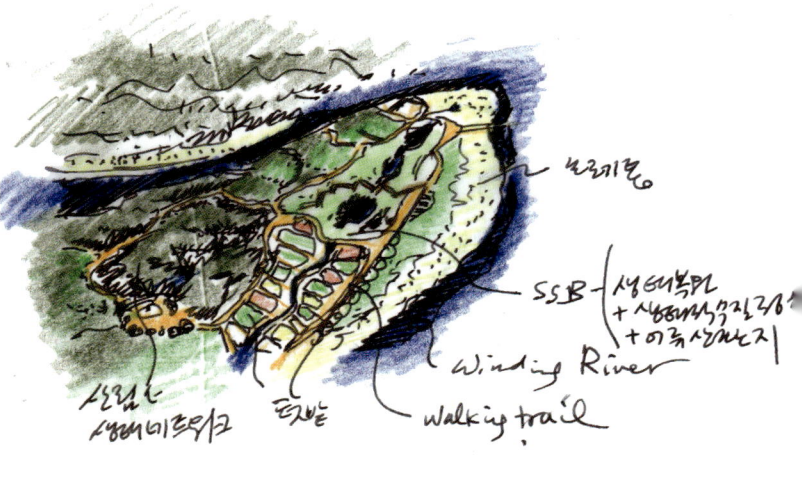

◁◁ 그림 5-51
합강리 생태복원지 기본계획(안)
(변찬우, 2004)

△ 그림 5-52
합강리 생태복원지 스케치
(변찬우, 2004)

◁ 그림 5-53
야생초화원 조성 예(LEED, 2004)

역에서 발생하는 비점오염원의 정화를 위해 생태적 수질정화습지를 구상하였다.

생태적 수질정화 비오톱 습지는 반변천 유역에서 발생하는 비점오염원을 정화하며, 생태적 수질정화뿐만 아니라 생태복원을 통한 소생물서식처 조성 기능을 동시에 추구하기 위한 다단계셀 오염원 처리방법을 사용하였다. 소생물서식처로서 합강리 생태복원지의 목표종인 참몰개, 돌마자 등이 생태적 수질정화습지의 식생수로, 수생식물대에 산란과 서식을 할 수 있도록 계획하고, 수생식물대에 중도를 조성하여 수변으로 어류서식뿐만 아니라, 조류의 도래를 유도하도록 한다.

생물의 서식처로 개구리류는 파충류나 대형조류(백로, 왜가리, 황조롱이)의 먹이원이 되므로 개구리류의 개체수 증가 혹은 서식처 복원은 먹이사슬을 다양하게 만들 수 있다. 따라서 개구리류 서식처뿐만 아니라 소생물 서식처로 활용할 수 있는 연못, 웅덩이, 저습지 등을 곳곳에 조성하고, 다공질多孔質 구조물을 곳곳에 배치하는 것이 바람직하며, 소생물서식처 조성기법으로 하상에서 발견되는 주요 석재를 이용하여 돌쌓기로 다공질 구조물을 만들 수 있고, 손바닥만한 돌을 한아름 이상 쌓아올리면 뱀류, 도마뱀류의 서식장소가 된다. 또한 활엽수의 통나무를 쌓아올리는 것도 좋은

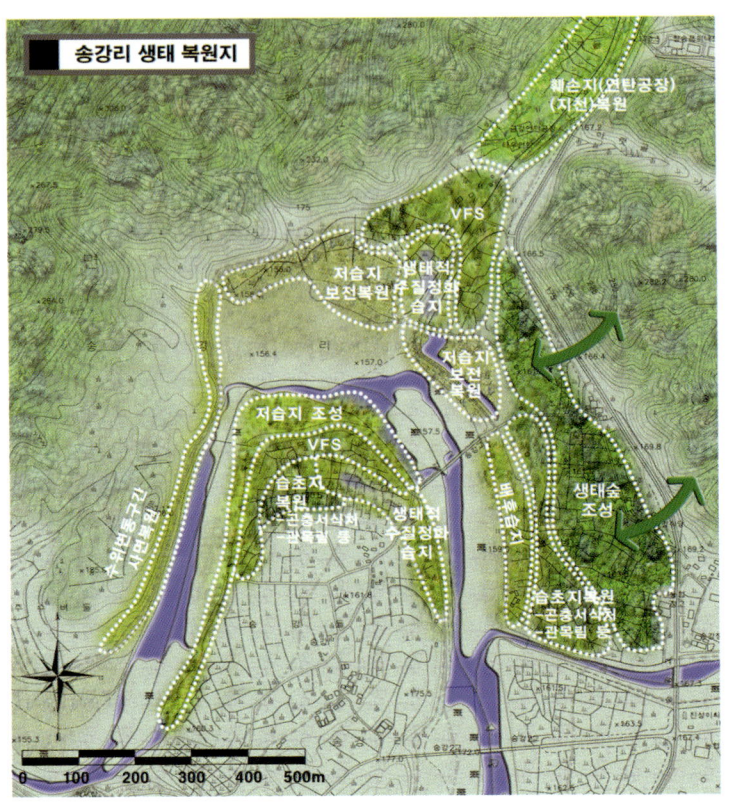

그림5-54
송강리 생태복원지 보전복원계획(안)
(LEED, 2004)

우리 풍토에 맞는 생태하천

방법이며, 통나무에 구멍을 내어 벌의 서식처를 만드는 방법도 가능하다.

소생물의 먹이원으로 나비류를 위해 유충의 식이식물 및 성충의 밀원蜜源식물을 많이 재배하는 것이 바람직하며, 밀원식물 이외에 수액을 만드는 식물이 있다면, 곤충의 서식에 도움이 된다. 상수리나무, 버드나무, 구실잣밤나무 등의 나무 수간에 흠집을 내어 수액식물화시키면 여름 동안 상당히 한정된 수이지만, 많은 곤충이 모여들게 할 수 있다.

송강리 생태복원지는 임하호 반변천 상류에 완만한 경사를 가진 홍수터 부지로

그림5-55
송강리 생태복원지 현황
(ⓒ변찬우, 2004)

그림5-56
송강리 생태복원지 전경
(ⓒ변찬우, 2004)

서 인근지역이 상수원보호구역으로 지정되어 있으며, 집약적 농경이 이루어지고 있어 비점오염원의 관리가 필요한 지역이다. 따라서 저습지를 보전·복원하고 생태적 수질정화습지와 VFSvegetated filtering strips를 조성하여 수질관리가 이루어지도록 하였고, 수위변동구간의 훼손된 비탈면에는 사면 복원을 계획하였다.

생태숲 조성은 송강리 생태복원지 주변지역의 자연성이 높고 양호한 식생모델을 표본으로 식생군집 단위의 숲으로 하며, 군락이 변하는 지역에 충분한 주연부와 마운딩을 조성하여 자연스러운 웅덩이가 형성되도록 한다. 또한 교목다층식재를 통해 생물서식기능을 수행하는 생태기반을 구축하도록 한다.

수변의 저습지는 송강리 생태복원지 부근의 육화되어가는 습지 주변부를 보전·복원하여 습지총량 및 환경생태적 수용능력을 저해하지 않도록 하고 현재 조성되어 있는 하천변 배후습지를 보전하도록 한다.

또한 송강리 생태복원지의 경사도가 낮은 홍수터에 습지생태계와 산림생태계를 연결시키는 습초지를 복원하여 홍수시에 침수되지 않도록 안정적인 정지고를 두고, 야생초화류를 식재하여 생물다양성이 향상되도록 한다.

송강리 생태복원지에 2개소로 계획된 생태적 수질정화 습지는 반변천 및 유입지천의 비점오염원 저감을 위해 자연유하방식의 다단계셀을 도입한 구조를 활용한다. 생태적 수질정화 습지는 생물서식처 기능, 생태적 수질정화 기능, 친수공간 및 생태공원의 기능을 동시에 수행하도록 한다. 생태적 수질정화 습지와 더불어 식생에 의한 VFSVegetated Filtering Strips 개념을 도입하여 송강리 생태복원지 내 훼손지(연탄공장), 기존농경지 등에서 발생하는 강우유출수의 여과, 분해, 흡수, 흡착 등의 기능으로 수질을 향상하도록 한다. VFS는 초지, 생태적 수질정화 비오톱의 완충buffer 역할을 하기 위해 30~50m 폭으로 조성한다.

송강리 지역의 반변천의 수위변동으로 일부구간의 훼손된 식생부를 복원하기 위해 버들, 갈대 등의 수변식생 또는 습지식생을 조성하고 식생을 고정시키는 방법을 사용하도록 한다.

댐 상류하천 및 저수지 보전·복원을 위한 제언

댐으로 인해 생성된 대형저수지와 상류하천은 유수생태계가 정수생태계로 전환되는 특성을 가지며 여러 가지 생태적 변화를 겪어 왔다. 이러한 지역의 생태보전·복원계획은 오랜 기간 동안 형성된 생태적 변화를 고려하여 안정되게 발전되고 복원

될 수 있는 방안이 마련되어야 한다.

지금까지 대형 저수지와 상류하천의 생태보전·복원을 위해, 경상북도 안동댐·임하댐을 대상으로 생태조사와 보전가치 평가 결과를 바탕으로 생태보전복원계획을 진행했던 안동·임하댐 상류지역의 오천리, 시사단, 토계리, 동부리, 합강리, 송강리 생태복원지와 안동댐 주변지역을 중심으로 생태보전·복원계획을 소개하였다.

특히 홍수터를 중심으로 형성된 대상지별로 선정된 목표종에 따라 조류, 포유류, 어류, 곤충류의 서식처를 조성하고 수환경 향상을 위해 유역의 비점오염원을 자연정화할 수 있는 생태적 수질정화 비오톱을 계획하였다. 특히 보전가치평가에서 보전지역으로 설정된 지역의 오천리와 합강리 생태복원지는 다양한 목표종에 적합한 서식처 조성과 저습지로 절대보전지역을 계획하였다. 또한 대상지마다 생물서식처를 다양화할 수 있는 방안으로 생태숲과 완충수림대, 하반림을 조성하여 자연학습의 기능을 부여하였다.

안동·임하댐 상류 저수지와 상류하천의 생태보전·복원계획은, 필자가 국내에서 최초로 수행하였던 소양강댐 생태보전·복원계획(2003)을 수립할 당시보다는 발전된 것이라고 할지라도 향후 풀어야할 프로세스상 과제가 적지 않다. 특히, 생태보전·복원계획에 필요한 생태조사는 출현 동식물의 조사에서 더욱 발전하여 생물서식처 개념으로서 계획에 반영될 수 있어야할 것이다. 따라서 환경계획설계가가 생태조사 단계부터 함께 참여하여 공간적(특히 유역적) 차원에서 활용할 수 있는 생태조사와 분석이 이루어져야 한다. 앞으로 보전·복원을 위한 세부설계 및 조성 시에도 계획자가 참여하여 선행된 생태조사, 분석, 구상, 계획에서 고려되었던 사항을, 현장생태계에 맞게 연구하고 조성하는 시스템이 보다 정립될 필요도 있다. 기존의 댐에 있어서는 현재의 생태현황 조사와 훼손여부 조사가 이루어져 적극적인 복원이 이루어져야 할 것이며, 향후 대규모 토목 사업에 있어서는 훼손되기 전에 이러한 생태적 조성기법이 적용되고 개발되어야 할 것이다. 앞으로 기존의 형태 위주의 세부설계 및 시공을 지양해야 하며, 선행연구를 토대로 한 생태복원 설계와 복원시공 그리고 그 이후의 지속적인 생태계 모니터링 및 유지관리가 일관성 있게 이루어지길 바란다.

6장

생태하천 복원시공 및
유지관리 · 모니터링

본 장에서는 모니터링 과정이 인정되지 않는 건설산업기본법상의 설계와 시공과정만으로는 성공적인 생태하천이 조성될 수 없음을 지적하고, 생태 · 환경복원과정에 따른 모니터링 과정의 중요성과 필요성을 강조하였다. 이를 위해 필자가 국내 원천기술로 개발한 생태하천 복원관련 특허 및 환경부 신기술을 적용하면서 입지선정과 계획, 설계를 거쳐 모니터링 및 시운전을 통해 복원시공을 진행, 생태환경공학적 유지관리 · 모니터링이 어렵게나마 시행되고 있거나 시행할 수 있었던 3가지 사례 및 그 복원효과를 소개하였다. 이를 통해 생태하천의 수생태계를 복원하기 위한 복원시공 및 유지관리 관련 모니터링 방향을 제시하였다. 소개된 사례들을 유형별로 구분해 보면, 우리나라 오염 하천의 대명사였던 경안천 지천 중 가장 오염된 지천을 생태적으로 수질정화하고 생태계를 복원하기 위해 경안천 고수부지에 조성된 금어천 생태적 수질정화 비오톱을 예시하였다. 목표종으로 멸종위기종인 금개구리를 복원한 환경부 생태계보전협력금 사업인 안터저수지 생태공원 생태적 수질정화 비오톱은 하천 내의 목표종 복원에 관한 모델이 될 수 있는 사례라 할 수 있다. 하천 유지용수 확보 및 환경부의 하수종말처리수 재이용사업으로 공주시 제민천 상류하천 및 주변 농경지에 조성된 생태적 수질정화 비오톱은 갈수기 하천수의 대부분을 차지하는 하수처리방류수의 재처리를 검증된 생태습지로 하였다는데 그 의의가 크다. 이들 대상지를 중심으로 가능한한 지속적인 생태 · 환경공학적 모니터링을 통해 복원시공하고, 유지관리 모니터링 과정을 통해 분석된 생태적 수질정화 효과, 생태복원 효과, 친수경관 효과, 치수적 안정성 효과는 법적, 제도적 장치가 없고 국내에서 성공사례가 거의 없는 생태하천 조성사업에서 향후 나침반 역할을 하리라고 믿는다.

모니터링 · 시운전을 통한 복원시공

1) 환경부, 2009, 생태하천복원사업
추진지침

최근 제시된 환경부의 생태하천복원사업지침[1]에 따르면 하천복원시 하천의 공원화를 통해 위락시설에 치중하기보다 하천 수생태계의 건강성을 보전·복원하기 위한 사업에 중점을 두어야 한다고 강조하고 있다. 건강한 하천의 자연성 회복을 위해서는 무엇보다 생태하천 복원시 생태공학ecological engineering적 접근(치수공학engineering+생태ecology)이 이루어져야 하며, 복원공사시 형태적 결과물보다는 시공과정에 있어서도 현장의 생태계ecosystem에 대한 고려를 가장 우선시해야 한다. 궁극적으로 시간의 추이에 따른 자연형성과정natural process을 고려하여 지속가능한 생태계의 기능을 담은 생태하천 복원공사가 되어야 하며, 전문적인 생태환경 모니터링을 통해 효율적인 생태계 복원 및 생태적 수질정화 매커니즘이 달성될 수 있는 구조를 갖게 해야 한다. 수질환경을 개선하는 시설로서 생태공학적 측면(수리, 수문, 토양, 식생, 미기후, 어류, 동물상 등)과 환경공학적 측면(용량, 유속, 수리학적 체류시간, BOD 및 겨울철 처리효율, 배치 및 형태, 배수 및 수위, 식재밀도, 토양 등)의 변화 과정을 지속적으로 모니터링하고 일부 시공 결과의 효율과 기능을 시운전하면서 복원시공이 이루어져야만 성공적인 생태하천을 조성할 수 있다.

본 장의 주요 사례가 되는 금어천 생태적 수질정화 비오톱의 경우 〈그림6-1〉처럼 복원시공 중 수문학적 물 흐름을 고려하여 반복된 모듈의 생태개비온(특허 제10-0821351호) 호안을 설치하였고, 하천의 치수안정성, 수변의 추이대ecotone, 생태적 수질정화기능, 친수·경관적 측면을 고려하면서 공사가 진행되었다.

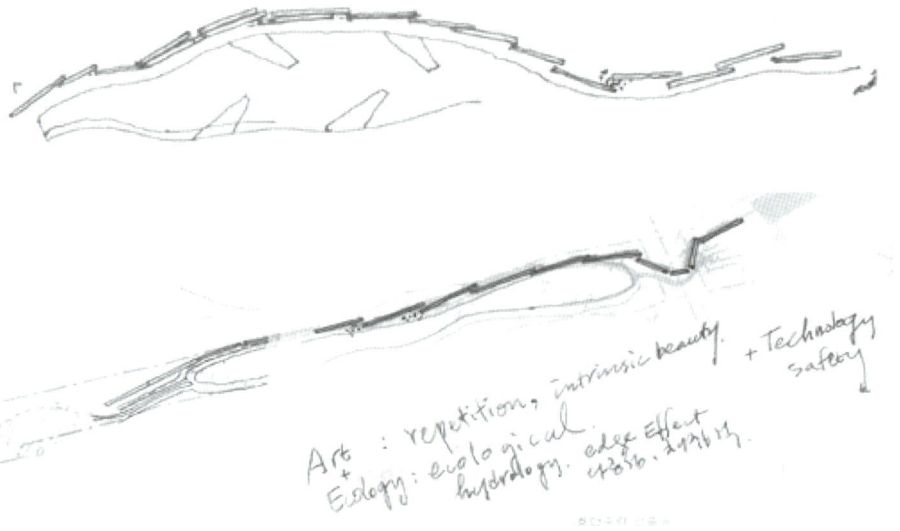

그림6-1
금어천 생태적 수질정화 비오톱 복원
시공 중 모니터링에 따른 생태호안
Schematic Design(변찬우, 2006)

하지만, 현재 국내에선 복원시공 모니터링에 대한 인식이 부족하고 이와 관련된 법이나 제도적 장치가 없고 정책적 지원조차 열악한 상태여서, 금어천 생태적 수질 정화 비오톱은 물론 현재까지도 생태복원공사는 대상지의 생태환경적 특성이나 이에 대한 모니터링 없이, 건설 시공업만으로 이루어진 건설산업기본법 체계에 의해 공사가 진행되고 있는 실정이다. 따라서 지금까지 조성된 생태습지 대부분의 시공 결과물은 생태 · 환경복원 기능과 효율이 없을 뿐만 아니라 오히려 정체수역으로 인한 악취, 녹조류 발생, 생태적 단절만이 발생하고 있다.

제대로 된 생태하천을 조성하고 생태 · 환경 복원을 완성하기 위해서는, 민관의 적극적인 제도적 뒷받침 아래 전문적인 모니터링이 병행된 복원시공을 수행함으로써 실제 자연생태계가 복원될 수 있도록 해야 한다.

이러한 현실에서 필자는 원천기술로 개발한 특허와 신기술을 통해 제한된 상황에서나마 시공 모니터링을 시행해 온 것은 그나마 다행스럽다. 본 장에서는 향후 복원 시공에서 모니터링 · 시운전과 관련된 제도의 법제화가 앞당겨지기를 바라면서, 지금까지 생태 · 환경 복원을 진행한 사례들의 시공 모니터링 과정을 소개하고자 한다.

◁◁ 그림6-2
금어천 생태적 수질정화 비오톱 복원
시공 모습(2006)

△ 그림6-3
금어천 생태적 수질정화 비오톱 전경
(2008)

◁ 그림6-4
안터저수지 내 멸종위기종 서식처 복
원공사에서 필자가 복원시공 모니터
링 중인 모습(2008)

생태환경공학적 유지관리 · 모니터링

복원사업을 시공한 이후에 또 하나 중요한 사항은 당초 복원사업의 목표에 따라 생태 · 환경복원이 성공적으로 수행되었는지를 정량적으로 측정할 수 있도록 주기적인 환경 모니터링monitoring을 수행하는 일이다. 복원시공 후 모니터링은 복원사업의 기능과 효율에 관한 목표를 얼마만큼 달성하고 있는지를 파악하는 일이며, 이러한 모니터링은 향후 유사사업의 성공확률을 높이는 기준이 될 수 있다.

생태 · 환경 모니터링ecological environmental monitoring이란 사전적 의미에서 '환경의 상태와 그 변화를 기록하기 위해 과학적으로 계획된 연속적 측정과 관측'이라고 정의한다. 또한 생태공학[2]에서 모니터링은 모든 사물의 상태를 감시하는 것이라고도 한다. 생태하천 조성을 위한 생태공학에서의 모니터링은 생태계의 상태를 계속적으로 감시하고, 치수공학적 안정성을 비롯해서 예측하기 어려운 변화에 대응하는 것과 이에 관한 지식을 축적해나가는 것이라고 할 수 있다. 여기에서 모니터링이란 대상지가 가진 생태계의 가치와 잠재성을 인식하고 생태적 구조를 조사 · 분석하여 보존과 복원 방안을 수립하는 기초자료로 활용하고자 실시하는 것이다.

자연생태계는 항상 변화를 계속하는 존재이고, 또 주위의 환경과 연결되어 있는 개방계이다. 그 때문에 생태계에는 예측하기 어려운 변화가 종종 일어난다. 생태계의 동적인 성질에 입각한 유연성 있는 관리방법을 순응적 관리adaptive management라고 하는데, 순응적 관리에서는 지역개발이나 생태계의 관리를 하나의 실험으로 간주하고, 모니터링에 의해 실험의 영향이나 효과를 검증하게 된다. 순응적 관리 계획 하에 실시되는 관리는 하나의 가설로 간주될 수 있고, 모니터링의 가설 검증에 이용되며, 이는 생태계의 보다 나은 관리, 계획, 설계에 피드백feedback이 된다. 이러한 점에서 모니터링에서는 자료의 수집뿐만 아니라 그것을 이용한 평가가 중요하며, 그 때문에 조사의 항목, 방법, 위치, 계절 등을 사전과 사후에 일치시켜 시계열적인 비교를 할 수 있도록 해야 한다.

그동안 필자는 국내 생태하천 및 생태복원사업에서는 제도나 정책의 부재로 인해 건설산업기본법에 의한 시공에서 모니터링될 수 없는 부분을 생태적 수질정화 비오톱 시스템SSB: Sustainable Structured wetland Biotop system과 같은 환경부 신기술 및 특허를 연구, 개발하여 실무사례에 적용함으로써 한국적 상황에 맞는 구조 및 기능적 특성을 고려하여 생태복원사업을 진행할 수 있었고, 그에 따른 유지관리 및 모니터링을 수행할 수 있었다.[3][4] 또한 최근 공기업의 영구저류지에 도입된 생태적 수질정

2) 한국토지공사, 2004, 생태공학(시스템의 계획과 설계)

3) 변찬우, 2006a, 저류지 생태공원 설계모형 개발에 관한 연구, 한국환경복원녹화기술학회 9(3): 1~16

4) 변찬우, 2006b, 자유수면형 인공습지 환경 · 생태공원 설계-생태적 수질정화 비오톱 공원의 구조설계를 중심으로, 한국환경복원녹화기술학회 9(5): 1~9

화 비오톱은 상시저류 형태로 설치되어 홍수시 상시저류 구간은 일시 범람될 수 있고, 천이 및 이용객에 의한 훼손 등 예측 불가능하기에 그 변화과정을 관련 전문가가 지속적으로 시운전 및 모니터링해야 한다. 결과적으로 필자는 생태적 수질정화 비오톱으로 복원되는 각 지역의 대상지가 갖는 장소성, 생태·환경공학적 특성을 지속적으로 모니터링하여 조성함으로써 안정적으로 치수, 수생태계 복원, 수질환경개선, 친수경관 등 복합적 기능이 수행될 수 있도록 하였다.

이는 첫째, 수리·수문, 토양, 습지식생, 지질, (미)기후, 야생동물 등의 생태적 구조와 기능을 생태적으로 향상시키는 생태공학적Ecological engineering 유지관리, 둘째, 시스템 내에 점·비점오염원의 성상별(BOD, T-N, T-P, SS 등) 유입농도 및 체류시간, 수리학적 부하율HRT 등을 고려하여 수질환경을 공학적이고 정량적으로 개선하는 환경공학적Environmental engineering 유지관리, 셋째, 침강저류지, 습지와 연못, 침전지 및 어도 등 생태적 수질정화 비오톱에 조성된 생태환경공학적 시설물 보수, 넷째, 동절기 및 홍수시를 대비한 비상시 유지관리 등을 통해 가능하다(그림6-5 참조).

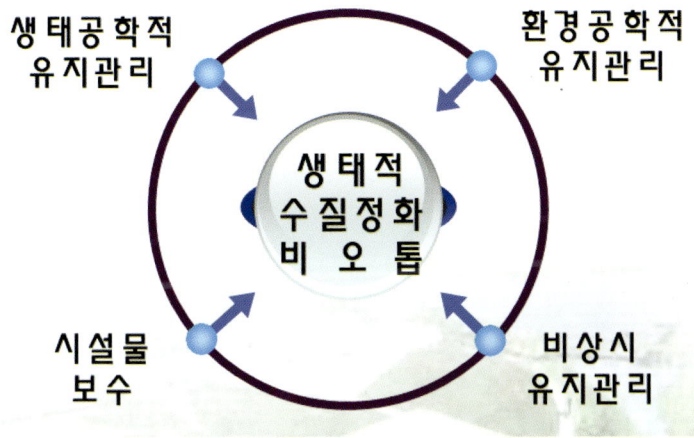

그림6-5
생태·환경공학적 유지관리 방향
(변찬우, 2007)

하천의 훼손 정도에 따라서 생태공학적ecological engineering 기능과 환경공학적environment engineering 기능들이 제 기능을 하지 못할 수 있으므로 이를 억제하고, 생태·환경적으로 복원하며 성공적인 수질처리기능을 수행할 수 있도록 유지관리해야 한다. 또한 지역 주민의 친수공간 및 환경교육장으로 활용하는 동시에 지속적인 모니터링 및 연구개발을 통해 향후 유형별 모델로서 매뉴얼화하는 기초자료를 제공하기 위함도 있다. 특히 생태하천은 치수안정성은 물론 생태공학적 기능과 환경공학적 기능을 수행해야 하므로 향후에라도 관련분야를 교육 받은 전문가의 의견을 충분히 수용하여 유지관리를 시행해야할 것이다. 아래 〈표6-1〉은 통합적 유지관리 및 모니터링을 위하여 필자가 작성한 예정공정표의 대표적 사례이다. 이어지는 본문에서는 필자가 직접 수행한 복원시공 및 생태·환경공학적 유지관리·모니터링 사례들을 소개하고자 한다. 앞서 언급한 바대로 필자가 개발한 생태환경복원 원천 기술인 특허 및 환경부 신기술을 통해 복원 시공한 여러 사례 중 준공이후 1~2년 동안이라도 필자가 직접 유지관리·모니터링을 수행한 다음 각 절의 사례들은 매우 다행스러운 경우라고 볼 수 있다.

표6-1
생태환경복원 전문가로서 시스템적
유지관리 예정공정표 예시
(변찬우, 2007)

우리 풍토에 맞는 생태하천

1. 금어천 생태적 수질정화 비오톱
복원시공 및 유지관리 · 모니터링

경기도 용인시와 광주시를 흐르는 경안천은, 주차장 난립과 공장폐수 등 비점오염원 노출로 팔당호로 유입되는 하천 가운데 오염과 훼손이 가장 심해 수도권 2,500만 주민의 건강을 위협해왔다. 특히 가장 오염이 심한 지천중 하나가 금어천이었다. 경안천 지천인 금어천의 평수량 약 $8,500m^3/d$ 규모를 생태적으로 수질정화하기 위해 금어천과 만나는 하류쪽의 경안천 홍수터에 생태적 수질정화 비오톱이 조성되었다. 대상지는 기존 방치된 홍수터로서 평상시에는 관리가 이루어지지 않고, 일부 주민들의 불법 경작으로 인해 비점오염원의 온상이 되었던 곳이다. 바로 이곳에 생태적 수질정화 비오톱이 도입되어 각각의 장소에 맞게 수생태계를 복원하고 유입 오염원들을 처리하여, 최종 준공된 현재 팔당 수질을 1급수까지 끌어올리는데 기여하고 있다.

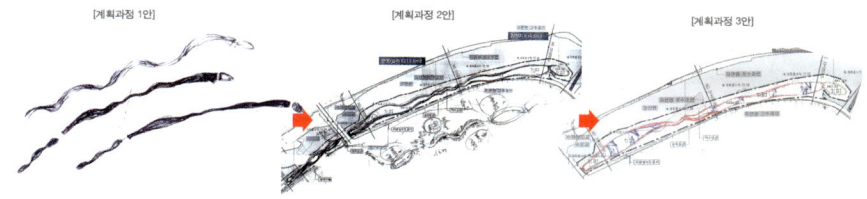

그림6-6
금어천 생태적 수질정화 비오톱
Schematic Design(변찬우, 2005)

모니터링 · 시운전을 통한 복원시공

금어천 생태적 수질정화 비오톱은 생물체를 매개로 한 생태계의 구성요소로 단계적인 습지조성을 통해 생태적으로 수질을 정화하는 비점오염 처리 인공습지 시스템이다. 이는 생태공학적 접근과 환경공학적 접근이 필수적이다. 또 앞에서노 강조한 바있지만, 무엇보다 현장의 생태계에 대한 모니터링을 통해 시공하고 시간의 추이에 따른 자연형성과정을 고려하여 지속가능한 생태계의 구조와 기능을 담은 공사를 시행해야 한다.

금어천 생태적 수질정화 비오톱은 금어천의 물이 흘러나와 경안천으로 흘러드는 고수부지에 위치하여 '유입구 → 침강저류지 → 습지 → 연못 → 습지 → 침전지 → 유출구'(환경부 신기술 제258호) 단계로 오염원을 처리하는 시스템이다. 경안천 본류 고수부지 시작부이자 오염된 물이 나오는 부분부터 기존 콘크리트를 걷어내고 자연형 습지를 시공하였으며 맨 먼저 오염원을 저류하여 침전시키기 위한 '침강지'를 조성하였다. 그 다음 정화효율이 뛰어난 수질정화식물을 식재한 생태습지와 개방수면형 연못을 조성하여 오염원을 침전 및 분해하였다. 마지막으로 개방수면을 통한 산소 공급과 부유물질 제거 과정을 통해 결국 맑고 깨끗한 물이 유출부를 통해 경안천 본류로 흘러나가도록 '침전지'를 조성하였다.

그림6-7
금어천 생태적 수질정화 비오톱(SSB)
조성 후 전경(LEED, 2007)

금어천 생태적 수질정화 비오톱은 이 모든 과정 속에서 경안천의 지형topograph은 물론 수문hydrology, 토양soil, 습지식생hydro phites, 미기후micro-climate, 야생동물wildlife, 지질geology과 관련된 현장의 특성을 최대한 반영하였다. 궁극적으로 뛰어난 수질정화기능뿐만 아니라 매우 맑은 물(수질1급수)의 지표종인 버들치가 살아나고 도롱뇽 서식처가 복원되는 등 생태복원 효과와 아름다운 자연적 경관이 만들어지는 친수경관 기능까지 갖춘 시스템으로 발전된 것이다. 이는 4장에서 제시한 바대로 주암호 생태적 수질정화 Bio-Park(2002년 완공)에서 증명되었으며 이를 더욱 기술적으로 보완하여 금어천의 BOD 처리효율 및 겨울철 처리효율 등을 보강하였다.

생태 · 환경공학적 유지관리 · 모니터링 개요

금어천 생태적 수질정화 비오톱의 경우, 2006년 준공되어 2차년도에 걸쳐 유지관리 및 모니터링을 진행하였다. 생태적 수질정화 비오톱은 자연수면형Free Water Surface 습지로 조성되어 천이, 재해 등 예측 불가능한 습지 구조와 기능 변형이 있을 수 있으므로, 개척단계의 생태하천 조성 및 유지관리 · 모니터링을 효과적으로 진행하기 위해 조성 후 2년간 필자가 직접 시스템적 유지관리를 수행하게 되었다. 특히 이곳의 생태적 수질정화 비오톱은 생태적 수질정화 습지 유지관리를 국내 최초로 지자체로부터 민간위탁을 받아 관리하게 되었다.

생태적 수질정화 비오톱은 기본적으로 생태, 수질정화, 경관향상, 친수 및 환경교육, 미기후조절 효과를 고려하여 지속적으로 유지관리해야 한다. 그 생태적 기능이 원활히 진행되기 위해서는 습지의 상태를 정확하게 평가할 필요가 있다. 특히 효율적인 기능 확보를 위해서는 유속계 등을 이용하여 정확한 수리수문을 파악하여 하

그림6-8
생태하천 유지관리는 생태 · 환경공학 전문가에 의해 시스템적으로 유지관리가 되어야 한다.

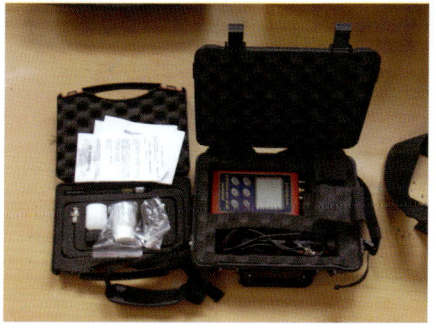
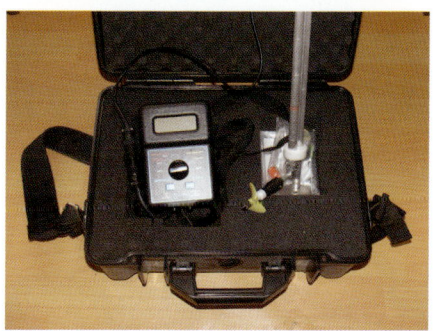

◁◁ 그림6-9
수질측정기

◁ 그림6-10
유속계

천의 유지관리가 진행되어야 한다. 또한 지속적인 하천 수질측정 및 현장에서의 직접적인 수질측정이나 지속적인 모니터링을 통하여 수질정화시스템을 보완해야 한다. 무엇보다 모니터링은 생태하천에 대한 이해는 물론 전문성과 특수성을 갖추고 진행되어야 한다.

조성 초기에는 기상이변, 천이 등 예측 불가능한 환경에 변형될 수 있으므로 문제 발생시 하천 및 주변상황을 정확히 인식하고 그에 따른 적절한 관리 조치가 요구되었다. 국내 어디에도 구체적인 생태·환경적 모니터링 지침이 없는 상태에서 비전문분야에 의해 유지관리될 경우 수처리 효율과 생태복원 기능에 심각한 문제가 발생될 수 있다. 따라서 본 시스템이 지닌 특성을 철저히 이해하고 유지관리 될 수 있도록 전문가(개발자)에 의한 유지관리가 선행되어야 함을 절실히 깨닫게 되었다. 다음은 2007년 및 2008년에 걸쳐 직접 유지관리·모니터링을 수행한 결과이다.

그림6-11
금어천 생태적 수질정화 비오톱 유지
관리·모니터링시 고려사항 및 효과

1. 생태적수질정화

생태적수질정화비오톱(SSB)시스템을 도입, 경안천 지천(금어천)에서 발생하는 1일 8,200㎥의 수량에 포함된 오염물질을 생태적으로 저감시켜 경안천을 맑게 함

2. 생태복원

생태습지 조성으로 생물 서식처를 형성하고, 종 다양성을 증진시키며 생태적 기반을 형성함

3. 친수공간조성

지역주민을 위해 생태학습, 자연관찰 등을 할 수 있는 친수공간 조성

4. 치수·이수고려

홍수기에 안정화 될 수 있도록 치수 이수적 검토를 수행하였으며 경안천의 수리적 특성에 맞는 구조로 설계 및 시공함

생태 · 환경공학적 유지관리 결과 및 효과

◎ 생태복원효과

① 식물상

식재는 수질정화 및 생태계 개선 효과는 물론 경관 개선 효과와도 밀접한 상관관계를 가지고 있으며, 지역성 및 기후, 토양, 지질, 수질환경 등에 따라 조성된 식생 또한 변화되기 쉽다. 그래서 금어천 생태적 수질정화 비오톱에 관한 시스템적 식재 유지관리는 현장특성을 고려하여 하천이나 주변 환경, 생태계의 특성 등을 정확히 파악한 생태 · 환경공학적 모니터링을 통해 유지관리되었다. 생태적으로 다양한 생물의 서식처를 제공하고 적절한 기능과 효율을 달성하기 위해 수생식물이 식재된 습지의 밀도와 개방수면(연못 또는 습지 내 물길)의 밀도가 균형을 이루도록 하였다. 또한, 생태적 수질처리효율이 높은 갈대, 부들, 줄 등의 수생식물을 수질과의 상관성을 고려하여 식재 보완하였다. 습지 제방 사면의 침입종이 활착되었을 때 사면안정에 영향이 있을 수 있어 생태 · 환경적 진단에 따라서 식재시스템의 개방성이나 폐쇄성을 조절하였으며, 식재 상부 제거 작업을 시행하였다.

식재조사 결과 준공 당시 생태적 수질정화 비오톱에는 갈대, 노랑꽃창포, 부들, 마름 등 8과 11종이 식재되었으나, 조성 후 발견된 식물은 택사, 물옥잠, 개피, 미국가마사리, 미국개기장 등 13과 22종이 발견되었다. 특히, 갈대 〉 노랑꽃창포 〉 부들 〉 고마리 등의 순서로 수질 개선 효과가 높은 정수식물이 우점을 이루고 있었다. 하지만 상호경쟁에서 우세한 식물이 식재되어, 침입식물은 군락을 이루지 못하고 세력이 약한 형상을 보였다. 이러한 식생 변화를 통해 각종 야생동물이 서식할 수 있는 근간

그림6-12

금어천 생태적 수질정화 비오톱 식생복원 효과

식 재 종		침입수종	
골풀과	골풀(Juncus effusus var. decipiens Buchenau)	가래과	가래(Potamogeton distincuts A.Benn.)
마디풀과	고마리(Persicaria thunbergii (Siebold & Zucc.) H.Gross ex Nakai)	개구리밥과	개구리밥(Spirodela polyrhiza (L.) Sch.)
		국화과	미국가막사리(Persicaria sagittata (L.) H.Gross ex Nakai)
마름과	마름(Trapa japonica Flerow)		돼지풀(Ambrosia artemisiifolia L.)
부들과	부들(Typha orientalis C.Presl)		단풍잎돼지풀(Ambrosia trifida L. var. trifida)
	애기부들(Typha angustifolia L.)	닭의장풀과	사마귀풀(Aneilema keisak Hassk.)
붓꽃과	노랑꽃창포(Iris pseudacorus L.)	마디풀과	미꾸리낚시(Persicaria sagittata (L.) H.Gross ex Nakai)
사초과	큰고랭이(Scirpus lacustris var. creber T.Koyama)		소리쟁이(Rumex crispus L.)
산형과	미나리(Oenanthe javanica (Blume) DC.)		여뀌(Persicaria hydropiper (L.) Spach var. hydropiper)
수련과	수련(Nymphaea tetragona Georgi)	물옥잠과	물옥잠(Monochoria korsakowii Regel & Maack)
화본과	갈대(Phragmites communis Trin.)	부처꽃과	부처꽃(Lythrum anceps (Koehne) Makino)
	줄(Zizania latifolia (Griseb.) Turcz. ex Stapf)	사초과	매자기(Scirpus maritimus L.)
		산형과	미나리(Oenanthe javanica (Blume) DC.)
		삼과	환삼덩굴(Humulus japonicus Sieboid & Zucc.)
		콩과	자귀풀(Aeschynomene indica L.)
		택사과	택사(Alisma canaliculatum A.Br. & Bouche)
		화본과	갈풀(Phalaris arundinacea L.)
			개피(Beckmannia syzigachne (Steud.) Fernald)
			달뿌리풀(Phragmites japonica Steud.)
			뚝새풀(Alopecurus aequalis var. amurensis)
			미국개기장(Panicum dichotomiflorum Michx.)
			띠(Imperata cylindrica var. koenigii (Retz.) Pilg.)
총 계	8과 11종	총 계	13과 22종

표6-2

금어천 생태적 수질정화 비오톱의
식재종과 침입수종(2008)

그림6-13. 식재한 정수식물 군락 현황(애기부들(왼쪽), 노랑꽃창포(오른쪽))

그림6-14. 침입수종 군락현황(미국가막사리(왼쪽), 부처꽃(오른쪽))

우리 풍토에 맞는 생태하천

이 만들어졌다.

또한, 조성 초기(2007년) 식재된 정수식물의 성장변화를 모니터링한 결과, 정수식물의 5월 성장량이 상대적으로 크고 8월 성장량이 적은 S자형의 모양을 나타내고 있었으며, 조성 초기임에도 안정적인 생장량을 보였다. 1차, 2차, 3차 습지구간에 식재된 정수식물의 모니터링 결과는 아래와 같다.

1차 습지구간 내 정수식물의 초장을 비교하면, 애기부들 〉 부들, 큰고랭이, 줄 〉 노랑꽃창포, 갈대 순으로 컸으며, 분지수를 비교해보면 큰고랭이 〉 줄 〉 갈대 〉 부들, 애기부들, 노랑꽃창포 순으로 분지수가 많았다.

2차 습지구간 내 정수식물의 초장을 비교하면, 부들 〉 줄, 큰고랭이 〉 갈대 〉 고마리, 노랑꽃창포 순으로 컸으며, 분지수를 비교해보면 큰고랭이 〉 줄 〉 고마리 〉 부들 〉 갈대, 노랑꽃창포 순으로 분지수가 많았다.

3차 습지구간 내 정수식물의 초장을 비교하면, 애기부들 〉 부들, 줄, 큰고랭이 〉 갈대, 고마리, 노랑꽃창포 순으로 컸으며, 분지수를 비교해보면 큰고랭이 〉 줄 〉 고마리 〉 부들, 애기부들, 갈대, 노랑꽃창포 순으로 분지수가 많았다. 이처럼 식재된 정수식물들이 다년생 식물이라는 특성을 고려하면 해가 지날 수록 초장과 분지수

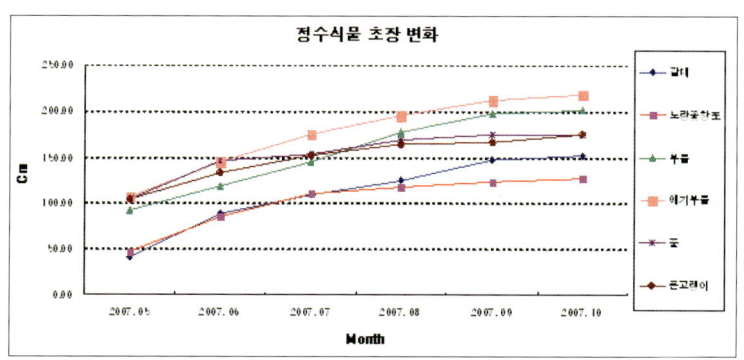

그림6-15

1차 습지구간 월별 정수식물 초장 변화 그래프

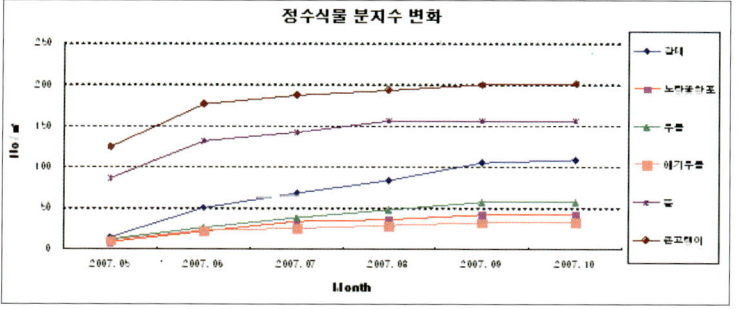

그림6-16

1차 정화습지구간 월별 정수식물 분지수 변화 그래프

그림6-17

2차 습지구간 월별 정수식물 초장
변화 그래프

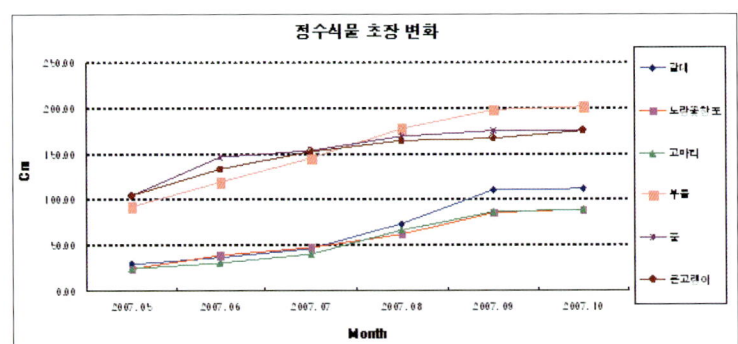

그림6-18

2차 습지구간 월별 정수식물 분지수
변화 그래프

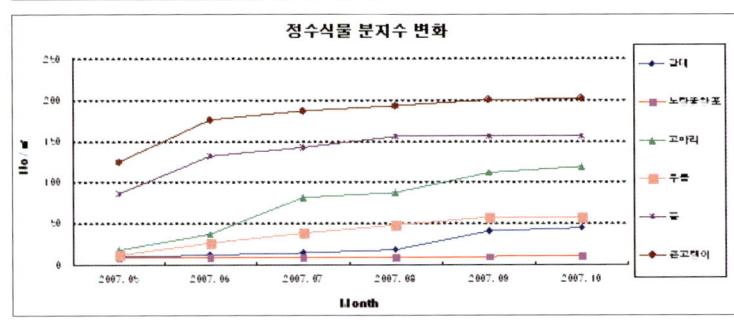

그림6-19

3차 습지구간 월별 정수식물 초장
변화 그래프

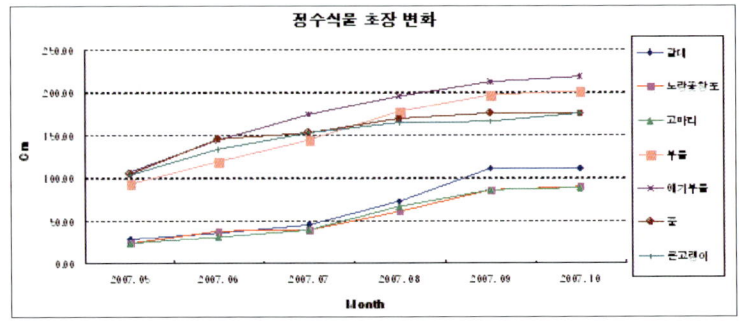

그림6-20

3차 습지구간 월별 정수식물 분지수
변화 그래프

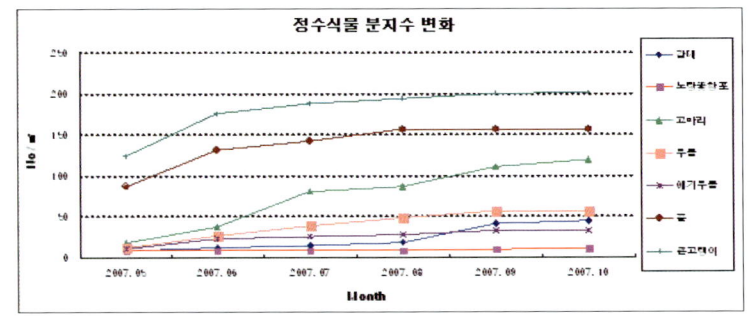

등 현존량이 증가할 것으로 판단되었다.

향후 식생이 어느 정도 정착되었을 때는, 정착된 식물 군락별로 관리해야 하고 연못에서는 다양한 식생이 자랄 수 있도록 하여 수질정화기능과 생태적 건강성을 동시에 달성할 수 있도록 조성 초기의 유지관리ㆍ모니터링 내용을 기초로 생태환경전

212

그림6-21
식재 보완

문가에 의해 매뉴얼화 되어야 한다.

② 어류

어류는 수질관리와 수온관리 등으로 구분할 수 있는데, 가장 중요한 것은 수질관리로써 금어천 생태적 수질정화 비오톱을 통해 가급적 2등급의 수질을 유지할 수 있도록 하여 버들치 등의 자생어종이 서식하는데 지장을 받지 않도록 하였다. 계절적으로 특히 여름철 수온 상승과 겨울철의 동결 심도를 고려한 1m 내외의 깊은 수심과 은신처를 조성하여 유지관리되도록 하였다.

그 결과 생태적 수질정화 비오톱에 유입된 어류종은 총 5과 15종으로, 과거 금어천 전체구간에서 출현했고 기존 연구된 자료의 9종과 비교하였을 때 6종이 더 높게 조사되었다. 특히 출현종은 대부분이 잉어과(10종) 어류이며, 상류부에는 버들치가 우점, 중·하류부에서는 피라미가 우점하였다. 한국고유종으로 왜매치와 얼룩동사리가 출현하였으며, 외래종으로는 배스가 확인되었다. 또한 수질환경이 개선됨에 따라 특히 상류하천 맑은 물(수질 1급수)에 주로 서식하는 버들치, 도롱뇽 등이 발견되는 등 높은 생태복원 효과를 나타내고 있었다.

과(Family)	종명(Species)		조사지점								비고
	학 명	국 명	합류부		개방수면		습지		방류구		
			1차	2차	1차	2차	1차	2차	1차	2차	
잉어과	*Carassius auratus*	붕어			●	●	●	●	●	●	
	Cyprinus carpio	잉어			●		●	●	●	●	
	Abbottina rivularis	버들매치					●				
	Abbottina springeri	왜매치					●				고유종
	Hemibarbus longirostris	참마자							●	●	
	Pseudogobio esocinus	모래무지							●	●	
	Pseudorasbora parva	참붕어			●		●		●		
	Pungtungia herzi	돌고기							●		
	Rhynchocypris oxycephalus	버들치	●		●						
	Zacco platypus	피라미			●	●	●	●	●	●	
미꾸리과	*Misgurnus anguillicaudatus*	미꾸리	●		●						
	Misgurnus mizolepis	미꾸라지					●				
검정우럭과	*Micropterus salmoides*	배스					●	●	●	●	외래종
동사리과	*Odontobutis interrupta*	얼룩동사리	●		●						고유종
망둑어과	*Rhinogobius brunneus*	밀어							●	●	
5과	15종		3종		7종		9종		10종		

표6-3
조사 어류 목록

그림6-22
금어천 생태적 수질정화 비오톱 내
어류서식처

③ 양서류

양서류의 생활사에 필요한 산란장소, 활동 및 휴식장소, 동면장소가 금어천 생태적 수질정화 비오톱 내에 갖추어지면서, 양서류의 활동영역인 습기가 있는 공간이 항상 보존되도록 하고, 흐르지 않는 수체와 웅덩이, 식생으로 형성된 호안 등이 있어 수심에 급격한 변화가 일어나지 않도록 하여 양서류가 서식하는데 지장을 주지

그림6-23
금어천 생태적 수질정화 비오톱 내
양서파충류 서식처

않도록 유지관리 · 모니터링하였다.

이에 생태적 수질정화 비오톱에 복원된 양서 · 파충류를 실측 조사한 결과, 총 4
목 7과의 11종이 출현하였고 1급수에서 알을 낳고 생육을 하는 도롱뇽 등이 발견되
었으며, 환경부 지정 위해외래종인 붉은귀거북도 관찰되었다.

표6-4
조사 구간별 양서 · 파충류 출현 현황

과(Family)	종명(Species)		조사구간				비 고
	학 명	국 명	합류부	개방수면	습지	방류구	
1 Hynobidae	Hynobius leechii	도롱뇽			■		
2 Bufonidae	Bufo bufo gaugauizans	두꺼비		●		■	
3 Hylidae	Hyla japonica	청개구리	●	●	●		
	Rana nigromaculata	참개구리		●	●	●	
4 Ranidae	Rana amuriensis coreana	한국산개구리			●		
	Rana rugosa	옴개구리	●		●	●	
5 Testudinidae	Trachemys scripta elegans	붉은귀거북			■	■	외래종
6 Larcertilidae	Takydromus wolteri	줄장지뱀			●	●	
	Elaphe dione	누룩뱀			●		
7 Colubridae	Elaphe rufodorsata	무자치				■	
	Rhabdophis t. tigrinus	유혈목이		●	●		
7과	4목 7과 11종		2종	4종	9종	6종	

④ 조류

조류는 교통이나 인간에 의해 발생하는 소음에 가장 민감하므로 서식하는 장소
는 사람이 쉽게 눈에 띄지 않는 장소로 조성해주어야 한다. 그래서 금어천 생태적

그림6-24
습지 주변을 연못으로 만들고 연못 주변에 습지를 조성하여 조류 서식공간이 확보되었다. 습지에 서식중인 흰뺨검둥오리는 연못과 습지에서 먹이를 획득하면서 살아간다.

수질정화 비오톱 내 환경교육이나 자연학습을 위한 공간에는 조류의 안전한 서식처 조성을 위해서 전체공간을 보는 것보다는 일부 공간만을 개방해서 관찰할 수 있도록 개방수면과 식생을 활용하고 이를 유지관리·모니터링하였다.

그 결과 현지조사에서 서식이 확인된 조류는 총 14과 22종이었으며, 우점종은 흰뺨검둥오리로 나타났으며, 논병아리, 검은댕기해오라기, 중대백로, 중백로, 쇠백로, 왜가리, 청둥오리, 흰뺨검둥오리, 백할미새, 붉은머리오목눈이, 참새, 까치, 까마귀 등이 관찰되었다.

⑤ 수서곤충

금어천 생태적 수질정화 비오톱에 복원된 수서곤충은 줄새우, 왕잠자리 유충 등 17종이 확인되었는데, 서식처의 관리를 위해서 깨끗한 수질유지와 개방수면이 일정면적 이상 확보될 수 있도록 하고 개방수면은 전체 수면의 10~50%를 유지하도록 하였다. 개방수면을 적절하게 유지하기 위해서는 수초의 지나친 성장을 제어해야 하고, 수련과 같이 잎이 큰 식물은 포트나 통나무를 이용하여 서식범위를 한정시켜 주는 것이 좋다.

그림6-25
금어천 복원 전 전경(2006). 기존 경안천의 고수부지는 생태적으로 불안정한 상태로 하천생태계가 단조롭고 사람의 접근이 어려웠던 방치된 공간이었다.

그림6-26
금어천 복원 후 전경(2007). 습지와 연못 조성 후에 금어천의 수질정화가 이루어졌고 다양한 서식처가 조성되어 생태적으로 안정적인 장소가 되었을 뿐만 아니라, 인근 주민들에게는 훌륭한 친수공간이 제공되었다. 특히 본 구간에는 생태적 수질정화 미디어가 조성되어 인공습지의 수질정화 효율을 높였을 뿐만 아니라 더 많은 야생동식물 서식공간이 조성되었다.

우리 풍토에 맞는 생태하천

◎ 생태적 수질정화 효과

　금어천 생태적 수질정화 비오톱은 지천수 전체의 점·비점오염원을 수질정화하고 있으며, 자연유하를 통해 오염수를 유입하여 전력사용비가 없고 침전물 처리, 여재교체나 화학적 처리비용이 없는 장점을 가지고 있다. 또한 이곳에 도입한 생태적 수질정화 비오톱이 훼손된 미생물작용을 증진시켜 복원하고, 생태적 수질정화 기능을 제대로 수행할 수 있도록 지속적으로 유지관리·모니터링하였다.

　또한 금어천 생태적 수질정화 비오톱으로 유입되는 오염원 중 토사 및 침전물은 여과, 흡착, 중력침전을 통해 제거되므로 침강저류지, 침전지의 정화기능이 저해되지 않도록 관리하였다. 특히, 습지에 조성되는 식재시스템은 개방수면과 어우러져 주변경관을 향상시키므로 수질에 따른 설계밀도를 준수하고, 생장상태가 양호한 식재를 유지하도록 하였다.

　이곳의 경우, 평상시 금어천 유량을 감안하여 1일 8,500~9,000m³/d의 유량을 처리할 수 있도록 계획하였으며, 자유수면형 인공습지Freewater surface 방식으로 수질을 정화하는 시스템이므로 최소한의 용량 이상은 확보하도록 유지관리하였다. 평상시 수심은 체류시간, 식생의 생태적 특성, 각 습지구간의 구조 및 형태 등이 결정되었으므로 적절한 수위 관리를 하였다.

　이에 준공 이후 2년간(2007~2008) 수질모니터링한 결과, 금어천 생태적 수질정화 비오톱의 수질 처리효율은 BOD의 경우 평균 유입농도가 6.2mg/L, 평균 유출농도가 2.2mg/L로 50.8%의 처리효율을 보였으며, SS는 평균 유입농도가 10.1mg/L, 평균 유출농도가 1.5mg/L로 77.0%의 처리효율을 보였다. 또한 T-N은 평균 유입농도가 4.9mg/L, 평균 유출농도가 2.9mg/L로 42.3%를 보이고, T-P는 평균 유입농도가 0.386mg/L, 평균 유출농도가 0.107mg/L로 57.3%로 측정되었다. 특히 BOD의 경우 습지의 보완공사 및 유지관리 공사로 제거효율 차이가 심하며, 측정이 불가능 했던 시기도 있었으나 계획시 예상처리효율 이상의 결과를 보였다. 향후

그림6-27
수질환경 모니터링 과정을 통한 유지관리

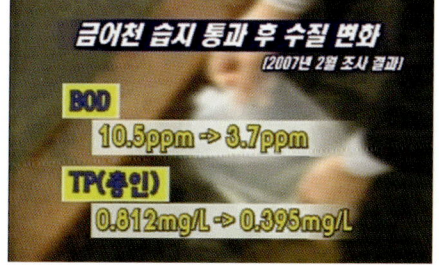

◁◁ 그림6-28
금어천 수질 측정 결과
(SBS '물은 생명이다' 방송 내용 중)

◁ 그림6-29
금어천의 수질정화된 맑은 물
(LEED, 2007)

습지가 생태적으로 안정화 되면 수질정화효율은 시간이 지날수록 더 높아질 것으로 예상되고 있다.

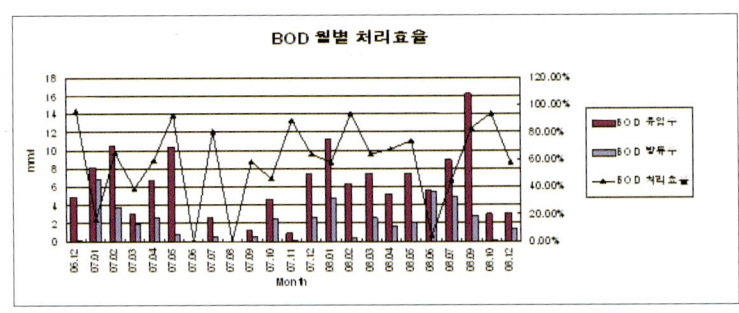

그림6-30
월별 BOD 처리량 및 처리효율 변화
(2007~2008)

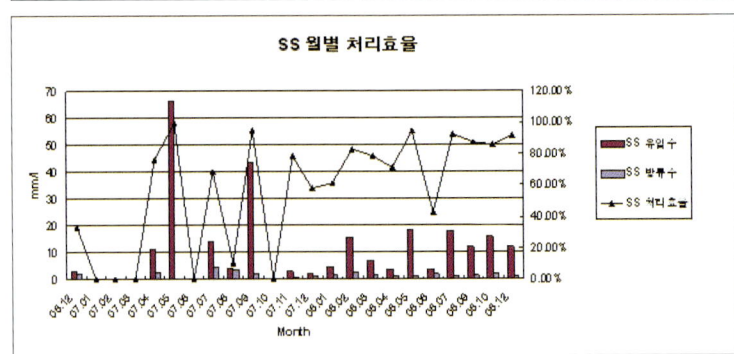

그림6-31
월별 SS 처리량 및 처리효율 변화
(2007~2008)

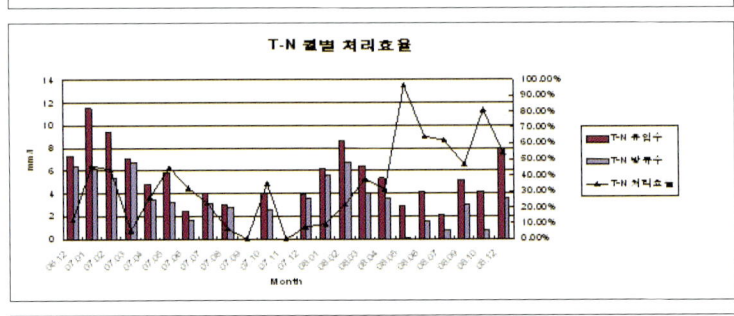

그림6-32
월별 T-N 처리량 및 처리효율 변화
(2007~2008)

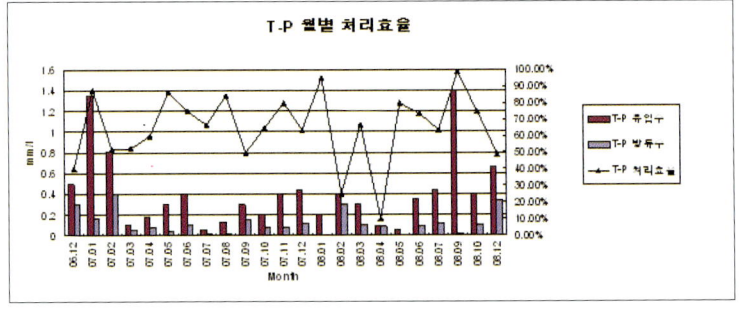

그림6-33
월별 T-P 처리량 및 처리효율 변화
(2007~2008)

◎ 치수·이수적 안정성 효과

　생태적 수질정화 비오톱의 구조물들은 대상지 습지의 구조를 보호하는 역할을 하고 기본적으로 튼튼한 구조를 갖고 있으나, 집중호우 및 홍수 재해시 훼손 및 유실 여부가 없는지 매월 조사하였다. 또한, 평상시와 강우시에 정기적으로 관리하여 수리·수문적 변화 및 유입농도 변화에 따른 수위조절이 가능하도록 관리하고 생태적 수질정화 비오톱의 부대시설 및 구조물은 평상시의 정상적인 기능을 수행하도록 점검·관리하였다.

　그 결과 유지관리·모니터링하는 동안 강우 및 홍수시에도 생태적 수질정화 비오톱의 구조적 안정성뿐만 아니라 생태적 수질정화, 생태계 복원 등의 다양한 기능과 효율이 큰 문제없이 유지되었다.

◁◁◁ 그림6-34
평상시 생태적 수질정화 비오톱 전경

◁◁ 그림6-35
홍수시 생태적 수질정화 비오톱 모습

◁ 그림6-36
홍수후 생태적 수질정화 비오톱 전경

　겨울철에는 건천화나 수질정화기능이 저하될 수 있으므로 보온효과를 위해 수위를 높게 관리하고 체류시간을 연장시키는 방법 등 동절기를 고려하여 생태적 수질정화습지를 유지관리하였다.

그림6-37
겨울철 습지 내부 전경

◎ 친수경관 효과

본 습지를 통하여 생태계가 복원되고, 수질환경이 개선됨에 따라 생태계를 체험할 수 있는 생태공원으로 복합적 이용이 가능한 공간이 자연스레 형성되었다. 이러한 생태공원은 환경생태 교육장소의 제공 및 지역 커뮤니티 공간으로 활용될 수 있다.

그림6-38
금어천 조성 후 친수경관 효과

맑은 물이 흐르는 하천으로 달라진 후, 아이들이 뛰놀고, 여름철에는 수영도 즐길 수 있게 되었다.
금어천에 다양한 어류 및 곤충 등이 모이자 어린이들이 하천에서 물고기를 잡거나
곤충을 잡는 생태체험 학습이 일상화 되었다.

그림6-39
금어천 복원 전 전경(2006). 경안천의 고수부지는 치수를 위하여 조성된 곳이었으나 평상시에는 관리가 거의 이루어지지 않아 잡풀로 우거져 있었으며, 일부 주민들이 불법경작지로서 사용하여 비점오염원(Non-point source pollution)의 온상이 되었다.

그림6-40
금어천 복원 후 전경(2007). 생태적 수질정화 비오톱의 침강지(retention basin) 조성으로 이곳은 각종 동식물이 살 수 있는 생태연못으로 조성되어 생태적 핵심(ecological)으로 변모했을 뿐만 아니라 주민들의 산책로로 이용되고 있다.

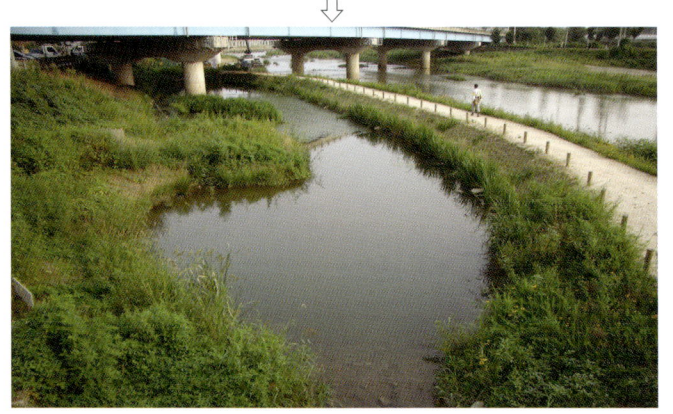

220

특히 자생종을 활용하여 습지를 복원함으로써 원형경관을 복원하고, 자연경관을 조성하여 도심 미관 향상에 기여하였다. 또한 휴식은 물론 환경교육 장소로 활용이 용이하여 생태관찰 또는 생태체험 프로그램 구상이 가능하였다. 지역주민을 위해 생태학습, 자연관찰 등 자연 속에서 휴식을 취할 수 있는 공간을 제공하여 환경생태 교육장소 및 지역 커뮤니티 공간으로 활용되었다.

그림6-41

금어천 복원 전 모습(2005. 11). 금어천의 유출부는 경안천 본류와 만나 과거에는 생물이 다양하게 서식하던 곳이었으나, 콘크리트 옹벽과 다리로 덮여있었다. 따라서 생태계가 단절되었음은 물론 수질오염으로 악취가 나서, 사람들의 접근도 거의 없었던 곳이었다.

그림6-42

금어천 복원 후 모습(2007). 콘크리트 구조물을 걷어내고 자연형 하천으로 조성된 후 생태계가 복원되고 자연경관이 향상되어 조성 직·후 인근 주민들이 물고기를 잡고 피서를 즐길 수 있는 공간으로 변모하였다.

그 결과 2008년 10월, 금어천 생태습지공원 일원에서는 경안천의 수질 개선을 축하하는 '경안천 사랑축제'가 5,000여명이 참여한 가운데 열렸다. 이는 폐수가 흘렀던 과거에는 상상할 수 없었던 일이었으며, 수질 개선이 사람들의 활동에 얼마나 큰 의미를 가지는지를 확인할 수 있었다.

우리나라보다 훨씬 앞서 인공습지를 조성하고 데이터를 축적하고 있는 일본 등 선진국의 전문가들 역시 이를 대단히 성공적인 사례로 평가하고 있다. 앞으로 보다 전문적인 시각에서 메뉴얼하고 유지관리·모니터링을 지속할 수 있다면 가장 성공적인 기능과 효과가 도출되는 선구적인 인공습지constructed wetland 중 하나가 될 것

그림6-43
맑아진 경안천을 축하하는
'2008 경안천 사랑축제' 모습

으로 기대되고 있다.

하지만, 생태복원 기능이나 수질정화 기능을 꾸준히 전문적으로 모니터링하면서 유지관리를 하지 않는다면, 복원 관련 유지관리·모니터링 제도나 지침이 마련되어 있지 않은 현 상황에서 여러 가지 생태·환경복원 관련 기능과 효율의 퇴화를 감수해야 할 것이다.

개척분야인 생태·환경공학적 유지관리 모니터링 과정에서 아쉬운 점

금어천 생태적 수질정화 비오톱은 수처리 효율+생태복원 효과+친수경관 효과+치수적 안정성이 높게 평가됨에 다양한 대중매체 등에 소개되었으며, 특히 직접 유지관리·모니터링해왔던 조성 후 2년간은 일본에서 권위 있는 생태복원전문지인 〈Bio-City〉를 통해 일본에도 소개되었고, 일본에서 관련전문가들이 본 기술을 벤치마킹하러 수차례 방문한 바 있다. 그러나 최근 유지관리는 수질 및 공원분야 유지관리 기능으로 나누어지고, 지역업체가 수행해야 한다는 지자체 정책에 따라 생태·환경복원 본래의 기능이 많이 변형되어 가고 있는 실정이다. 아직까지는 공원관리나 수질만을 관리 대상으로 보고 가시적으로 보이지 않는 생태복원의 큰 가치는 이해하지 못하는 것이 이 분야의 안타까운 현실이다. 이를 위해 하루 빨리 법적, 제도적 장치가 갖추어져야 함을 절실히 깨닫는다.

2. 생태적 목표종 복원을 중심으로 한 복원시공 및 유지관리 · 모니터링:
안터생태공원 금개구리 서식처 복원사례

생태하천 조성을 위해서는 생태 · 환경적 복원을 위한 목표종target specices 설정과 이에 관한 복원시공 및 유지관리 · 모니터링이 중요하다. 생태적 목표종을 중심으로 한 복원의 성공적 사례인 안터생태공원은 환경부 법정보호종인 금개구리(멸종위기야생 동 · 식물 II급)를 포함해 7종의 양서 파충류뿐만 아니라 애기부들 등 식물 66종, 버들붕어 등 어류 6종, 쇠물닭 등 조류 27종을 비롯해 각종 동 · 식물이 풍부하게 서식하는 보존가치가 높은 자연습지로, 2004년 경기도 생태계보존지구로 지정되었다. 그러나 그간 택지개발 및 무분별한 토지이용으로 주변 생태계와 생태적 고립 및 단절이 이루어졌으며, 대상지 주변 쓰레기장과 농경지 및 인접 개천의 상류에서 유출되는 지속적인 수질오염원의 유입으로 저수지의 수질이 악화되어 금개구리를 비롯한 다양한 습지 생물의 서식처가 훼손되어 버렸다. 이에 2008년 환경부 생태계보전협력금으로 안터저수지 생태 · 환경복원 사업을 추진함으로써, 수생태계 복원, 수질환경 개선, 자연경관 향상을 목적으로 금개구리를 포함한 다양한 생물종의 생물종 다양성을 확보하고 비점오염원을 생태적으로 처리하고 안터저수지의 수질환경을 개선하는 프로젝트를 진행하였다.

모니터링 · 시운전을 통한 복원시공

본 사업은 고물상부지, 채소밭 등 금개구리의 생존을 위협하며 비점오염원의 온상이었던 대상지에 생태적 수질정화 비오톱을 도입하여 수질정화+습지복원으로 금개구리 서식처를 확장하였으며 주변의 장소성과 환경적 영향을 고려하여 도시화 및 유지용수 부족에 따른 육화를 막기 위한 수생태계의 복원과 고립된 수생태계의 생태네트워크를 조성하였다(그림6-44의 구상안 도출 1단계). 또한, 안터저수지 내 생물서식처의 영향이 적은 공간에 친수공간을 배치하고, 습지에 끼치는 악영향을 최소화할 수 있도록 목교 등을 활용한 동선체계를 구상하여 자연생태학습원으로 활용할 수 있는 공간을 도입하고, 주택단지와 근접한 구간에 완충지대buffering를 두고 생태적으로 복원함으로써 악영향을 완충하였다(그림6-44의 구상안 도출 2단계). 마지막으로 시설 및 동선체계를 확정하고, 습지의 자유수면 형태, 생태적 수질정화 기능 등을 부여하여 금개구리 대체습지로 금개구리가 이동할 수 있는 적절한 생태통로의 위치와 완충지대를 판단하여 조성하였다(그림6-44의 구상안 도출 3단계).

구상안 도출 1단계	구상안 도출 2단계	구상안 도출 3단계

그림6-44
생태습지 조성을 통한 금개구리
서식처 복원 Schematic Design
(2007, 변찬우)

제대로 된 생태·환경 복원을 위해서 복원 시공전부터 생태환경적 특성들을 모니터링함으로써 형태 위주의 단순한 건설시공의 결과가 만들어지지 않고 다양한 생물서식처 및 생태계가 복원될 수 있도록 모니터링 결과를 반영하며 공사가 진행되도록 하였다.

초기 강우시 주변 농경지에서 발생하는 비점오염원과 안터저수지 내 점오염원처리를 위한 생태적 수질정화 습지시스템을 도입하여 습지를 복원함으로써 주변 농경지, 고물상 등에서 발생하는 악영향을 완충할 수 있도록 조성하였다. 특히 침강지, 습지와 연못, 침전지로 이루어진 생태적 수질정화 비오톱은 도시 택지 내 금개구리(멸종위기동물II급) 서식처인 안터저수지를 보전·복원함으로써 주변의 대규모 택지지구, 공장단지, 도로 등 개발압력으로부터 서식처를 보호하고 금개구리를 포함한 생물종의 다양성을 확보하였다.

침강저류지는 생태적 핵심ecological core지역으로 생태연못을 조성함으로써 다양한 동·식물상의 생물서식처 역할을 수행하며, 수생태계를 복원하여 종다양성이

우리 풍토에 맞는 생태하천

그림6-45

침강지 Schematic Design(왼쪽, 2007, 변찬우)과 복원시공 후 전경(오른쪽, 2009)

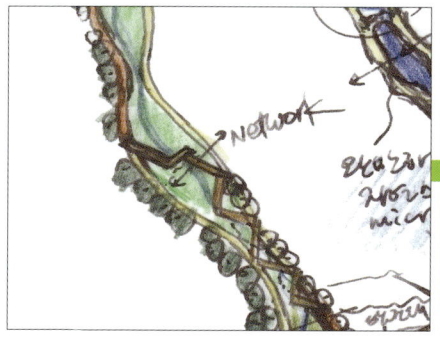 

그림6-46

생태 습지/연못 Schematic Design(왼쪽, 2007, 변찬우)과 복원시공 후 전경(오른쪽, 2009)

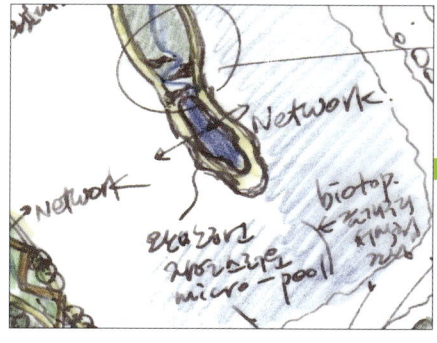 

그림6-47

침전지 Schematic Design(왼쪽, 2007, 변찬우)과 복원시공 후 전경(오른쪽, 2009)

풍부한 전이지대ecotone가 조성되었다.

습지와 연못구간은 식생, 돌, 수초에 의해서 은신처 등 생육조건이 금개구리 및 다양한 양서류 서식처로서 최적의 조건이 되도록 조성하였다.

침전지는 육상부 및 안터저수지와의 전이지대를 조성하고 맑은 물이 흐름으로써 금개구리를 포함한 다양한 생물상의 서식환경을 제공하도록 조성하였다.

생태 · 환경공학적 유지관리 · 모니터링 결과 및 효과

과거에는 안터저수시 내 BOD 농도를 포함한 수질환경이 깨끗한 상태였으나, 복원 설계 당시인 2005년에는 BOD 농도가 6.76mg/L로 점차 증가하여 복원 전 안터저수지는 주변 농경지, 주택지역에서 발생하는 비점오염원으로 인해 수질이 더욱 악화되고 있었다. 또한, 외래식물에 의해 경관적·생태적 상황이 저하되고 있었으며, 지역주민 및 안터저수지 이용객에 의해서 토양의 답압도 심한 상태였다.

◎ 생태적 수질정화 효과

복원이 완료된 2009년 4월 이후 안터생태공원 생태적 수질정화 비오톱에 대한 지속적인 유지관리·모니터링이 수행되었으며, 그에 따른 유입수와 유출수의 수처리효율을 분석한 결과, 평균 수처리 효율이 BOD 66%, SS 93%, T-N 63%, T-P 56%로 매우 높게 측정되었다.

| 항목 | 단위 | 오염물질농도 | | | | | 평균 처리효율 |
| | | 유입수 | | 방류수 | | | |
		최고~최저	평균	최고~최저	평균		
BOD	mg/l	6.9~1.5	3.0	2.1~0.2	1.0		66%
SS	mg/l	216.0~1.0	40.0	5.2~0.8	2.9		93%
T-N	mg/l	1.096~0.092	0.369	0.285~0.039	0.138		63%
T-P	mg/l	0.228~0.015	0.053	0.046~0.004	0.023		56%

특히 복원 전·후 안터저수지 생태적 수질정화 비오톱의 수질처리효율을 비교한 결과, 복원 이후 습지의 안정화가 진행되고 있는 상태로 판단되었고, 전문적인 모니터링에 따른 유지관리와 습지의 활착이 이루어지면 앞으로도 안정적인 수질제거율이 지속될 것이다.

◎ 생태복원 효과

안터생태공원은 2004년 경기도 생태계보존지구로 지정된 곳으로서 환경부 법정 보호종인 금개구리 개체수가 300개체에 달하였지만, 불법농경지와 각종 비점오염

그림6-48. 복원 후 관찰된 올챙이들

그림6-49. 복원 후 확인된 금개구리

그림6-50. 복원 후 발견된 우렁이알

그림6-51. 복원 후 관찰된 흰뺨검둥오리떼

우리 풍토에 맞는 생태하천

원의 유입과 수질악화로 인해 2008년 5월 금개구리의 개체수는 단 15개체만 확인되어 급속도로 줄어드는 추세이므로 그대로 1년후면 안터저수지에서 멸종위기를 맞이 할 위기에 있었다. 그러나 안터저수지 주변 지형을 이용한 생태적 수질정화 비오톱을 도입하고 기존 저수지외 양서류의 생활사에 필요한 산란장소, 활동 및 휴식장소, 동면장소가 생태적 수질정화 비오톱 내에 갖추어짐으로써, 2009년 모니터링 결과 안터생태공원의 금개구리 개체수는 멸절직전인 복원 전보다 늘어난 상황이

그림6-52
친수활동 및 생태교육의 장소가 된 안터생태공원 전경(2009)

그림6-53
안터생태공원 내 생태교육프로그램에 참여중인 학생들

며, 특히 자유수면형 수질정화인공습지로 조성된 생태적 수질정화 비오톱 습지가 금개구리의 서식처 확장에도 크게 기여하고 있는 것으로 확인되었다.

◎ 생태·환경학습 및 친수경관 효과

안터생태공원 내 무분별한 이용이 이루어지지 않도록 다양한 프로그램과 생태적 이용 제한을 통해서 인간의 간섭으로부터 생물서식처를 보호하고, 환경교육센터가 조성되어 지역단체에 의한 생태학습 프로그램이 운영되고 있으며, 그에 따라 지속적인 생태교육과 유지관리가 연계되고 있다.

그림6-54
안터생태공원 내 시행되는 안터생태
교육프로그램 안내(푸른광명 21)

우리 풍토에 맞는 생태하천

3. 제민천 생태하천 및 생태적 수질정화 비오톱 복원시공 및 유지관리 · 모니터링

제민천은 충청남도 공주시내를 관통하는 하천으로 한때 하천유지 수량 부족으로 메말라 수중 생태계가 파괴되었던 곳이었으나 지금은 맑은 물이 흐르고 있다. 건천화되어 수질문제도 심각한 하천을 하수처리장에서 여과된 물을 상류로 끌어올려 직방류 하기 전, 제민천 상류하천 및 홍수터에 생태적 수질정화 비오톱SSB을 조성하여 생태 복원 및 생태적으로 수질정화하는 생태학습장을 복원함으로써 하천의 맑은 물 공급에 일조하고 생태공원화하여 지역민들에게 자연학습공간을 제공했다는 점에서 큰 의미가 있다.

모니터링 · 시운전을 통한 복원시공
제민천 생태적 수질정화 비오톱은 유입된 하수종말처리장 고농도 오염수를 생태적으로 고도처리한 후 제민천으로 방류하는 생태복원 시설로 하수종말처리장 물의 재

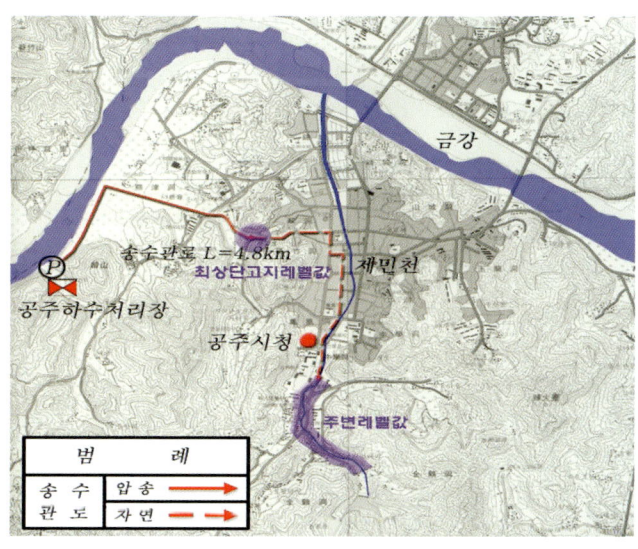

그림6-55

본 복원사업 이전에 계획된 제민천 유지용수 공급사업

이용을 통해서 하천 유지용수를 확보하는 환경부 중점사업의 일환이었다.

환경부 신기술로 생태복원 기능 및 수처리효율이 검증된 원천기술인 생태적 수질정화 비오톱SSB을 적용하여 생태하천으로 조성함으로써 훼손된 도심 하천을 복원하고, 수질정화 효과, 생태복원, 친수공간, 경관향상 등 다양한 가치를 충족시키고자 하였다. 따라서 본 복원시공이 지닌 특성을 이해하고 제대로 조성될 수 있도록 체계적이고 전문성 있는 기술력과 현장감이 필요했다. 또한 복합적인 기능을 가진 도심 내 생태하천이기에 재해, 천이 등으로 인한 예측 불가능한 습지 구조와 기능 변형에 대한 지속적인 전문가적 모니터링이 요구되었다. 더군다나, 본 사업은 고농도하수처리수가 유입되어 생태적 수질정화되는 특수 시스템으로 아직 안정화되기 이전에는 자칫 비전문적인 관리나 방치로 인해 악화될 수 있으므로 복원 전문가나 전문화된 관리지침에 의한 지속적인 모니터링과 그에 따른 적절한 유지관리방안이 무엇보다 중요했다.

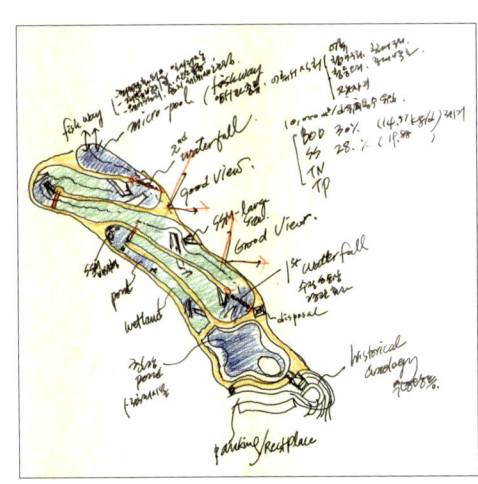

그림6-56
제민천 유지용수 사업에 적용된 생태적
수질정화 비오톱 초기 Schematic
Design (변찬우, 2006), 조감도
(LEED, 2006)

생태적 수질정화 비오톱SSB을 시스템적으로 하천과 습지에 적용하여 공주하수종말처리장에서 방류된 처리수를 습지·연못 구조 및 환경공학처리시스템을 통해서 수질환경을 개선함으로써 생태·환경적으로 복원하였다.

생태적 수질정화 비오톱의 구조는 계획된 유입수량과 유출수량이 원활히 달성되도록 하였으며, 습지토공, 방수막 포설 등 부지 조성 뿐 아니라 수위, 계획고, 습지식생 등을 시스템적으로 설계하였고 복원시공을 통해 조성하였다. 제민천 상류 생태하천의 경우 기존의 건천화된 하천에 check dam 형식의 작은 소pool와 여울을 조성하며 하천 장소의 수생태계의 특성을 고려한 생태적인 호안 공사를 통해서 호안안

우리 풍토에 맞는 생태하천

정성을 확보하고, 자연석과 목재 등 자연재료를 활용·시공하여 추이대ecotone 조성을 통한 자연생태계 복원효과와 경관 개선효과를 동시에 만족시키고자 하였다. 시설물 또한 호안재료와 같이 친환경 재료를 적극적으로 활용하여 주변 토지이용, 포장패턴, 도입시설물 등을 통합하는 일체감 있는 경관을 창출하고자 주력하였다. 대상지의 장소 및 기능에 따라 형태와 위치를 결정하였고 시공성, 유지관리성을 고려한 시설물을 선정하였다. 또한, 산림 습지 지형의 암반층을 모니터링을 통해 대상지 특성에 맞춰 반영함으로써 고유의 아름다운 경관을 연출하고 있으며 성공적인 생태복원 및 효율적인 수질정화 기능을 달성 할 수 있었다.

건천화로 문제되었던 제민천에는 유지용수 확보를 위해 이례적으로 공주하수종말처리장에서부터 제민천 좌안 최상단고지로 압송한 후, 제민천 상류 생태적 수질정화 비오톱까지 자연유하로 공급하는 방안이 마련됨으로써 건천화된 하천의 유지용수를 충분히 확보할 수 있었다.

그림6-57
제민천 복원 전경.
기존의 지형적 특성을 살리며 자연스러운 물 흐름을 갖게하여 생태적으로든 경관적으로든 향상·복원
시킬 수 있었다.

그림6-58
제민천 생태적 수질정화 비오톱 복원 현황(2009)과 생태하천 복원 전경

생태 · 환경공학적 유지관리 · 모니터링 결과 및 효과

이 사업은 부지면적 12,441m²에 수질정화습지 8,127m²를 복원하여 생태적 수질
정화 비오톱의 준공 후 습지 운영시에도 생태적 수질정화 시스템이 충분한 기능을
발휘할 수 있도록 직접 유지관리 · 모니터링되어 왔다. 제민천 생태적 수질정화 비
오톱SSB처럼 하수처리수를 자유수면형습지로 수질정화하는 성공적 사례는 없었기
에 향후 이 분야의 발전을 위해서는 생태 · 환경 복원관련 유지관리 · 모니터링 데이
터를 확보하고 이에 관한 지침을 만들어, 관련 전문가들을 많이 양성해야 할 것으로
판단된다.

그림6-59
필자가 직접 진행해야 하는 유지관리
모니터링 과정(2009)

◎ 생태적 수질정화 효과

고농도의 질소와 인이 유입되는 공주하수처리장수 및 녹조 성상, 생태계 변화에
따른 수질 모니터링을 매월 주기적으로 점검하면서, 본 기술의 개발자인 필자의 지
휘에 따라 시스템 관리, 녹조제거작업 등과 같은 전문적인 유지관리를 수행하였다.
그 결과 2009년 제민천 생태적 수질정화 비오톱의 수질 처리효율은 BOD의 경우
평균 유입농도가 3.6mg/L, 평균 유출농도가 2.1mg/L로 42.3%의 양호한 수처리
효율이 측정되었다. 또한 수질처리 효율이 가장 낮은 겨울철에 BOD 평균 60.5%
의 처리효율을 보여, 생태적 수질정화 비오톱은 겨울철에도 안정적으로 수질정화

가 이루어지는 것이 확인되었다. 하지만 고농도의 하수처리수 유입이 지속될 경우 하수처리수 오염부하에 대한 주기적인 특수 관리가 반드시 따라야 한다.

또한 수생식물지 내 조성된 연못 등은 유입수의 수질환경 개선뿐만 아니라 양서 파충류, 포유류 등의 서식공간을 제공하므로 생태적 수질정화 비오톱 내부 수위는

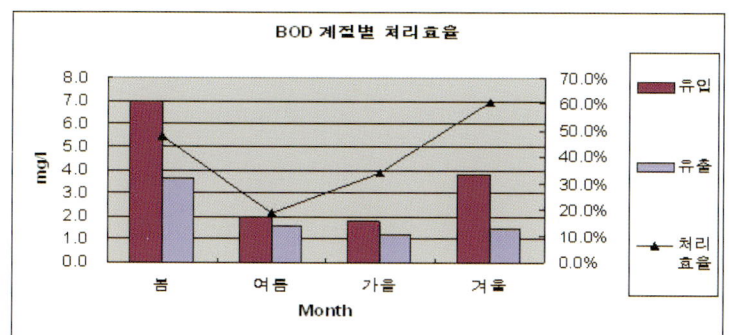

그림6-60
제민천 생태적 수질정화 비오톱의 계절별 BOD 처리량 및 처리효율 변화 (2009)

그림6-61
제민천 생태적 수질정화 비오톱의 수질과 습지 전경(2009)

그림6-62
제민천 생태적 수질정화 비오톱 전경

유입수 유량, 강우 특성 및 기타 운영관리 상황에 따라 안정적으로 운영되도록 조절하였다.

◎ 생태복원 효과

생태적 수질정화 비오톱의 식생 출현종은 총 52종으로 연못, 습지 내에 다양하게 분포하고 있는 것으로 확인되었으며, 갈대, 노랑꽃창포 등 기존의 식재종이 우점하고, 수변으로는 일년초들이 군락을 이루며 발달하였다. 2009년 현지조사를 통하여 조사된 포유류는 두더지, 고라니 등 6과 7종의 포유류, 옴개구리 등 4과 6종의 양서파충류, 애반딧불이 등 27종의 육상곤충, 버들치, 피라미, 밀어 등 총 5과 6종의 어류 출현이 확인되어 다양한 동물의 서식처 복원효과를 확인하였다. 그러나 하수종말처리수의 유입농도와 유입유량에 따라 생태적 수질정화 비오톱은 오염부하량이 처리효율보다 많은 경우 수질환경에 치명적인 영향을 줌으로써 생태적으로 교란될 때도 있었다.

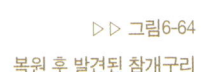
▷ 그림6-63
제민천 생태하천의 식생복원 효과

▷▷ 그림6-64
복원 후 발견된 참개구리

◎ 친수경관 효과

그림6-65
제민천 생태교육 현장

궁극적으로 맑은 물이 흐르고, 다양한 동식물이 살아있는 쾌적한 제민천을 조성하여 지역주민 및 관광객들에게 보다 나은 친환경적 공간을 제공하고, 이를 통해 지역경제 활성화를 꾀하고자 제민천 생태적 수질정화 비오톱이 조성되었고 이에 대한 유지관리·모니터링이 실시되었다. 무엇보

우리 풍토에 맞는 생태하천

다 이를 통해 복원된 생태습지 등을 기반으로 하여 지역주민과 이용객 및 학생들이
환경 및 생태교육 학습장으로 활용할 수 있었다.

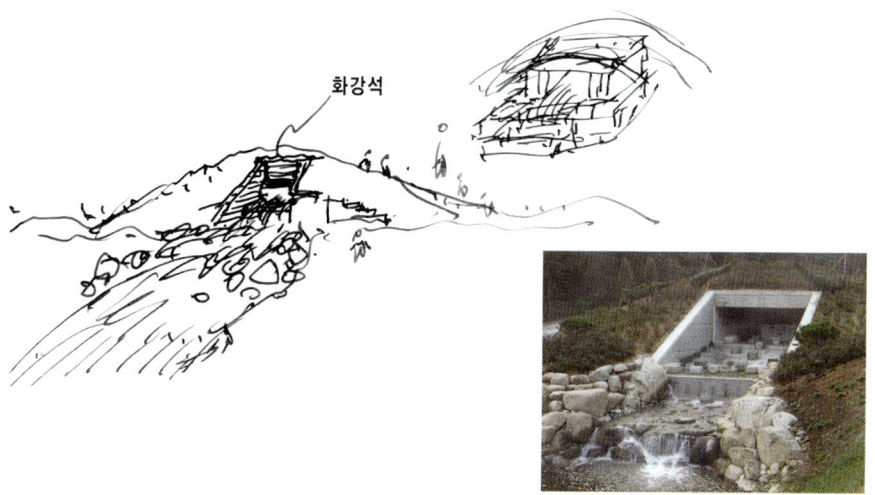

그림6-66
제민천 생태적 수질정화 비오톱 유입
부의 무령왕릉 형상화 Schematic
Design(변찬우, 2006)

그림6-67
제민천 생태적 수질정화 비오톱 유입
부의 무령왕릉 형상화 조성 모습
(2007)

또한, 제민천 생태적 수질정화 비오톱이 위치한 공주시만의 역사성을 반영하여
유지용수가 송수되어 유입되는 유입부는 문화재인 무령왕릉의 모양을 유추한 마운
딩과 침강저류지와 연결되는 수로를 계획하여 무령왕릉 위에서 지역민들이 유입수
의 물소리를 들으며 습지의 친수경관과 수질정화 기작을 조망할 수 있도록 하였다.

그림6-68
유출부에서 동절기에도 이용객이 많
은 제민천 생태적 수질정화 비오톱의
전경을 바라봄. 건천화된 제민천 상
류에 하수종말처리수를 방류하기전
생태적 수질정화 비오톱을 통해 생태
복원 및 생태적 수질정화하고 생태공
원으로 조성함으로써 지역경관을 향
상시킴(ⓒ변찬우, 2009)

새로운 분야를 개척하거나 개혁하는 일은 항상 리스크를 감수해야 한다. 그래서 사람들은 항상 다니던 길로만 다니고, 길들여진 습관 속에서 살아가는 경우가 많다. 그렇지만 익숙하고 편안한 길로만 다니는 사람들은 맛보기 어려운 도전의 기쁨과 성취감은 가보지 못한 두 번째 길에 있기 마련이다. 이는 일반인에게는 여전히 생소한 생태환경복원 분야 역시 마찬가지다. 필자의 경우, 생태하천이나 생태습지 조성 등과 같은 생태환경복원 분야의 전문가로서, 이 분야를 개척해나가는 과정에서 전례 없는 일을 행하는데 따르는 어려움을 적지 않게 겪고 있다. 자연에게도, 인간에게도 유익한 생태환경복원이라는 좋은 일을 하고 있음에도 불구하고, 때로는 혼자 주장하거나 행해야 할 때도 있었고, 없는 제도를 관계자들에게 설득시켜야 할 때도 있었다. 당연히 그 과정에서 답답함과 안타까움을 느꼈던 적이 적지 않았다. 또 다학제적인 전문분야를 통과해야 하면서도 학자로서 현실참여를 통해 작품을 만들고자 했기에, 디자인 분야에서, 공학에서, 생태과학에서, 예술적 직관에서, 조경이나 경관분야에서, 수질환경분야에서, 수자원 분야에서, 경영관리면에서, 그리고 시공 현장에 이르기까지 언제나 한 분야에 천착할 수 없었고 문제해결의 교집합을 찾아내어야만 했다. 생태환경복원 분야와 관련된 다양한 전공 영역의 실무 현장에서도 우리나라 여건의 특수성과 관련된 문제를 맞닥뜨리면, 때로는 직접, 때로는 관련전문가들과 머리를 맞대고 풀어내어야 했다. 하지만, 현장으로 또 학교로, 시간에 쫓겨 동분서주하는 삶을 살고 있지만, 그만큼 새로운 길을 걷고 있다는 보람이 큰 것도 사실이다.

아직까지 제대로 된 인식이 확산되어 있지 못한 생태환경복원 분야에 뜻을 두고, 학문적 연구와 실무를 병행하며 작업을 해나가다보니 무엇보다 관련 법·제도의 미비가 안타까워서 몇 년 전에는 동료 학자들과 생태복원업 관련 법과 제도를 만들고자 노력했었으나, 소기의 성과를 거두지 못했다. 결국, 법과 제도가 뒷받침되지 않는 현실 속에서 생태환경복원 분야를 알릴 수 있는 방법은, 제대로 된 결과물을 만들어서 보여주는 것 이외에는 없다고 생각했다. 어떠한 어려움이나 손해도 감수할 각오로 일하며, 시공 중에도 모니터링을 진행할 수 있도록 특허나 신기술과 관련된 원천기술을 만드는데 주력했고, 유지관리에도 많은 공을 들였다. 비즈니스 목적으로 특허나 신기술 개발에 공을 들인 것이 아니라, 생태환경복원 분야의 저변을 넓히고자 하는 마음으로 원천기술 개발을 시작했던 것이다. 그리고 설계, 시공, 유지관리 단계를 거치면서 우리 풍토에 맞는 생태계와 환경을 고려해서 생태환경복원을 성공시키기기 위해서는, 무엇보다 우리 실정에 맞는 기술이 필요하다는 것을 절감하게 되었다. 그래서 직접 연구개발한 특허와 신기술들은 우리나라 각 장소의 생태계를 유형별로 정립하기 전에는 대량생산을 통해 상품화하는 것을 금지하였고, 시간과 비용이 추가로 소요되더라도 직접 설계부터 모니터링까지의 전과정을 챙겨나갔다. 다행이라면, 그렇게 열정을 쏟아부은 사례들이 기대 이상의 수치를 객관적으로 보여주어, 어느 정도의 성공 가능성을 보여주었다는 점이다. 하지만 필자가 개발한 특허나 신기술은 현장 생태계나 환경을 시스템적으로 고려하여 공법을 적용할 수 있도록 개발한 것이어서 재현성이 약해 곧바로 상품화하고 사업화하기가 쉽지 않다. 아직까지는 직접 대상지마다 다른 생태계를 고려하여 프로젝트를 진행해야 성공적인 결과물을 얻을 수 있는 단계인 것이다. 그러나 너무 안타깝게도 일부의 공법 개발업체들은 지금까지의 성공 결과만 보고 그대로 찍어내듯이 하면 되는 것으로 알고 있는 것이 현실이다. 생태환경복원 사업을 일반 공법처럼 선진 외국 것을 들여와 초기단계부터 복제나 재현하려 하는 태도는 환경사업의 단명 원인이 되며, 복제나 재현성이 어려운 이유가 생태환경복원 사업을 영세하게 하는 이유이기도 하다. 공공재 성격이 강한 환경 분야를 살리고 대상지 마다 다른 하천의 현장생태계를 그 규모나 생태적 특성에 따라 유형별로 매뉴얼화하고 성공적인 복원모델을 만든 후에야, 비로소 일반 사업자들에게 특허권이나 영업권을 줄 수 있으리란 것이 지금의 생각이다. 그 정도까지는 기술 발전이 이루어져야 누구나 재현성 높게 생태환경복원을 성공시킬 수 있기 때문이다. 아직까지 정착되지 않은 생태환경복원업의 특수성과 전문성을 지키고 이를 궁극적으로 발전시키기 위해서는, 초기의 이익에 급급해하지 않고 보다 먼 미래를 내다볼 줄 알아야 할 것이다.

그간 생태환경복원을 위한 융복합적 분야의 해결을 위해 학자적 연구로만이 아니라 몸으로 실천하면서, 생태, 환경, 경관, 조경, 토목, 예술 및 연구개발, 계획, 설계, 복원시공, 유지관리, 모니터링 과정마다 그리고 매단계마다 관계자들에게 이해와 설득을 구해야 했다. 그 과정에 있어서 특히 힘이 들었던 점은, 기존의 관행과 다른 이유를 관계자들에게 이해시키는 것이었다. 복원을 위한 모니터링은, 건설공사 현장의 가변적인 생태환경을 고려하면서 진행해야하기 때문에 일반 건설 분야에서 매우 꺼려하는 부분이다. 특히 모니터링을 통한 시공과정에서의 조정과정을, 통상적으로 공사의 진행에 있어 '일시중지'나 '재시공' 개념으로 보는 경향이 있어, 건설 공사의 사업적 측면에서 큰 손실을 입힐 수 있으므로 사업주들이 가장 꺼려하고 있다. 또한 법 제도를 집행하는 공무원들의 경우 관행적으로 진행해 왔던 것을 다른 방식으로 설득하고 조정하는 일이란 매우 힘든 일이다. 일부이긴 하지만 공권력의 관행적 압력을 받을 때도 있었지만, 일반 건설업체에게 복원시공을 맡길 수는 없으므로, 그간 특허 신기술을 시스템적으로 연구 개발하고, 계획, 설계해왔던 연구원 체계뿐만 아니라, 복원시공, 유지관리, 모니터링을 통합적으로 시행, 운영하는 체제를 갖추고자 했었다.

생태하천 복원 과정은 마치 아이를 낳고 정성들여 키우며 계속 돌봐주는 과정과 흡사하기 때문에 그 작품에 대한 애정이 각별하다. 생태하천이나 생태습지 조성을 통한 생태환경복원의 과정은 입지선정에서부터 타당성 분석, 계획 설계 및 복원시공, 그리고 유지관리 모니터링 과정에 이르기까지 매 단계 단계마다 자식처럼 변화의 과정을 살펴봐야 하는 어려움들이 있다. 그래서 직접 설계하였으나 복원시공과 모니터링에 참여하지 못했던 사업 대상지들을 방문해 보면 생태환경복원 측면에서는 퇴보하고 있는 경우도 있어서, 하루빨리 관련법의 제도화를 추진해야겠다는 생각과 관련 기관에서 유지관리 등을 쉽게 할 수 있는 매뉴얼을 만들어야겠다는 생각이 들곤 한다.

이 책에서 지금까지 소개된 대부분의 것들은, 어려운 여건이었지만 지금껏 작품이라고 하나하나 만들어 온 것으로서 나에게는 마치 자식과 같은 것들이다. 그러나 그 중에는 자식을 낳고(복원시공하고), 키우고(시운전 및 모니터링하고), 돌보는 것(유지관리 모니터링 하는 것)은 마땅히 낳은 부모(개척단계의 전문가)가 할 일인데 설계만 적용을 하였지 아직까지 그 자식을 낳지도 못한 경우도 있고, 낳고나서부터 키우거나 돌볼 수 없는 안타까운 경우도 있었다. 생태적 수질정화 및 생태복원, 그리고 치수안정성과 환경학습을 목적으로 추진되었던 A자연형 하천 조성사업의 경우, 시공과정에서 설계변경을 통해 원 설계 내용을 전면적으로 바꾸어 오로지 치수 목적으로만 변경되어 실질적인 생태복원과는 거리가 멀게 진행되기도 하였다. 이미 조성된 B천의 인공습지의 경우처럼 기존 건설분야의 생태환경복원의 이해 부족으로 인해 제대로 돌볼 수 없는 사례도 있었다. 유입부를 자연 유하하여 물을 유도하고자 하였으나 콘크리트

우리 풍토에 맞는 생태하천

로 유입수로를 조성하여 물을 끌어들인다든지, 침전지의 변화하는 하상 수위를 조절하고 밤을 새워 어도를 조성하였는데, 준공 직후에 어도에 맨홀을 설치하여 어도가 단절되는 일도 목격하였다. 게다가 복원시공 후 유지관리 주체가 정해지지 않아 생태통로를 조성하기 위해 보행동선 포장조차도 없었던 구간에 콘크리트로 범벅을 해버리는 문제 등 현행 건설관계자의 생태환경 복원에 대한 이해 부족과 법제도의 부재, 그리고 전문가의 부재로 인해 눈앞에서 자식과 같은 생명체들이 죽어가는 것을 보아야 했다. 수질이 가장 좋지 않았던 지천인 C천의 경우는 아주 성공적으로 수질정화기능과 수생태계복원을 달성한 경우인데도 불구하고 계속 돌보지 못하게 된 아쉬움이 있다. 현행 제도상으로는 생태환경복원 전문 유지관리 업체가 없고, 수질환경업체와 공원유지관리 업체에서 나누어서 유지 관리를 할 수밖에 없기 때문에, 그렇게 다양하고 좋던 자유수면형 습지 구조와 기능은 생태계복원과는 거리가 먼 구조로 변형되고 있고 단순히 수질정화기능이나 공원기능으로 전락되고 있다. 아무리 뛰어난 생태환경복원 작품이 만들어 졌다고 하더라도 제도적으로 뒷받침이 되지 않거나 유지관리 매뉴얼이 정착되어 있지 않으면 지속적인 성공을 기대하기는 어렵다. D천에 조성된 대형인공습지복원의 경우를 자식에 비유하자면 낳는 과정까지 너무나 많은 힘든 시간과 난관들이 있었고 힘들게 낳은 자식을 제대로 안아보기도 전에 이손저손에 맡겨지는 아픔을 겪기도 했다.

지금껏 힘들고 어려웠던 점들을 비유적으로 털어놓았다. 그러나 이런 문제점들의 공론화 과정을 통해 근본적인 해결책이 마련된다면, 과거의 시행착오와 문제점들에 대해 웃으며 이야기 할 수 있는 날도 조만간 오지 않을까 기대해본다. 또 이 자리를 빌어 필자가 지적하고자 했던 문제점들의 근본적 해결이, 생태환경복원 분야의 발전은 물론 이와 관련된 기존 건설업 등에 대한 선진화의 밑거름이 될 수 있다면 좋겠다.

지금까지 작지만 의미 있는 성과를 거둘 수 있도록 도움을 준 고마운 분들이 있었기에, 부족한 필자가 이 정도라도 결과물을 낼 수 있었다는 생각이 든다. 그 중에는 특별히 일로 맺어진 인연도 있지만, 일과 관계없이 가슴 속에 항상 고마움이나 존경심을 품고 있었던 이들도 있다. 모두가 필자가 이처럼 생태하천에 관한 일을 수행하거나 책을 펴내기까지 묵묵히 이해해 주거나, 때로는 아무런 이해관계 없이 적극 도와주거나 후원해 큰 힘이 되어준 분들이다. 수많은 분들을 일일이 소개해드리지는 못하지만, 지면을 빌어 깊이 감사드린다.

국가적으로 시급한 과제인 생태하천에 관한 모델이 부족한 현실에서 잔학비재한 필자이지만, 그래도 다양한 경험이 시대적 소명에 기여하는 바가 적게나마 있을 것 같아 조급히 출간을 서두르게 되었다. 아직 부족함이 많아도 생태환경복원 분야의 발전을 위한 진심으로 생각해 주시고, 부족한 내용이 있을 경우 너그러이 지적해 주시기 바란다. 독자제현의 다양한 고견을 최대한 전달해 주시고 이 좋은 사업을 연착륙 시키는 데에 동참해 주시기를 간곡히 바라마지 않는다.

필자는 작년 3월부터 상명대학교 산학협력트랙 교수로 부임 받았다. 앞으로 작은 희망이 있다면, 수생태환경복원 분야의 관련 제도와 조성 매뉴얼을 만들고 이 분야의 실무적 관련 기술과 연구 성과를 널리 보급해, 산업계가 최대한 쉽고 정확하게 생태환경복원이라는 목표를 달성할 수 있도록 돕는 일이다. 또한 이 분야에서만큼은 우리나라의 작품이 세계 어느 곳 보다도 훌륭하다는 것을 보여주고 싶다. 우리나라 풍토와 조상들이 영위한 자연관을 토대로 정립하고자한 생태하천 복원이기 때문에……. 그리고 앞으로는 여러 동료 교수님들과 함께 관련 전문가를 육성하고 후학들을 가르치는 일에도 더 많은 정성을 쏟고 싶다.

우리 풍토에 맞는 생태하천

찾아보기

우리 풍토에 맞는 생태하천

건천화
하천 본래의 기능과 생태를 유지하기 위해 필요한 최소한의 유수량이 확보되지 못하는 상황

방수로
하천을 보다 효율적으로 이용하기 위하여 물을 흘려보내도록 인공적으로 만든 물길

배후습지(backswamps)
자연제방에 의하여 형성되는 홍수터 습지

비오톱(biotop)
도심에 존재하는 인공적인 생물서식 공간

비점오염원
불특정 장소에서 불특정하게 수질오염물질을 배출하는 배출원

사행하천
상당 길이의 하천 구간에 걸쳐 하도가 곡선을 이루는 하천, 곡류하천

생물서식처
생물다양성을 높이고 야생동식물 서식지간의 이동가능성을 높이거나 특정한 생물종의 서식조건을 개선하기 위하여 조성하는 생물서식공간(자연환경보전법 제2조)

생태계보전협력금
자연환경보전법 제49조의 규정에 의한 '생태계보전협력금'은 대규모 개발사업으로 인한 자연생태계의 훼손을 최소화하고 훼손지역의 복원자금을 마련하기 위해 개발사업자에게 부과하는 것

생태네트워크(ecological network)
생태·경관적으로 우수한 지역을 서로 연계하여 동·식물의 이동 통로를 확보하고 생태적으로 건강한 공간을 조성하는 것

생태적 수질정화 비오톱(Sustainable Structured wetland Biotop)
환경부 신기술 제258호로서 국내의 다양한 장소적 특성에 맞게 연구·개발·적용된 자연수면형 인공습지로, 생태·환경공학적 접근을 통해 훼손된 수생태·환경을 복원하는 생태적 수질정화 비오톱(SSB)과 습지의 수처리 효율을 증진시킨 생태적 수질정화 미디어(SSM) 등을 이용하여 유역 내에서 발생하는 점·비점오염원을 자연유하 방식으로 처리하고, 생태적 수질정화+생태복원+치수안정성+친수경관 등 복합적인 기능 수행이 가능함

생태핵심지역(ecological core)
생태활동의 근거가 되는 중요한 지점 또는 장소

서식처
인간을 포함하는 동식물이 생활하고, 성장하고, 먹이를 구하고, 재생산하는 등의 생활순환의 일부분동안 존재하는 지역

소
물 흐름이 느리고 깊은 곳

소류력
하천이나 수로에서 바닥의 토사를 움직이게 하는 물의 힘

소하천
하천법의 적용을 받는 하천으로서 소하천정비법이 적용됨

수리(水利)
식용, 관개용, 공업용 따위로 물을 이용하는 일

수문(水文)
하천, 호소(湖沼), 지하수, 빙설(氷雪) 등의 형태로 육지 안에 존재하는 물의 기원·분포·순환·특성

수충부
유속이 빠른 가장자리가 물에 의해 침식된 부분

어도
물고기가 다닐 수 있도록 만들어 놓은 길

여울
큰돌이나 자갈에 물이 부딪치며 빠르게 흘러가는 곳. 산소공급 활발

오염부하량
오수·폐수 중에 포함된 순수한 오염물질의 단위시간당 배출량

오염총량제
지방자치단체별로 목표 수질을 정한 뒤, 이를 달성하고 유지할 수 있도록 오염물질의 배출 총량을 관리하는 제도

완충지대(buffer zone)
핵심지역을 둘러싸고 있거나 이에 인접해 있다. 환경교육, 레크리에이션, 생태관광, 기초연구 및 응용연구 등의 건전한 생태적 활동에 적합한 협력활동을 위해 이용됨

유량(discharge)

하천을 흘러내리는 물의 단위시간당 부피를 일컫는 말

유황

하천의 유량상태를 의미하며, 하상 계수로 표현됨

자유수면형습지

자연습지와 유사하게 수면은 대기 중에 노출되어 있으며, 야생동물의 서식지와 미적인 경관 향상 제공

자정작용(自淨作用, self-purification)

자연계 스스로 환경 오염물질을 정화하는 능력

저류지

개발에 따른 홍수유출량의 증가에 의한 수해의 위험성을 방지함과 동시에 치수안정성 향상을 주목적으로 자연재해대책법에 의거 설치

전이지역(transition area)

다양한 농업활동, 주거지, 기타 다른 용도로 이용된다. 지역의 자원을 함께 관리하고 지속가능한 방식으로 개발하기 위해 지역사회, 관리당국, 학자, 비정부단체(NGO), 문화단체, 경제적 이해집단과 기타 이해당사자들이 함께 일하는 곳임

점오염원

오염물질 유출 경로가 명확한 오염원

지방하천

지방의 공공이해와 밀접한 관계가 있는 하천으로서 시·도지사(특별시장, 광역시장, 도지사, 특별자치도지사)가 그 명칭과 구간을 지정하는 하천

지하흐름형습지

갈대 등 정수식물과 이를 지지하는 침투성 여재로 구성되며 자유수면형습지에 비해 낮은 온도와 결빙의 영향을 적게 받음

추이대

인접하는 서로 다른 생태적 군집 사이의 천이지역

하도(stream channel)

연중 적어도 얼마간의 기간 동안은 물이 흐르는 부분

하상

물 밑바닥. 보통 저수로의 바닥을 일컬음. 저수로 양쪽에 물과 잇닿아 있는 땅

핵심지역(core area)

엄격히 보호되는 하나 또는 여러 개의 지역. 생물 다양성의 보전과 간섭을 최소화한 생태계 모니터링, 파괴적이지 않은 조사연구, 영향이 작은 이용(예: 교육) 등을 할 수 있음

홍수위

하천의 최고 수위. 또는 출수(出水)가 수 년 내지 수십 년 만에 한 번 정도 있는 수위

홍수터(floodplain)

시시때때로 홍수에 범람되는 변동성이 매우 큰 지역

활착(活着)

옮겨 심거나 접목한 식물이 서로 붙거나 뿌리를 내려서 삶

BOD(Biochemical Oxygen Demand)

생물화학적 산소요구량. 생물화학적 산소요구량(BOD)은 수중에 포함된 유기물이 호기성 미생물에 의하여 분해될 때 소비되는 산소량을 ppm(mg/l)으로 나타낸다. 즉 수중의 유기물의 양을 간접적으로 나타내는 척도로 하천에서 하·폐수 등의 유입에 의한 오염농도를 나타내는데 쓰인다. 일반적으로 20℃에서 5일간 소비되는 산소량이 사용되고 BOD5로 표시하기도 함

MOU(양해각서, memorandum of understanding)

기존 협정에서 합의된 내용을 좀 더 명확하게 하거나 기존 협정과 관련된 후속 조치를 취하겠다는 내용을 담은 글

SS(Suspended Solid)

부유물질. 물속에 현탁하여 있는 고형물질. 일정량의 물을 여과하고 잔류물을 증발·건조시켜 측정되는 이 고형 물질의 양은, 환경오염 분야에서 수질 오염의 지표로 사용된다. 단위는 ppm(mg/l)

T-N(Total Nitrogen)

총질소. 총질소는 수중에 함유된 질소화합물의 총량을 말한다. 무기성 질소 및 유기성 질소의 질소량의 합계를 말하며, 전자는 암모니아성 질소, 아질산성 질소 등이며, 후자는 단백질, 효소, 아미노산 등이 있다. 질소는 인과 함께 폐쇄 수역인 호소나 해역에서 부영양화의 원인 물질로 조류와 편모류 등을 증식케 하여 수질오염을 악화시킴

T-P(Total Phosphorus)

총인. 하천, 호소 등의 부영양화를 나타내는 지표의 하나로 물속에 포함된 인의 총량을 말한다. 인구 집중도가 높은 지역의 하천, 호소에 많다. 인은 질소와 함께 수질계를 부영양화하는 영양염류로 적조의 원인이기도 하다. 합성세제에는 조성제로 쓰인 인 화합물이 많이 들어있음

UNESCO MAB(Man and the Biosphere)

인간과 생물권. 유네스코가 지정한 생물권 보존지역 계획

참 고 문 헌

건설교통부, 2000, 도시공원 내 저류시설의 설치 및 운영지침

건설교통부, 2005, 지속가능한 신도시계획기준

경기도, 2008, 경안천 수질정화 인공습지조성 기본 및 실시설계

경기도시개발공사, 2009, 광교신도시 생태하천 및
　　특수구조물 조성공사 대안설계보고서

경기지역환경기술개발센터, 2008, 경안천수계(금어천) 생태습지
　　수질저감효율 측정을 위한 모니터링

공주시, 2008, 제민천 하류 가꾸기 기본 및 실시설계

국립방재연구소, 1995, 우수유출저감시설 설계지침연구Ⅱ,
　　pp.113~115

국립방재연구소, 2002, 수해지역 저류지 확보 및 활용방안 연구,
　　pp.57~58

국토연구원, 2002, 건설현장 등의 자연생태계 보전기법 및
　　복원기술 개발연구 세미나

남상채, 2002, 고밀도 주거단지 내 우수저류녹지 도입타당성 연구,
　　서울대학교 석사학위논문, pp.11~24

농어촌연구원, 2007, 새만금 간척지 환경용지 활용방안 연구

농어촌연구원, 2009, 새만금 생태·환경용지(농업용지 인접)
　　종합실천계획 시안 수립

대한주택공사, 2008, 안터저수지근린공원 생태조사 및 실시설계

LEED환경연구원, 2007, 한탄강댐 친환경공원 자연생태공원 실시
　　설계

LEED환경연구원, 2009, 택지개발지역에서의 훼손된 수생태계
　　복원·창출·향상 기술 개발

변찬우(변우일), 1997, 생태적 환경복원 설계에 관한 현상학적
　　고찰, 한국조경학회지 25(3), pp.155~176

변찬우(변우일), 1999, 환경디자인에서 경관드로잉의 의미와
　　방법론 연구, 한국조경학회지 26(4)

변찬우(변우일), www.me.go.kr/www/index.html,
　　"생태공원 어떻게 조성해야 하는가?"
　　(환경부 직원 및 국민 홍보용 생태강좌 14회 일부 내용 인용)

변찬우(변우일), 1997, 생태적 환경복원설계에 관한 현상학적 고찰,
　　한국조경학회지 제25권 3호

변찬우(변우일), 2003, 한국수자원공사의 "소양강댐 주변지역
　　생태보전·복원 기본계획" 제출용 보고서

변찬우(변우일), 2005, 자연형하천 복원설계-굴포천방수로 2단계
　　건설사업 제3공구 생태방수로 설계사례를 중심으로,
　　한국환경복원녹화기술학회 추계학술발표회

변찬우(변우일), 2005, 한국수자원공사의 "안동임하댐 주변지역
　　생태보전·복원 기본계획" 제출용 보고서

변찬우(변우일), 2005, 회색도시의 부활, 자연형하천 복원설계,
　　대전광역시조경사회 추계심포지움 논문

변찬우(변우일), 2005a, 자유수면형 인공습지 생태공원설계에 관한
　　구조적 연구-생태적 수질정화 비오톱(SSB)공법 적용을
　　중심으로, 한국환경복원녹화기술학회 춘계학술발표회,
　　pp.63~70

변찬우(변우일), 2005b, 자연형하천 복원설계-굴포천방수로 2단계
　　건설사업 제3공구 생태방수로 설계사례를 중심으로,
　　한국환경복원녹화기술학회 추계학술발표회, pp.45~60

변찬우(변우일), 2006, 대형 저수지 상류하천 생태보전·복원
　　계획-안동 다목적댐 상류 저수지 및 하천을 중심으로,
　　한국환경복원녹화기술학회 춘계학술발표회

변찬우(변우일), 2006a, 저류지 생태공원 설계모형개발에 관한
　　연구, 한국환경복원녹화기술학회 9(3), pp.1~16

변찬우(변우일), 2006b, 자유수면형 인공습지 환경·생태공원설계-
　　생태적 수질정화 비오톱(SSB)공원의 구조설계를 중심으로,
　　한국환경복원녹화기술학회 9(5), pp.1~9

변찬우, 2010, 우리 풍경에 맞는 생태환경디자인, 발언

서울시정개발연구원, 1995, 우수유출률 저감대책, pp.57~58

서울시정개발연구원, 2004, 서울시 비오톱 유형 특성과 생물다양성
　　증진 방안

성도용 외, 2002, 개발사업에 따른 재해영향평가의 개선방안,
　　토지개발기술지 제1호

신현탁 · 김용식, 2001, 한국에서 적용가능한 보전지역 평가기준에 대한 고찰, 한국생태학회지 15(3), pp.247~256

SH공사, 2007, 서울 신정3 국민임대주택단지 조성사업 저류지 생태환경공원

우창호, 2005, 다목적 저류지의 수질개선을 위한 설계과정 및 설정에 관한 연구, 한국환경복원녹화기술학회 26(1), pp.97~109

이순탁 · 한형근, 2003, 개발사업에 따른 재해의 효율적 저감방안 연구-저류지 유형별(on-line/off-line) 채택 방안

이태구, 2000, 주거단지의 친환경적 우수처리 실태에 관한 연구, 한국주거학회지 11(2), pp.117~127

조경진, 1999, 조경드로잉의 변천과 의미에 관한 연구, 한국조경학회지 27(1)

(주)LS생태환경복원, 2009, 금학천 생태적 수질정화 비오톱 조성사업 생태 · 환경 복원시공 모니터링

한국수자원공사, 2002, 안동임하댐 생태환경조사

한국수자원공사, 2005, 안동임하 다목적댐 주변 및 저수지 생태보전 복원 기본계획, pp.164~182

한국수자원공사, 2005, 안동임하 다목적댐 주변지역 생태보전복원 기본계획

한국수자원공사, 2008, 굴포천 방수로II단계 건설사업 제3공구 시설공사 실시설계보고서

한국토지공사, 1999, 단지개발에 따른 저류지 설계방안

한국토지공사, 2001, 재해저감시설의 설계

한국토지공사, 2003, 개발사업에 따른 재해의 효율적 저감방안 연구

한국토지공사, 2004, 저류지 조경계획 및 설계-저류지 공원화 사업시 침수문제를 중심으로

한국토지공사, 2005, 군산수송2지구 택지개발사업 조경실시설계

한국토지공사, 2006, 저류지공원 조성계획에 관한 연구

한형근, 2001, 단지개발에 따른 재해영향평가의 합리적인 이행방안

환경부, 2002, 국토생태네트워크의 추진전략에 관한 연구

환경부, 2002, 하천복원가이드라인

Byeon, W. I. and Shinji, I., 2000a, Discovering 'Sense of Place' in Environmental Design, 3rd International Symposium on Architectural Interchanges in Asia, AIK, pp.691~699

Byeon, W. I. and Shinji, I., 2000e, Comparative Interpretation of Ecological Characteristics Shown in Traditional Landscape Paintings of Japanese and Korean Cities,The International Symposium of Landscape Architecture in Asia, Okayama, Japan, pp.184~187

Debo, T. N. and Reese, A. J., 1993, Municipal Storm Water Management. Lewis Publishers

Forman and Godron, 1986, Landscape Ecology, John Wiley & Sons

Hammer, D. A., 1990, Constructed Wetlands for Wastewater Treatment, Municipal, Industrial and Agricultural. Lewis Publishers, p.21

Kadlec, R. H. and Knight, R. L., 1996, Treatment wetlands. CRC Press/Lewis publishers, Florida, USA

Mitsch, W. J., 1993, Landscape design and the role of created, restored, and natural riparian wet- lands in controlling nonpoint source pollution. In Olson R. K.(ed), Created and Natural

Metropolitan Washington Council of Governments(MWCOG), 1992, Design of Storm Water Wetland Systems. Washing, DC

Persson, J., 1999, The hydraulic performance of ponds of various layouts, paper submitted to Int. Jnl. of Urban Water, UK

Shutes, R., 2001, Artificial wetlands and water quality improvement, Environment International 26, pp.445~446

US EPA, 1999, Storm water technology fact sheet : storm water wetlands, EPA 832-F-99-025

US EPA, 2001, Management Measure for Vegetated Treatment Systems

US EPA, 2004, Stormwater Best Management Practice Design Guide Volume 2 Vegetative Biofilters, Section 5 Vegetative Filter Strips

Wetlands for controlling nonpoint source pollution, C. K. SMOLEY

龜山 章, 1998, エコパーク：生き物のいる公園づくり, ソフトサイエソス社